Manfred Reitz stellt in seiner Einführung in den Wissenschaftszweig der Exobiologie, die sich mit denkbaren Lebensformen im Weltraum beschäftigt, zunächst die Geschichte der Suche nach außerirdischen Intelligenzen vor.
In einem zweiten größeren Abschnitt widmet er sich dem Phänomen der Lebensentstehung auf der Erde als dem einzigen uns möglichen Denkrahmen für extraterrestrisches Leben. Dann referiert Reitz die Techniken und Modelle, auch die wissenschaftlichen Spekulationen über ganz andere Lebensformen, die z.B. auf Siliziumbasis beruhen könnten, bis hin zu den ernsthaften wissenschaftlichen Überlegungen eines »Terraforming«, einer Besiedlung und Nutzung anderer Planeten.
In einem letzten Abschnitt werden die wissenschaftlichen, geheimdienstlichen und auch die Laienberichte über UFO-Sichtungen und Begegnungen mit »Außerirdischen« analysiert und kritisiert.
Manfred Reitz, geboren 1944, Dr. rer. nat., ist Molekularbiologe. Er leitet an der Universität Mainz ein Forschungslabor, ist Mitarbeiter am Institut für molekulare Biotechnologie in Jena und wurde vor kurzem zum Mitglied der New York Academy of Sciences gewählt; daneben ist er Mitglied der Planetary Society, Pasadena. Zahlreiche Publikationen.

insel taschenbuch 2186

Manfred Reitz

Leben jenseits der Lichtjahre

Manfred Reitz

Leben jenseits der Lichtjahre

Insel Verlag

insel taschenbuch 2186
Erste Auflage 1998
Insel Verlag Frankfurt am Main und Leipzig

Hinweise zu dieser Ausgabe am Schluß des Bandes
Vertrieb durch den Suhrkamp Taschenbuch Verlag
Umschlag nach Entwürfen von Hermann Michels
Druck: Nomos Verlagsgesellschaft, Baden-Baden
Printed in Germany

1 2 3 4 5 6 – 03 02 01 00 99 98

Inhalt

Vorwort 9

Lauschangriffe auf das All 15

Hoffnungsvolle Suche 15 – Euphorie am Wasserloch 17 – Wunderland Oz und seine Königin 20 – Die Arecibo-Botschaft 22 – Irdisches Informationsrauschen 28 – Warum ein Lauschangriff? 32

Teil I: Innerer Weltraum 35

Lebensentstehung auf der Erde 35

Von der Urzeugung zur Molekularbiologie 35 – Lebensspuren im Labor 38 – Spekulative Entwicklungswege 42 – Lebensfülle 45 – Lebensmoleküle 48 – Geheimnisvolle Symbiose 53

Sonnen und Planeten 57

Die lebensfreundliche Zone 57 – Geburt einer Sonne 60 – Aktion Planetensuche 64 – Braune Zwerge und Infrarotexzeß 66 – Superorganismus Erde 68

Heiße Spuren 74

Regelmäßige Besucher 74 – Geheimnisvolle Aminosäuren 78 – Lebenssaat aus dem Weltraum? 81 – Panspermie 85

Fremdes Leben im Sonnensystem? 88

Die Invasion vom Mars 88 – Die benachteiligten Geschwister; Mars: dünne Luft und große Kälte, Venus: höllische Hitze und mörderische Trockenheit 91–94 – Die Viking-Mission: Die Experimente, Die Ergebnisse 96–104 – Leben aus der Kälte?; Jupiter: kein Hinweis auf Luftwesen, Titan: Leben in der Zukunft?, Triton: Kältepol im Sonnensystem 107–111

Teil II: Äußerer Weltraum 113

Leben in Extremen 113
Anpassungsfähiges irdisches Leben 113 – Lebenspioniere 118 – Exotisches Leben auf der Erde 120 – Grenzen des irdischen Lebens 125 – Ausblick 131

Spekulatives Leben 133
Erste Lebenslinien 133 – Fremdartige Lebensfunktionen 137 – Geht es ohne Kohlenstoff? 140 – Leben ohne Wasser 145 – Lebenschimären 147 – Leben ohne Chemie 149 – Ausblick 152

Außerirdische Zivilisationen 154
Die technische Kultur des Abendlandes 154 – Hypothetische Kulturen: »Luftzivilisationen«, »Geruchszivilisationen«, »Wasserzivilisationen«, »Wüstenzivilisationen«, »Höhlen- und Tiefenzivilisationen« 155–160 – Zivilisationsgefährdungen 163 – »Terraforming« 166 – Superzivilisationen 172

Teil III: ET, EBE und andere Außerirdische – Sind sie da, waren sie da? 183

Furcht und Neugier von den Fremden 183
Meinungen und Statistik 183 – Merkwürdige Beobachtungen 190 – Rätselhafte Lichtobjekte 194 – Erklärungsversuche 199

UFOs und UFO-Berichte 206
Nahbegegnungen mit UFOs 206 – UFOs und die hohe Politik 216 – Indirekte Hinweise auf UFOs 219

Begegnungen der dritten Art 222
Wo sind die grünen Männchen? 222 – Von UFOs entführt? 230

Außerirdische in der Geschichte 234
Die Welt des Erich von Däniken 234 – Das Rätsel der Dogon 238

Phantastisches und Mysteriöses 243
Der Roswell-Zwischenfall 243 – UFO-Stationen in Nevada 248

Teil IV: Abschließende Wertungen 253

Warum nicht? 253 – Die Green-Bank-Gleichung 256

Literatur 263
Personenregister 268
Sachregister 270
Bildnachweise 278

Vorwort

In alten Zeiten war der Himmel belebt und die Heimat der Götter. Sterne, Planeten und der Mond hatten göttliche Funktionen und wachten über die Menschen. Es gab gute Götter, und es gab böse Götter; stets war der Mensch bemüht, sich die Gunst der Götter zu erhalten. Diese engen Wechselbeziehungen zwischen gottähnlichen Himmelskörpern und den Menschen haben sogar noch in unserer Zeit ihre Spuren hinterlassen, denn viele Menschen wünschen sich ein Leben unter einem guten Stern.

Horoskope werden öfters gelesen als meist offiziell zugegeben. Über sein Horoskop sehnt sich mancher Leser in die Zeiten zurück, als die Sterne noch göttlich waren und für den Verlauf eines Lebens die Verantwortung trugen. Das Leben war sorglos, und eigene Anstrengungen waren nutzlos, denn der Lebenslauf war sowieso vorherbestimmt. Zur besseren Übersicht hatten die frühen Astronomen die Sterne zu Sternbildern, die meist nach Tieren benannt wurden, zusammengefaßt. Diese Klassifizierung ordnen nun Astrologen dem Geburtsmonat, dem Geburtstag und sogar der Geburtsstunde eines Menschen zu. Die Zufälligkeit des Geburtsmonats ist somit für die Zuteilung eines Menschen zu einem bestimmten Sternbild verantwortlich. Astrologen sind zusammen mit ihren Kunden tief überzeugt, daß dieses Sternbild den Charakter und das Lebensschicksal eines Menschen prägt. Für den Wahrheitsgehalt der Astrologie gibt es keine wissenschaftliche Grundlage, und sogar einfache Experimente können ihrem Wert widersprechen. In den Geburtsstationen von großen Kliniken kommen oft mehrere Kinder am gleichen Ort nahezu gleichzeitig zur Welt. Diese nicht verwandten Kinder haben stets entgegen mancher astrologischen Vorstellung unterschiedliche Charaktereigenschaften und ein unterschiedliches Lebensschicksal. Sollte das Leben dieser Kinder tatsächlich unter einem guten Stern stehen, dann sind die Unwägbarkeiten des Schicksals und nicht ferne Sterne dafür verantwortlich. Sterne können zwar nicht in das Lebensschicksal, aber dafür tief in den Seelenzustand eines Menschen eingreifen. In klaren Nächten ist uns das magische Glitzern der fernen

Sonnen manchmal ganz nahe und dann wieder unendlich weit. In tropischen Ländern kann das reiche nächtliche Sternenmeer den Menschen betören, und trotzdem ist das Glitzern immer unerreichbar fern.

Inzwischen wurden die Götter aus der Sternenwelt vertrieben und konnten nur noch ihre Namen hinterlassen. Dennoch blieb die Projektion der menschlichen Wünsche auf die Sterne erhalten. Die fernen Himmelskörper mußten im Laufe der Zeiten den menschlichen Wunschvorstellungen vertraut bleiben, und nichts ist vertrauter, als wenn ein ferner Himmelskörper bewohnt wäre und es auf ihm so aussehen würde wie bei uns auf der Erde.

Mögliches Leben auf fremden Himmelskörpern hatte schon immer eine triviale und eine wissenschaftliche Komponente. Utopische Romane spielen oft in fernen Welten, um von dort besser auf die Mißstände auf der vertrauten Erde aufmerksam zu machen. Leben auf fremden Himmelskörpern wurde bisher von der Wissenschaft noch nicht nachgewiesen. Dennoch halten zahlreiche Astronomen und Biologen ein solches Leben für möglich. Ob sich denkbares Leben in fernen Sonnensystemen von dem Leben auf der Erde unterscheidet, ist völlig offen. Es könnte sich dem Menschen vollkommen vertraut, aber auch total fremd darbieten. Alle Spekulationen sind offen, und gerade diese extremen Möglichkeiten machen die Suche nach dem vorstellbaren fernen Leben im Weltraum so spannend. Für die Erforschung des Lebens auf fremden Planeten hat die Wissenschaft sogar eine eigene Disziplin gegründet; der Wissenschaftszweig der Exobiologie beschäftigt sich mit denkbaren Lebensformen im fernen Weltraum. Es handelt sich dabei um einen höchst seltsamen Wissenschaftszweig, der das Objekt seines wissenschaftlichen Strebens bisher noch nicht nachweisen konnte. Dennoch ist die Exobiologie ein blühender Zweig im Geäst der Wissenschaften, eigene internationale Fachzeitschriften und Kongresse beschäftigen sich ausschließlich mit Forschungsarbeiten über exobiologische Fragen. Die angesehene Internationale Astronomische Union (IAU) gründete 1982 eine eigene Exobiologie-Kommission, die inzwischen zur größten aller IAU-Kommissionen herangewachsen ist. Die Exobiologie zieht Wissenschaftler aus vielfältigen Bereichen an. Sie verbindet

Disziplinen, die sich sowohl mit der toten als auch mit der lebenden Materie befassen. Neben den Astronomen und Astrophysikern, die sich meist mit gewaltig großen und fernen Objekten beschäftigen, finden auch Molekularbiologen und Biochemiker, deren Forschungsobjekte in der Welt der winzigen Moleküle liegen, in der Exobiologie ein Zuhause.

Früher war sogar der Mond für ernsthafte Wissenschaftler belebt. Peter Andreas Hansen formulierte 1856 die Hansen-Hypothese und war überzeugt, daß die für den Menschen von der Erde aus unsichtbare Rückseite des Mondes ein völlig anderes Bild zeigen würde als die stets präsente Vorderseite. Die Rückseite des Mondes besaß nach der Vorstellung von Hansen eine Atmosphäre, Ozeane, Pflanzen, Tiere und sogar eine menschenähnliche Zivilisation. Die Hypothese fand zu ihrer Zeit eine breite Beachtung. Sie inspirierte Jules Verne für seine Romane und wirkte über Frau Luna bis hinein in die Welt der Operette. Als die Zeitung »New York Sun« im vergangenen Jahrhundert eine Artikelserie über die fiktiven Mondbewohner druckte, schnellte die Auflage um 650 Prozent in die Höhe. Die Mondbewohner fanden bei der Bevölkerung eine größere Aufmerksamkeit als das aktuelle Tagesgeschehen.

In den folgenden Jahrzehnten wurden die Mondbewohner vom wissenschaftlichen Fortschritt vertrieben und sind heute so weit entfernt wie einst die Götter in den Sternen. Trotz umfangreicher wissenschaftlicher Erfahrungen haben sich aber dennoch bis in das gegenwärtige Jahrhundert abenteuerliche Vorstellungen über das mögliche Leben auf fremden Himmelskörpern halten können. Im Jahre 1949 setzte der deutsche Diplomingenieur Gottfried Bueren einen hohen Geldpreis für den Nachweis aus, daß die Sonne nicht bewohnbar sei. Er drehte den Spieß der Argumente zum Nachweis von Leben einfach um und behauptete, daß das Innere der Sonne wesentlich kälter sei als ihre äußere Hülle und daß dort Lebensformen existieren könnten. Die Vorstellungen von Bueren stellten das Wissen des 20. Jahrhunderts einfach auf den Kopf, denn im Inneren der Sonne herrschen immerhin Temperaturen von etwa 17 bis 21 Millionen Grad Celsius. Ob sich Bueren in der Öffentlichkeit interessant machen wollte, bleibt dahingestellt. Auf jeden Fall wurde ein Preisrichtergremium gewählt, da sich tatsächlich Fachleute an dem ausgeschriebenen Wettbewerb beteiligen wollten. Im Jahre 1951 mußte Bueren schließlich nach einigem Hin und Her bezahlen, denn die Preisrichter mußten die Beweiskette akzeptieren, daß es in der Sonne wirklich kein Leben geben kann und daß demnach das Sonneninnere auch nicht bewohnbar ist.

Für eine andere merkwürdige Hypothese war, ebenfalls im 20. Jahrhundert, der Weltraum von vornherein unbewohnbar, denn er befand sich nicht um die Erde, sondern in der Erde. Die sogenannte Hohlwelt-Theorie von Ernst Barthels aus dem Jahre 1916 nimmt an, daß die Menschheit auf der Erdoberfläche nicht außen, sondern innen leben würde. Die Erde war nach dieser sonderbaren Vorstellung innen hohl und enthielt den gesamten Weltraum mit allen seinen Galaxien; das Erdinnere war gleichzeitig die ganze Welt. Die Sonne hätte nach dieser Hypothese nur einen Durchmesser von knapp 100 Kilometer, und die Planeten würden im Inneren der Hohlkugel Erde kreisen. Die zahlreichen Sterne am Himmel wären nach der Hohlwelt-Theorie nur kleine Lichtpunkte, die wie Lampen strahlen und am Tage verlöschen. Australien wäre von Europa aus nicht sichtbar, weil sich Lichtwellen angeblich nicht geradlinig ausbreiten könnten. Die Bewohner Australiens würden somit nicht als Gegenfüßler bezeichnet werden können, sondern wären Gegenköpfler. Hohlweltler stritten sich energisch mit den Astronomen und nannten sie verächtlich Kopernikaner. Angebliche Experimente, mit denen sie ihre Vorstellungen hätten beweisen können, wurden allerdings nie publiziert. Als die ersten Satelliten auf eine Erdumlaufbahn gebracht wurden, veröffentlichten die Hohlweltler in ihren Zeitschriften lange Artikel über den bevorstehenden Absturz der künstlichen Erdtrabanten. Doch Sputnik I und alle anderen Satelliten umkreisten unbeeinträchtigt die Erde, und mit jedem Umlauf wurde die Hohlwelt-Theorie wackeliger. Immerhin noch 1960 behauptete eine »Gesellschaft für Erdforschung«, die Satelliten würden überhaupt nicht existieren und alles wäre Lug und Trug. Zu dieser Zeit wurde bereits der Flug zum Mond ernsthaft in Angriff genommen. Das Erdinnere scheint auf die Menschheit eine große Faszination auszuüben. Für eine buddhistische Sekte liegt die paradiesische Welt

Aghartha im Erdinneren und ist über geheime Wege im Himalaya für den Menschen zugänglich. Freunde der Außerirdischen vermuten im Erdinneren sogar UFO-Basen.

Die große Leserschaft der umfangreichen Science-fiction-Literatur muß sich häufig mit Thesen herumschlagen, die in ihren unbeweisbaren Aussagen einer Hohlwelt-Theorie nicht nachstehen. Gute Science fiction muß die Phantasie herausfordern, doch auch das phantastischste Science fiction muß seinem Definitionsbegriff »science« (Wissenschaft) Rechnung tragen und darf nicht ausschließlich zum »fiction« (Fiktion) werden. Durch die Exobiologie kann der Leser von Zukunftsromanen und anderen Utopien erfahren, wie realistisch die vielzitierten Außerirdischen sein könnten, die zwischen den Buchzeilen auf ihn eindringen und sogar noch seine Träume beherrschen können. Eine Science fiction wird erst spannend, wenn die Realität wahrscheinlich wird und die Wissenschaft zustimmend nickt: »So könnte es wirklich sein!«

Das vorliegende Buch macht den Leser zuerst mit den Suchaktionen der irdischen Wissenschaftler nach außerirdischen Intelligenzen vertraut. Bisher waren alle diese Suchaktionen vergeblich. Doch wissenschaftliche Untersuchungen über die Entstehung des Lebens auf der Erde schärfen den Blick für die Voraussetzungen zur Lebensentstehung im allgemeinen – und diese Voraussetzungen könnten auch auf fremden Planeten in fernen Sonnensystemen zutreffen. Außerirdische Intelligenzen könnten wie die Menschheit eine technische Zivilisation entwickelt haben und damit eine Suchaktion zur Kontaktaufnahme rechtfertigen.

In weiteren Kapiteln werden die irdischen Forschungslabors zur Untersuchung der Lebensentstehung verlassen, und der Leser begibt sich auf den Weg in die Tiefen des Weltraums, wo spekulatives Leben auftauchen könnte; Leben, das vielleicht nach anderen biochemischen Gesetzmäßigkeiten und mit anderen Lebensbausteinen als auf der Erde funktionieren könnte und dennoch als Leben bezeichnet werden müßte.

Ein Buch über Exobiologie muß sich zuletzt auch mit jenen angenommenen außerirdischen Intelligenzen befassen, die angeblich einst die Erde besuchten oder zur Zeit noch besuchen. Es muß sich in die Auseinandersetzungen zwischen den UFO-

Freunden und den UFO-Gegnern einschalten. Die berühmt-berüchtigten »Unidentifizierbaren Fliegenden Objekte« (UFO) geistern schon seit Jahrzehnten durch die Medien und die Literatur und scheinen bei vielen Menschen ein tiefes Interesse gefunden zu haben, das manchmal sogar an eine Ersatzreligion erinnert. Nach einer Umfrage von Gallup aus dem Jahre 1984 glauben 63 Prozent der befragten Amerikaner an UFOs, und 13 Prozent behaupten sogar, bereits ein UFO gesehen zu haben. In Büchern und Filmen führen die Außerirdischen mit ihren UFOs oft gegen die Menschheit Krieg, und nur manchmal scheinen sie sich mit den Menschen zu vertragen. Es ergibt sich der Eindruck, als würde der Mensch seine eigenen Eigenschaften in die Außerirdischen hineinprojizieren.

Doch wer sind nun die Außerirdischen? – Zahlreiche Beobachtungen scheinen sich zu überschlagen: Nach Meldungen sollen die Außerirdischen nur 1,20 Meter groß und dem Menschen wohlgesonnen sein; andere Berichte beschreiben Außerirdische mit einer Größe von über 3 Meter, die Jagd auf Menschen machen. Schließlich wird auch behauptet, die Außerirdischen hätten riesige Köpfe, Ohren und Hände und würden nachts das Vieh von den Weiden und das Gemüse von den Feldern stehlen. Beim Kelly-Hopkinsville-Fall in Kentucky am 21. August 1965 wollen Farmer mit Flinten auf kleine Außerirdische geschossen haben und erklärten später, es habe geklungen, als würde man gegen leere Blecheimer treten. Die Außerirdischen aber erwiesen sich als kugelfest und verschwanden. Regierungen wird in Verbindung mit den Außerirdischen eine große Geheimniskrämerei unterstellt, und Geheimdienste sollen gar in der Vertuschung zur Höchstform auflaufen. Angeblich sollen in geheimen Labors in den USA Leichen von Außerirdischen lagern, und irdische Testpiloten sollen versuchen, außerirdische UFOs zu fliegen. Bei den zahlreichen Berichten über angebliche Außerirdische mischen sich menschliche Wunschvorstellungen mit Einflüssen der Überraschung und Spuren von ungenauen Beobachtungen; mögen sich Leserinnen und Leser nach einem Ausflug zur Exobiologie ein eigenes Bild über die angeblichen Außerirdischen machen.

Manfred Reitz

Lauschangriffe auf das All

Hoffnungsvolle Suche

Es war am 12. Oktober 1492, als der Matrose Juan de Tirana vom Mastkorb des Schiffes Pinta erstmals die neue Welt entdeckte. Damit war eine beschwerliche Reise mit technisch veralteten Schiffen und einer bunt zusammengewürfelten Besatzung zu Ende gegangen. Admiral der winzigen Flotte aus den Schiffen Santa Maria, Pinta und Nina war der genuesische Seemann und Kartenzeichner Christoph Kolumbus. Er war endlich am Ziel seiner Wünsche und konnte der spanischen Krone melden, einen neuen Seeweg nach Indien gefunden zu haben. Der ganzen Tragweite seiner Entdeckung war er sich allerdings nicht bewußt, denn er glaubte nicht, auf einem neuen Kontinent gelandet zu sein. Erst später stellte sich heraus, daß ein bisher dem Abendland unbekannter Teil der Erde erschlossen worden war. Die Entdeckung machte Spanien zur Weltmacht und änderte den Verlauf der Geschichte. Eine neue Epoche konnte beginnen, das Mittelalter war endgültig beendet.

Genau 500 Jahre später, am 12. Oktober 1992, startete ein Entdeckungsprogramm von einem ganz anderen Zuschnitt, aber einem ähnlichen revolutionären Potential. Unter Leitung der amerikanischen Astronomin Jill Tartar wurde an diesem historischen Termin das größte Radioteleskop der Erde in Puerto Rico auf ein besonderes Suchprogramm eingestellt. Im Umkreis von etwa 80 Lichtjahren sollen von diesem Zeitpunkt an sonnenähnliche Himmelskörper jeweils für 15 Minuten auf Radiosignale hin abgetastet werden. Dabei wird auf zwei Milliarden Frequenzkanälen gleichzeitig gemessen, um auch die schwächsten Signale zu erfassen. Für dieses Mammutprogramm kann Frau Tartar im Gegensatz zu Kolumbus auf neueste technische Ausstattungen und Methoden zurückgreifen und das gesamte Wissen des ausgehenden 20. Jahrhunderts nutzen. Erst das Zeitalter der Computer macht solche umfassenden Messungen möglich. Alle gemessenen Signale, die maximal 80 Jahre unterwegs gewesen waren, werden aufgezeichnet und dann automatisch ausgewertet. Die Computer blenden dabei die natürlichen Radiowellen des Weltraums aus und versuchen Signale zu finden, die von außerirdischen Intelligenzen stammen könnten. An solche Signale müssen strenge Wertungskriterien gestellt werden. Um statistische Schwankungen der natürlichen Radiowellen, aber auch um die irdischen Radiowellen ausschließen zu können, müssen verdächtige außerirdische Signale wiederholt meßbar sein und in ihrer Aussage eine gewisse Systematik vermitteln. Es darf nicht nur ein einzelnes erfolgversprechendes Signal, sondern es muß mehr ein erfolgversprechendes Programm empfangen werden. Für das Suchprogramm wurde der Name SETI gewählt (Search für Extra Terrestrial Intelligence, Suche nach außerirdischer Intelligenz). 1992 waren für das Projekt insgesamt etwa 100 Millionen Dollar an Forschungsgeldern vorgesehen. Die Fachwelt war und ist gegenüber dem Projekt gespalten, und nicht wenige Kritiker halten das Geld für schlicht zum Fenster hinausgeworfen. Das Meßprogramm von SETI ist beispielsweise für irdische Radiostrahlungen recht störanfällig. Ein großes Radioteleskop hat eine solche Meßempfindlichkeit, daß Anlasser für Automotoren oder fernbediente Garagentoröffner noch in einer Entfernung von 40 000 Kilometer nachgewiesen werden können.

Zum Leidwesen der Radioastronomen geriet das SETI-Programm nach der Euphorie des Kolumbusjahres 1992 rasch in die Sparzwänge der amerikanischen Regierung. Ursprünglich hätten über einen Zeitraum von 10 Jahren mit den vorgesehenen 100 Millionen Dollar schätzungsweise 400 Milliarden Sterne systematisch abgehorcht werden sollen. Doch der amerikanische Kongreß war unerbittlich und stoppte im November 1993 nach nur einem Jahr die Geldmittel. Aber SETI mußte dennoch nicht sterben, denn die amerikanische Industrie und andere Sponsoren sprangen mit Geldspenden zur weiteren Finanzierung ein. Im Augenblick wird SETI in abgespeckter Form weitergeführt, und die Radioastronomen hoffen, daß sich die amerikanische Regierung vielleicht bald wieder etwas großzügiger zeigen wird und den Geldhahn erneut öffnet. Sollte SETI trotz aller Zweifel dennoch erfolgreich sein, wird sicherlich ein Beben durch die Menschheit gehen, das mindestens so groß ist wie die

Entdeckung Amerikas vor 500 Jahren. Anfang 1995 hatten die komplizierten Computerprogramme etwa 60 Billionen Einzelmessungen ausgewertet. Wie nicht anders zu erwarten, hatten praktisch alle Signale einen natürlichen Ursprung. Bei 37 Signalen sind sich die Radioastronomen nicht schlüssig, ob sie einen natürlichen Ursprung haben; es sind fragliche Signale. Ein fragliches Signal muß allerdings nicht zwangsläufig von einer außerirdischen Intelligenz stammen. Es ist ein Signal, dessen Ursprung vorerst nicht erklärt werden kann.

Euphorie am Wasserloch

Das Projekt SETI hat eine Vorgeschichte von mehr als 30 Jahren. Ein wichtiger Startschuß für eine ernsthafte und wissenschaftlich einwandfreie Suche nach künstlichen außerirdischen Radiosignalen fiel im September 1959, als die angesehene Wissenschaftszeitschrift »Nature« einen Beitrag über eine mögliche interstellare Kommunikation publizierte. Die Autoren Philip Morrison und Giuseppe Cocconi entwickelten in ihrem Artikel Ideen, die den Bereich des Science fiction verließen. Sie schlugen vor, auf welchen Frequenzen am wirkungsvollsten nach möglichen künstlichen außerirdischen Radiosignalen gesucht werden sollte: Im Frequenzbereich zwischen 1400 und 1800 Megahertz, der auch als »Wasserloch« bezeichnet wird, weil in ihm die natürliche Strahlung von Wasserstoff (H) und der Wasserstoff (H)-Sauerstoff (O)-Verbindung OH liegt. Das Wassermolekül selbst setzt sich aus zwei Atomen Wasserstoff und einem Atom Sauerstoff zusammen; es kann unter Energieaufwand leicht in ein elektrisch geladenes Wasserstoffatom und in eine elektrisch geladene OH-Verbindung aufgespalten werden. Jede außerirdische Intelligenz mit einem wissenschaftlichen Standard zur Erforschung des Weltraums müßte nach Meinung der beiden Autoren diesen Frequenzbereich kennen, denn in ihm sind Störungen durch die Hintergrundstrahlungen der Sterne und des Weltraums wenig ausgeprägt. Am »Wasserloch« können Radiowellen weitgehend unbeeinträchtigt in die Tiefen des Weltraums abgestrahlt werden. Außerdem bestehen die Gase der Milchstraße und anderer Galaxien zu 90 Prozent aus Wasserstoff, der

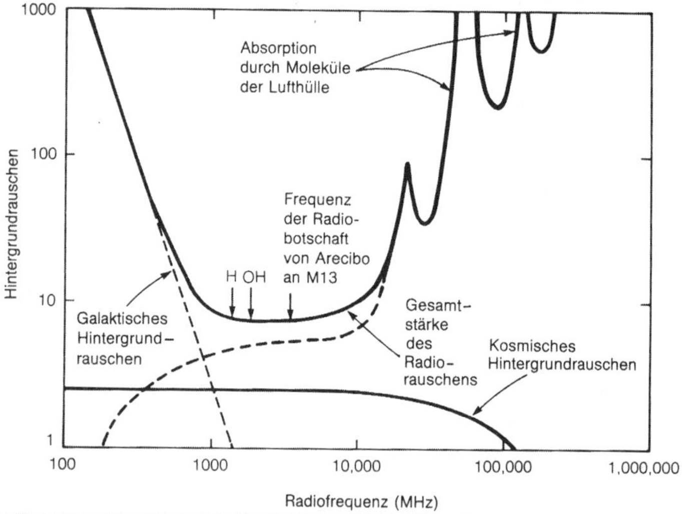

Abb. 1 Das »Wasserloch« im Bereich der Radiofrequenzen zeigt die geringste Störanfälligkeit durch kosmisches Hintergrundrauschen und durch die Erdatmosphäre; im Bereich des Wasserlochs ist eine Kommunikation mit möglichen Außerirdischen denkbar.

somit das häufigste chemische Element im Weltraum darstellt. Schließlich ist Wasser eine lebenswichtige chemische Verbindung, und zumindest das Leben auf der Erde ist ohne Wasser nicht vorstellbar. Wasser kann als ein Symbol für das Leben angesehen werden, und Signale aus dem Frequenzbereich »Wasserloch« können somit durchaus symbolbeladen sein.

Es gibt eine praktisch unendlich große Zahl von möglichen Sendefrequenzen zur Übertragung von Signalen, doch die überwältigende Mehrheit von ihnen scheidet wegen zu großer Störanfälligkeiten aus. Die Erdatmosphäre ist zum Beispiel nur in zwei Frequenzbereichen gut durchlässig: im Bereich des sichtbaren Lichts und bei den Radiowellen. In allen anderen Fällen erfüllt die Atmosphäre eine Schutzfunktion und schirmt die Weltraumstrahlungen ab. Während eine Signalübertragung im Bereich des sichtbaren Lichts (z. B. Signale mit einem Laser) an den Staubwolken des Weltraums scheitert, können Radiowellen ungestört auch über große Entfernungen registriert werden. Dabei wird die Reichweite der Radiowellen allein durch die Sendeenergie begrenzt. Um eine Entfernung von 1000 Lichtjahren zu überwinden, muß ein Radiosender mit einer Energie zwischen 1 Milliarde und 20 Milliarden Kilowatt arbeiten. Solche Leistungen können auf der Erde starke Radiosender erbringen. Seit der Erfindung des Rundfunks strahlt die Menschheit somit bereits Radioprogramme in den Weltraum ab. Da sich Radiowellen mit Lichtgeschwindigkeit ausbreiten, entspricht die zurückgelegte Strecke der Radiowellen in Lichtjahren in etwa der Zeit seit dem Aufkommen der ersten starken Radiosender in den zwanziger und dreißiger Jahren. Um die Erde liegt somit eine Hülle mit einem Radius von etwa 70 Lichtjahren, die mit Radiosendungen gefüllt ist. Diese Signale könnten nun außerirdische Intelligenzen anregen, selbst Signale zur Erde zu senden. Schlägt man um die Sonne einen Kreis mit einem Radius von 300 Lichtjahren, dann können innerhalb dieses Kreises etwa 100 000 sonnenähnliche Sterne gezählt werden. Möglicherweise besitzen einige dieser Sterne Planeten, und sollten auf einigen wenigen Planeten tatsächlich intelligente Zivilisationen vorkommen, dann könnten sie sich vielleicht einmal über Radiosendungen von der Erde erfreuen oder ärgern. Allerdings wird dieser Raum erst in mehr als 200 Jahren vollständig von den künstlichen irdischen Radiowellen ausgefüllt sein. Die großen Radioshows aus den dreißiger Jahren können vorerst nur in einem Bereich von 3000 bis 4000 Sternen empfangen werden. Auf die Außerirdischen wird somit noch eine vielfältige Beschäftigung und Zerstreuung zukommen.

Andere Vorstellungen über eine mögliche Kommunikation zwischen denkbaren intelligenten Zivilisationen in unterschiedlichen Planetensystemen bewegen sich noch auf dem Feld der Spekulationen. Gravitationswellen erreichen wie Radiowellen ebenfalls Lichtgeschwindigkeit, können jedoch bisher von der Wissenschaft noch nicht nachgewiesen werden, obwohl bereits Einstein ihre Existenz vorhersagte. Gravitationswellen könnten wie Radiowellen mit Nachrichten moduliert werden. Nach aktuellen Vorstellungen sollen sie bei gigantischen Explosionen im Weltraum in einer meßbaren Stärke entstehen und eine Wellenlänge von etwa 300 Kilometer besitzen. Vollends spekulativ sind schließlich die Tachyonen; Partikel, die sich angeblich schneller als das Licht verbreiten sollen. Einige Physiker versuchen diese geheimnisvollen Partikel nachzuweisen, andere glauben dagegen noch nicht einmal an ihre Existenz. Sollte es tatsächlich Tachyonen geben, dann wären sie geeignete Medien für eine besonders schnelle Nachrichtenübertragung. Vielleicht hat die Physik in einigen Jahrhunderten Wege gefunden, um Probleme, die der heutigen Wissenschaft als unüberwindbar erscheinen, zu lösen.

Wunderland Oz und seine Königin

Der Amerikaner Frank Drake war Ende der fünfziger Jahre der erste führende Experte für eine denkbare interstellare Kommunikation. Abgeschirmt von der Öffentlichkeit, bereitete er 1959 sein Projekt Ozma vor. Der Name des Forschungsprojektes spielte an das ferne Wunderland Oz aus einer in den USA sehr bekannten phantastischen Geschichte an. Die Königin dieses geheimnisvollen Landes Oz trug den Namen Ozma, und Drake hoffte anscheinend insgeheim, mit dieser Königin Kontakt aufnehmen zu können. Im Jahre 1960 waren seine Vorbereitungen abgeschlossen, und er horchte mit dem Radioteleskop von Green Bank in den USA für insgesamt 400 Stunden zwei sonnenähnliche Sterne auf verdächtige Radiosignale hin ab. Er hatte für seine Lauschaktion die Sterne »Tau Ceti« und »Epsilon Eridani« ausgewählt; beide Sterne befinden sich etwa 11 Lichtjahre von der Erde entfernt, haben große Ähnlichkeit mit der Sonne und stehen unter dem Verdacht, Planeten zu besitzen. Als Frequenzbereich für die Messungen wählte Drake das bereits erwähnte »Wasserloch«. Nachdem eine riesige Datenfülle ausgewertet worden war, mußte er jedoch passen. Er hatte vergeblich gelauscht und konnte keine verdächtigen Signale nachweisen; das geheimnisvolle Land Oz war nicht gefunden worden, und seine Königin blieb verborgen.

Trotzdem hatte Drake mit seinen Aktivitäten einen Bann

gebrochen. Über denkbare außerirdische Lebensformen wurde von nun an nicht mehr ausschließlich spekuliert und philosophiert, sondern die Wissenschaft versuchte sich der Problematik auch experimentell zu nähern. Denkbare Außerirdische waren nicht länger nur das Hobby von Wissenschaftlern, sondern wurden Teil ihrer beruflichen Aktivitäten. Nach Drake begannen sich die Lauschangriffe auf die vermuteten Außerirdischen zu häufen, und bald beteiligten sich auch Radioastronomen aus Europa, der ehemaligen Sowjetunion und Australien an den Suchaktionen. Der neue Wissenschaftszweig der Exobiologie gewann an Ansehen und wurde in der wissenschaftlichen Gemeinschaft gesellschaftsfähig.

Nachdem die Erkenntnisse aus dem Ozma-Projekt immer weitere Kreise zogen, gerieten auch Daten aus früheren und bisher unerklärlichen Beobachtungen an die Öffentlichkeit. Bereits 1924 glaubte der Radiopionier Marconi, daß merkwürdige Frequenzverschiebungen von Radiosignalen in seinen Experimenten einen außerirdischen Ursprung haben. Der Mitherausgeber des »Scientific American«, James Newman, berichtete über geheimnisvolle Funksignale aus dem Jahre 1928. Damals hatten Funkspezialisten einen sogenannten verzögerten Effekt beobachtet; Funksignale wurden plötzlich nach einer Verzögerung von Sekunden oder sogar Minuten erneut empfangen. 1928 gab es für diese Beobachtung noch keine Erklärung, aber nach den Experimenten von Drake boten sich auf einmal denkbare Lösungsmöglichkeiten für das Rätsel an. Sicherlich ging Robert Bracewell, ein Radioastronom der Stanford Universität, die Phantasie durch, als er den verzögerten Effekt von 1928 zu erklären versuchte: Außerirdische Intelligenzen sollen nach seiner Vorstellung in Erdnähe automatische Funksonden stationiert haben, die außergewöhnliche irdische Radiosignale aufnehmen würden, um sie dann zeitlich verzögert wieder auf die Erde zurückzufunken. Auf diese Weise sollte die Menschheit auf die fernen Besucher aufmerksam gemacht werden. Ein solches Verfahren der Kontaktaufnahme wäre allerdings recht mißverständlich, und mögliche Außerirdische könnten sicherlich erfolgversprechendere Wege finden, um ihre Existenz unter Beweis zu stellen.

Während der Untersuchungen von Drake soll es angeblich ebenfalls einen verzögerten Effekt gegeben haben. Drake soll etwa eine Minute, nachdem die Antenne auf »Tau Ceti« eingepeilt worden war, deutliche Echosignale registriert haben, die jedoch rasch schwächer wurden und danach niemals mehr dokumentiert werden konnten. Drake selbst schrieb den fraglichen Signalen einen irdischen Ursprung zu und glaubte nicht an einen geheimnisvollen verzögerten Effekt.

Bei den Diskussionen zum Ozma-Projekt wurde bald klar, daß die Radioteleskope der sechziger Jahre für Suchaktionen nach künstlichen außerirdischen Radiosignalen zu schwach waren. Nach einem intensiven Gedankenaustausch unter den Spezialisten wurde deshalb in den siebziger Jahren das Cyclops-Projekt aus der Taufe gehoben. Um die Auffangfläche für Radiosignale zu vergrößern, sollten rund 1500 Radioteleskope mit einem Antennendurchmesser von jeweils 100 Meter zusammengeschaltet werden. Alle Antennen sollten dann auf einen einzigen Punkt am Himmel gerichtet werden und auf künstliche Radiosignale lauschen. Durch die Zusammenschaltung der Antennen hätte sich eine Auffangfläche von bis zu 20 Quadratkilometern ergeben, und auch die schwächsten Signale wären möglicherweise nachweisbar gewesen. Das Projekt wurde nie realisiert, denn mitsamt einer aufwendigen Elektronik hätten sich Kosten zwischen 10 und 20 Milliarden Dollar ergeben.

Die Arecibo-Botschaft

Bereits zu Zeiten des Ozma-Projektes bemühten sich die Radioastronomen, die Suche nach denkbaren außerirdischen Intelligenzen von zwei Seiten aus anzugehen: Es sollte nicht nur hingebungsvoll gelauscht werden, um zu staunen, was die Außerirdischen technisch alles können, sondern die Menschheit sollte selbst versuchen, aktiv mit den Außerirdischen Kontakt aufzunehmen, um ihre Gleichrangigkeit zu signalisieren. Die Idee fand verschiedene Kritiker, denn eine technisch der Menschheit überlegene außerirdische Zivilisation könnte durch die Signale erst auf die Erde aufmerksam werden und sie danach

Abb. 2 Das Radioteleskop von Arecibo in Puerto Rico; es hat einen Durchmesser von mehr als 300 Meter.

erobern. Auch bei den Versuchen einer Kontaktaufnahme leistete Frank Drake wieder Pionierarbeit. Im November 1974 konnten er und seine Mitarbeiter über das heute immer noch größte Radioteleskop der Erde verfügen und Vorbereitungen für eine Nachricht an die Außerirdischen treffen. Das Radioteleskop von Arecibo auf Puerto Rico hat einen Durchmesser von 305 Meter und verfügt somit über eine besonders große Auffang- und Abstrahlfläche; es umschließt ein so großes Volumen, daß alles Bier, daß 1973 auf der Erde getrunken wurde, in ihm hätte gelagert werden können. Das Riesengerät ist genau in einen Talkessel eingepaßt, der zufällig die Schüsselform eines Radioteleskops hatte und deshalb nur noch geringfügig bearbeitet werden mußte; auf diese Weise konnten Kosten gespart werden. Durch die Lage im Talkessel und auch wegen der enormen Größe ist das Radioteleskop jedoch unbeweglich, so daß nur ein bestimmtes Segment im Weltraum untersucht werden kann.

Von Arecibo aus wurde am 16. November 1974 erstmals ein hochenergiereiches irdisches Radiosignal gebündelt und zur gezielten Kontaktaufnahme in den Weltraum geschickt. Ziel der Botschaft war der Kugelsternhaufen M13 im Sternbild Herkules. In einem Kugelsternhaufen sind Millionen von Sternen in einem relativ engen Raum versammelt, und ihre große Zahl erhöht die Wahrscheinlichkeit, daß Sonnen mit Planeten vorhanden sind. Im Gegensatz zu einem wahllosen Abstrahlen von Radiosignalen in den Weltraum verbessert die Konzentration auf einen Sternhaufen die denkbare Erfolgsquote. In einer großen Menge ist die Trefferwahrscheinlichkeit immer recht hoch, und aus diesem Grund arbeitet die Statistik meist mit hohen Zahlen. Ideale Voraussetzungen würden nun vorliegen, wenn sich auf einzelnen Planeten im Kugelsternhaufen M13 intelligente Zivilisationen entwickelt hätten, die gleichzeitig auch über einen hohen technischen Standard verfügen würden.

Die Arecibo-Botschaft wird bis zu ihrem Ziel sehr lange unterwegs sein. Erst in 26 000 Jahren wird sie im Kugelsternhaufen M13 eintreffen, und es bleibt zu hoffen, daß sie dort auch verstanden wird. Sollten tatsächlich vorhandene außerirdische Intelligenzen Lust haben, auf das Signal zu antworten, würden Radioteleskope auf der Erde erst in frühesten 52 000 Jahren die Menschheit über den Erfolg der Aktion von Arecibo aus dem Jahre 1974 informieren können. Zu dieser Zeit wird es sicherlich das Radioteleskop von Arecibo nicht mehr geben, und was bis dahin mit der Menschheit passiert ist, dürfte auch noch offen sein. Drake selbst wird nie erfahren können, was aus seiner Botschaft geworden ist.

Die gewaltige Zeitspanne von 52 000 Jahren wird besser vorstellbar, wenn man bedenkt, daß etwa die Höhlenmalereien von Lascaux am Beginn der menschlichen Zivilisation »erst« vor ungefähr 30 000 Jahren angefertigt wurden. Die begrenzte Lebenserwartung des Menschen und die gewaltigen Entfernungen im Weltraum machen eine denkbare interstellare Kommunikation zu einem Problem zwischen zahllosen Generationen, und es bleibt stets offen, ob Folgegenerationen überhaupt die Kom-

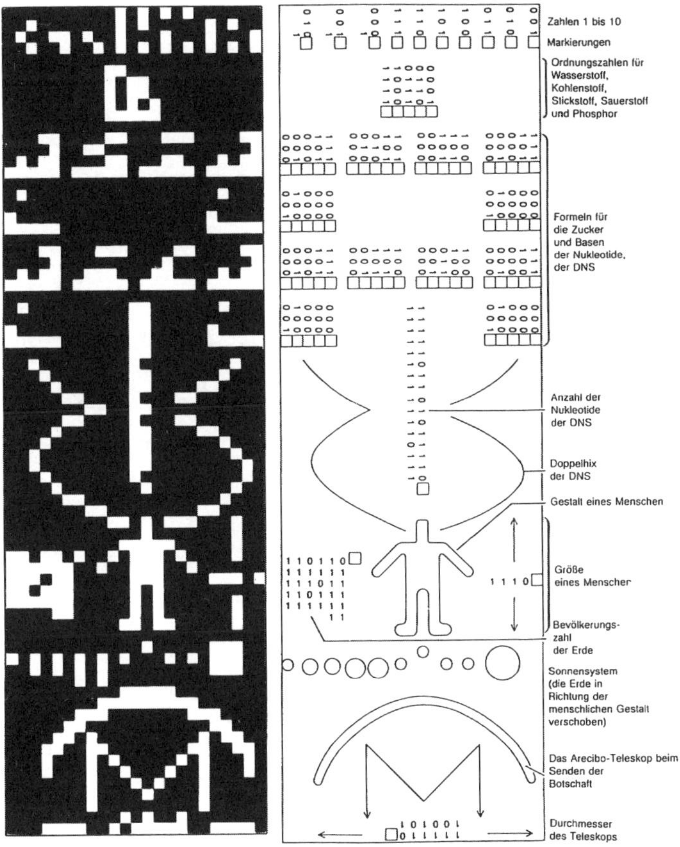

Abb. 3 Die Arecibo-Botschaft; die Abbildung zeigt das aus den Zeichen »schwarz« und »weiß« zusammengesetzte Informationsmuster (Interpretation siehe Text).

munikationsfreude ihrer Urahnen teilen und nicht einfach Experimente beenden, weil sie von überwältigenden irdischen Sorgen geplagt werden.

In der Arecibo-Botschaft wurden eine Fülle von Informationen über den Planeten Erde und die Menschheit auf eine raffi-

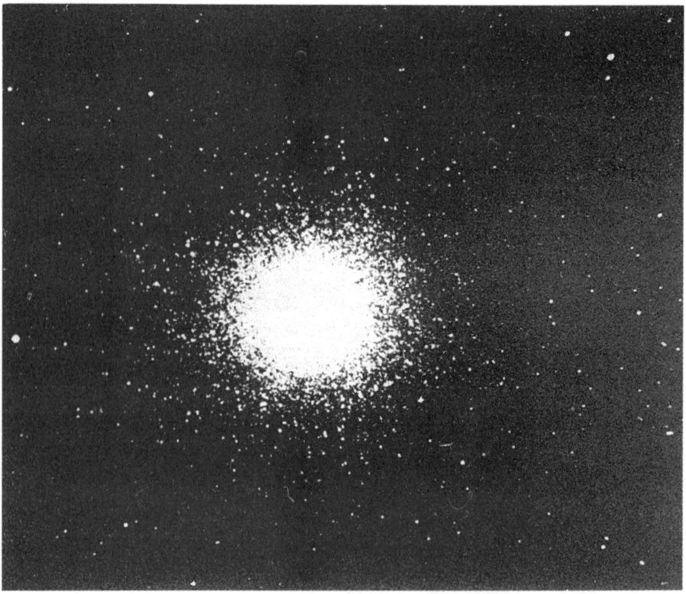

Abb. 4 Der Kugelsternhaufen M13 im Sternbild Herkules; er besteht aus etwa 300 000 Sternen und ist der Empfänger der Arecibo-Botschaft.

nierte Weise verschlüsselt. Ob die komplizierte Verschlüsselung klug war, bleibt dahingestellt, denn die Botschaft kann praktisch nur von einer intelligenten Zivilisation mit einem hohen wissenschaftlichen Standard verstanden werden. Mit mathematischen Methoden ist sie allerdings gut lösbar, und im Vergleich zu manchen militärischen Geheimnachrichten läßt sich ihr Code leicht knacken. Die Arecibo-Botschaft enthält 1679 Zeichen im Binärsystem, sie kann also wie beim Morsealphabet in »Punkt« und »Strich« aufgegliedert werden. Dem Mathematiker sagt die Zahl 1679, daß sie nur aus dem Produkt von 23 und 73 gebildet werden kann. Beide Zahlen sind Primzahlen und können nur durch 1 oder sich selbst geteilt werden. Durch diese Rechenoperation liegen erste Hinweise auf die Zahlensysteme des Menschen vor. Gleichzeitig zeigen beide Zahlen, daß die 1679 Zeichen in 73 Spalten zu je 23 Zeichen oder in 23 Spalten zu je

73 Zeichen untergliedert werden können. Aus der Anordnung 23 Spalten zu je 73 Zeichen ergibt sich nun ein graphisches Muster, wenn das Binärsystem zum Beispiel durch »Schwarz-Weiß« ersetzt wird, also etwa der Punkt des Morsealphabetes »Weiß« und der Strich »Schwarz« verkörpert. Aus dem graphischen Muster können visuelle Informationen entnommen werden, und der Empfänger muß sich somit nicht mit einer geheimnisvollen Schrift herumschlagen. Bei dieser visuellen Kommunikation wird allerdings vorausgesetzt, daß die fernen Außerirdischen genau wie die Menschheit primär visuell geprägt sind. Die Computer einer möglichen hochentwickelten außerirdischen Zivilisation könnten die Daten dann rasch auswerten und sie mit den eigenen wissenschaftlichen Erkenntnissen vergleichen.

Interpretiert man die aufgezeichnete Arecibo-Botschaft (Abb. 3) von oben nach unten, dann geben die ersten Zeilen Auskunft über die Zahlen 1 bis 10 und verraten dabei das menschliche Rechensystem. Danach folgen die Ordnungszahlen der chemischen Elemente Wasserstoff, Kohlenstoff, Stickstoff, Sauerstoff und Phosphor im System der chemischen Elemente, wie es die Chemiker auf der Erde aufgestellt haben. Einem möglichen Empfänger könnte somit die Bedeutung dieser chemischen Elemente für den Planeten Erde und für das Leben auf ihm klargemacht werden. In den anschließenden Zeilen wird Auskunft über die Formeln von Zuckern und den Basen der Nucleotid-Bausteine in der Erbsubstanz DNS (international: DNA) gegeben. Jetzt könnten außerirdische Biochemiker bereits folgern, wie das Leben auf der Erde im Prinzip funktioniert. Nach diesen Grundinformationen zur irdischen Biochemie werden die Anzahl der Nucleotide in der DNS sowie die DNS-Struktur (die berühmte Doppelhelix) visuell mitgeteilt.

An die biochemischen Informationen schließen sich eine Umrißdarstellung des Menschen, ein Hinweis auf seine Größe sowie eine Mitteilung über die Zahl der Menschen auf der Erde in den siebziger Jahren an. Mensch und DNS-Struktur sind direkt miteinander verbunden, was als Hinweis auf eine Evolution des Lebens auf der Erde verstanden werden soll. Da ein außerirdischer Empfänger die Maßsysteme auf der Erde nicht kennen würde, wird die Größe des Menschen über die Wellenlänge der übertragenen Radiosignale ausgedrückt; diese Wellenlänge ist allein durch die Tatsache des Empfangs bekannt. Unter dem Umriß-Männchen befindet sich eine Skizze des Sonnensystems, wobei der Planet Erde direkt dem Umriß-Männchen zugeordnet ist. Der mögliche außerirdische Empfänger könnte nun wissen, daß die Nachricht aus einem System mit einer Sonne und neun Planeten kommt, wobei der Absender auf dem dritten Planeten beheimatet ist. Die letzten Zeilen geben schließlich Auskunft über das Radioteleskop von Arecibo und verraten seine Größe und Arbeitsweise.

Die Arecibo-Botschaft wird einmal viel Glück benötigen müssen, denn sie wurde nur 3 Minuten lang gesendet. In etwa 26 000 Jahren muß im Zielgebiet in den entscheidenden 3 Minuten zufällig ein hochempfindliches Radioteleskop eingeschaltet sein und in Richtung Erde weisen. Falls alle diese Voraussetzungen zutreffen, werden sicherlich Computer des so fernen Radioteleskops die Nachricht aufzeichnen und abspeichern. Doch dann werden sich die außerirdischen Gelehrten, falls vorhanden, die Haare raufen und zu streiten beginnen. Wenn, was nicht unwahrscheinlich ist, eine solche naturwissenschaftlich-technische Intelligenz ähnliche Denkschemata wie der Mensch entwickelt hat, wird der Gelehrtenstreit sicherlich immer mehr ausufern, bis ein neuer Wissenschaftszweig geboren ist, der auf der Erde wohl als »Arecibologie« bezeichnet werden würde; die Wissenschaft von der Interpretation der Arecibo-Botschaft. Vielleicht antworten sogar die denkbaren Außerirdischen und lassen dann die irdischen Gelehrten bei der Interpretation ihrer Botschaft in etwa 52 000 Jahren schwitzen.

Irdisches Informationsrauschen

Seit der Entwicklung von starken Radio- und Fernsehsendern macht die Menschheit ein unbeabsichtigtes Kommunikationsexperiment; im Gegensatz zur Arecibo-Botschaft läuft dieses Experiment allerdings unaufhörlich und über eine breite Spanne von Frequenzen. Die starken Radio- und Fernsehsender sind nicht

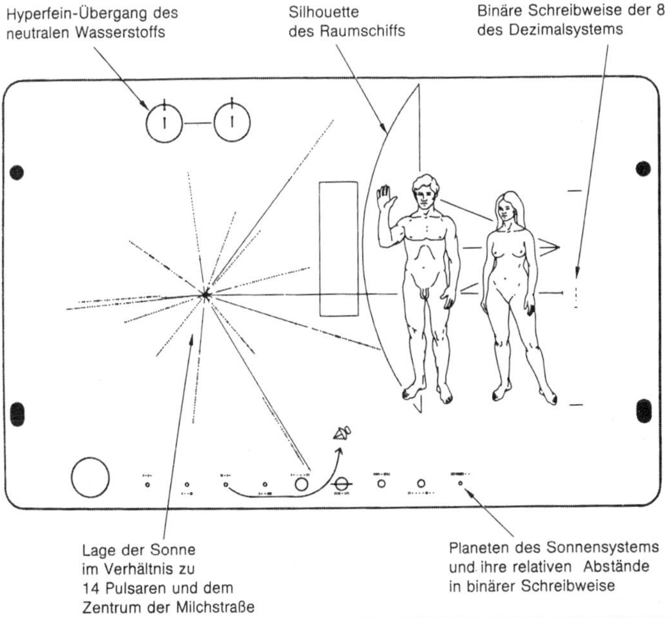

Abb. 5 Informationsplatte auf den Raumsonden Pioneer 10 und 11; für einen möglichen außerirdischen Empfänger werden unter anderem Informationen über das Sonnensystem, die Erde und den Menschen übermittelt.

gleichmäßig über die Erdoberfläche verteilt, sondern konzentrieren sich in Mitteleuropa, an der Ost- und Westküste von Nordamerika sowie in Japan und Australien, andere Weltgegenden besitzen nur punktförmig starke Sender. Da sich die Erde ständig dreht, empfängt eine mögliche außerirdische Zivilisation an einem bestimmten Punkt weit draußen im Weltraum die Signale der Erde als eine Art rhythmisches Informationsrauschen. Nach dem Empfang der europäischen Sender schwillt bei ihnen das Informationsrauschen ab, weil es im Atlantik keine Sender gibt. Durch das Drehen der Erde kommen anschließend die Sender an der amerikanischen Ostküste an die Reihe, und das Informationsrauschen nimmt wieder zu. Nach einer erneuten

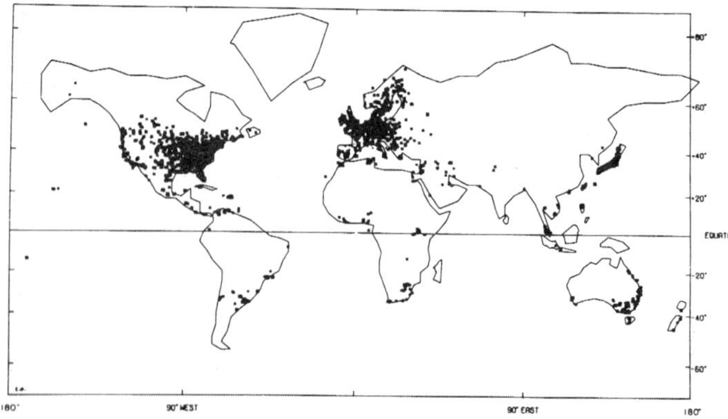

Abb. 6 Verteilung der starken Radio- und Fernsehsender auf der Erde; für einen möglichen außerirdischen Empfänger ergibt sich durch die Drehung der Erde ein rhythmisches Informationsrauschen.

Pause machen sich dann die Sender der amerikanischen Westküste bemerkbar und nach weiteren Erddrehungen zuletzt die Sender in Japan und Australien. Da sich weiterhin die Erde auch um die Sonne dreht, treten für die außerirdischen Beobachter außerhalb des Sonnensystems neben den rhythmischen Tagesschwankungen durch die Erdrotation noch weitere Schwankungen und Verschiebungen auf, die sich jährlich wiederholen.

Die außerirdischen Beobachter werden sich vermutlich zunächst einmal wundern, denn ein solches Verhalten ist weder für eine Sonne noch für einen Planeten typisch. Sollte es dann noch gelingen, dieses Informationsrauschen zu entschlüsseln, würde der außerirdische Beobachter von einer Informationsfülle regelrecht erschlagen werden, und ein Programmangebot von der hochgelehrten Talkshow bis hin zum Soft-Porno würde ihm zur Verfügung stehen. Vor allen Dingen aber würde er versucht sein, Menschen als besonders bösartige Wesen zu interpretieren, die nichts Besseres zu tun haben, als sich täglich auf dem Fernsehschirm zu Hunderten gegenseitig umzubringen. Außerirdische

Besucher dürften deshalb den Planeten Erde mit einer gewissen Vorsicht betreten.

Irdische Radio- und Fernsehsignale verlieren jedoch weit draußen im Weltraum rasch an Energie. Radiowellen vermindern aus rein geometrischen Gründen ihre Intensität um den Faktor 4, wenn sich die Entfernung zum Sender verdoppelt. Mit jeder Verdoppelung der Entfernung müssen die Radiowellen nämlich eine jeweils viermal so große Fläche ausfüllen. In Arecibo wurde deshalb die Botschaft vor dem Absenden in einem riesigen Hohlspiegel gebündelt. Die Radiowellen bleiben dann wie das Leuchtfeuer bei einem Leuchtturm zusammen und können ohne große Energieverluste weite Entfernungen überwinden. Durch die geringe Streuung bleibt jedoch auch das Zielgebiet relativ klein.

Die Arecibo-Botschaft für den Kugelsternhaufen M13 benötigt einen Empfänger, der zufällig seine eigenen Radioteleskope in Richtung der irdischen Milchstraße und damit der Erde ausgerichtet hat. Um bei zukünftigen Botschaften die Erfolgswahrscheinlichkeit zu verbessern, wird deshalb diskutiert, irdische Radiosignale zur möglichen Kontaktaufnahme parallel zum Ausbruch einer Supernova abzusenden. Die Explosion einer Sonne ist in einer Galaxie stets ein außergewöhnliches Ereignis, das garantiert auch bei außerirdischen Zivilisationen, sofern sie überhaupt Astronomie betreiben, mit allen verfügbaren Meßgeräten untersucht wird. Von der Erde aus konnte eine solche eindrucksvolle Supernova am 23. Februar 1987 in der Großen Magellanschen Wolke beobachtet werden. Werden nun Informationssignale in die entgegengesetzte Richtung zur Position einer Supernova gesendet, dann ist die Wahrscheinlichkeit, denkbare außerirdische Radioteleskope zu erreichen, relativ groß, wenn die Erde zwischen der Supernova und der denkbaren außerirdischen Zivilisation steht. Außerirdische Zivilisationen, die näher an der Supernova sind, könnten eine ähnliche Idee ebenfalls entwickelt haben und in Richtung Erde senden. Neben den wissenschaftlichen Informationen aus den Untersuchungen der Supernova gibt es deshalb auch den winzigen Hoffnungsfunken, Spuren einer angestrebten interstellaren Kommunikation zu entdecken.

Warum ein Lauschangriff?

Bevor die Wahrscheinlichkeit von außerirdischem Leben in den sechziger Jahren von der Radioastronomie näher untersucht wurde, beschäftigten sich über Jahrtausende Philosophen und Literaten mit dem Problem. Bereits im vierten vorchristlichen Jahrhundert war der Philosoph Metrodorus überzeugt, daß der Glaube, die Erde sei der einzige bewohnte Planet im Universum, vergleichbar sei mit der Vorstellung, von allen ausgestreuten Saatkörnern würde auf einem Feld nur ein einziges anwachsen und reiche Früchte bringen. Der römische Dichter Lukretius meinte einige Jahrhunderte später, daß sich die Menschheit mit dem Gedanken abfinden müsse, daß es an anderen Stellen des Universums bewohnte Erden mit Menschen und Tieren geben würde. Wieder einige Jahrhunderte später konnten solche Gedanken allerdings tödlich sein. Giordano Bruno wurde von der Inquisition im Jahre 1600 verbrannt, weil er die Vorstellung von vielen bewohnbaren Welten im Universum wiederaufgegriffen hatte.

Spätestens seit Kopernikus mußte die Menschheit immer wieder erfahren, daß die Erde in den Weiten des Weltraums eigentlich nichts Besonderes ist. Sie ist nicht Mittelpunkt der Welt, und wenn sie eines Tages einmal verschwunden sein wird, wird sich im Weltraum nicht viel ändern; außerhalb des Sonnensystems wird ihr Verlust noch nicht einmal sonderlich auffallen. Obwohl bisher außerhalb des Sonnensystems erst zwei planetenähnliche Begleitkörper von Sonnen nachgewiesen wurden, gilt es als weitgehend akzeptiert, daß zahlreiche Sterne Planeten besitzen und daß auf vielen von ihnen vergleichbare Umweltvoraussetzungen wie auf der Erde herrschen könnten. Ähnliche Umweltvoraussetzungen wie auf der Erde machen die hypothetischen Planeten schließlich für jene Forscher interessant, die sich mit der Entstehung des Lebens auf der Erde befassen. Alle bisherigen wissenschaftlichen Erkenntnisse unterstreichen, daß das irdische Leben spontan auf dem Planeten Erde entstanden ist und seit diesem Ereignis eine Entwicklung, eine Evolution, durchläuft, die zu immer höher entwickelten und damit komplexeren Lebensformen führt. Seitdem die Wissenschaft erforscht, welche Bedingungen die Entwicklung des Lebens auf der Erde ermöglicht haben, drängt sich immer stärker die Vermutung auf, daß sich auf Planeten in fremden Sonnensystemen ähnliches zugetragen haben könnte. Die Existenz des Menschen ist ein Beleg dafür, daß es im Weltraum prinzipiell die Möglichkeit zur Entwicklung von intelligentem Leben gibt. Wichtige Argumente für einen Lauschangriff kommen deshalb aus den Labors der Biochemiker und Molekularbiologen, die sich mit der Lebensentstehung auf der Erde befassen. Für den Menschen der Gegenwart ist der Himmel nicht nur Sitz der Götter wie bei den Religionen, sondern er könnte auch Wesen hervorbringen, die mit den irdischen Lebensformen vergleichbar sind. Da die Menschheit einen Lauschangriff auf denkbare außerirdische Intelligenzen startet, könnten tatsächlich vorhandene außerirdische Intelligenzen ebenfalls einen Lauschangriff auf andere außerirdische Intelligenzen (zum Beispiel die Menschheit) beginnen. Probleme könnten sich allerdings aus der zeitlichen Abstimmung ergeben. Sehr hochentwikkelte außerirdische Intelligenzen könnten bereits vor Jahrmillionen einen Lauschangriff in Richtung Erde gestartet haben, als der Mensch noch gar nicht existierte. Vorerst wenig hochentwickelte außerirdische Intelligenzen könnten dagegen den technischen Standard für einen Lauschangriff noch nicht erreicht haben und würden erst in Jahrmillionen mit ihren Aktivitäten beginnen, bis dahin könnte jedoch die Menschheit vielleicht nicht mehr existieren. Wie im Märchen könnten dann die »Königskinder« trotz aller Mühen niemals zusammenkommen. Jede Lebensform, auch der Mensch als Art im Ordnungssystem des Lebens, hat in der Evolution eine begrenzte Existenzdauer, und die Evolution gibt keine Auskunft, welche Lebensform oder Lebensformen einmal die Stellung des Menschen übernehmen könnten. Einige Fachleute sagen den äußerst vitalen Insekten eine große Zukunft voraus; sie können besser als der Mensch auf langfristige Umweltveränderungen reagieren. Sollten die Insekten einmal in der Dominanz den Menschen verdrängen, dann wäre es um die Entwicklung der individuellen Intelligenz geschehen, dafür hätte jedoch die Gruppenintelligenz der Insektenstaaten ein großes Entwicklungspotential.

Die Suche nach möglichen außerirdischen Lebensformen beginnt als ein Denkmodell auf der Erde. Zahlreiche wissenschaftliche Untersuchungen belegen, daß die chemischen Elemente, die die Erde aufbauen, auch im Weltraum vorkommen; und die Gesetze der Materie, die Chemie und Physik, gelten nicht nur auf der Erde, sondern auch im gesamten Weltraum, sie sind universell. Forschungsarbeiten über die Entstehung des Lebens auf der Erde liefern deshalb sofort Hinweise, wie möglicherweise Leben auf fremden Planeten entstehen könnte. Durch ihre universelle Gültigkeit können die Naturgesetze, die auf der Erde die Entstehung von Leben ausgelöst haben, auch auf fremden Planeten einen ähnlichen Entstehungsprozeß mit einem vergleichbaren Ergebnis induzieren. Diese vergleichenden Überlegungen sind das stärkste Argument für den Sinn eines Lauschangriffs auf die möglichen Außerirdischen.

Die heutigen Lebensformen der Erde sind das vorläufige Endergebnis einer langen Evolution des Lebens, die auf der Erde einen ganz speziellen Verlauf nahm und auf einem anderen Planeten praktisch nicht kopierbar ist. Faszinierend wird die Exobiologie, weil Lebensevolutionen prinzipiell viele unterschiedliche Verläufe nehmen können; außerirdisches Leben könnte dem irdischen Leben sehr änlich aber auch völlig anders sein. Auf einem geeigneten Planeten würde die Lebensevolution, sofern sie überhaupt in Gang kommt, stets einen einmaligen Verlauf nehmen. Der unterschiedliche Weg der Evolution könnte allerdings zu vergleichbaren Zielen führen und sich damit an das irdische Leben annähern. Erste Voraussetzung ist jedoch, daß überhaupt Leben entsteht. Die folgenden Abschnitte führen deshalb zu den gegenwärtigen Vorstellungen zur Entstehung des Lebens auf der Erde. Sie bilden den Rahmen für mögliche Hypothesen zur Lebensentstehung auf fremden Planeten. Grenzen der Hypothesen stecken die Naturgesetze ab. Das Leben auf der Erde erlaubt Analogieschlüsse für denkbares außerirdisches Leben.

Teil I: Innerer Weltraum

Lebensentstehung auf der Erde

Von der Urzeugung zur Molekularbiologie

Die Entstehung des Lebens auf der Erde gehört zu den großen wissenschaftlichen Rätseln unserer Zeit. Durch zahlreiche Fossilien und auch dank einer intensiven Forschungsarbeit im Labor weiß die Wissenschaft heute viel über die Lebensevolution auf der Erde. Sie kann Entwicklungswege beschreiben und ist sogar in der Lage, die Vorfahren des Menschen in der Lebensevolution zu rekonstruieren. Die Entwicklung von der unbelebten Materie zu den Strukturen des Lebens ist dagegen nur in einzelnen Stationen bekannt, und es fehlen die großen Zusammenhänge, die eine lückenlose Entwicklungslinie aufzeigen könnten. Die Wissenschaft sieht sich in der Situation von Reisenden, die zwar ihre Hoteladressen kennen, sich jedoch über den schwierigen Weg zu diesen Hotels noch nicht im klaren sind.

Vor wenigen Jahrhunderten war die Frage nach der Lebensentstehung noch völlig unkompliziert. Leben bildete sich nach der damals herrschenden Vorstellung jederzeit spontan und war die Folge einer Urzeugung. Bei der Entwicklung dieser Gedankenwelt spielte der antike Philosoph Aristoteles eine große Rolle. Nach seiner Meinung entstand Leben durch eine Art Beseelung von toter Materie; es waren die von ihm postulierten Entelechien (Lebensfaktoren ohne eine stoffliche Grundlage), die eine tote Materie zum Leben erwecken konnten. Die Lebensentstehung war somit ein permanenter Prozeß, und wenn zum Beispiel die Entelechien in einen Haufen Dreck eindrangen, entstanden spontan Tiere. Prinzipiell konnten natürlich Entelechien auch außerhalb der Erde wirksam werden. Deshalb war es folgerichtig, daß der griechische Philosoph Epikuros behauptete, es könne außer der Erde noch viele andere Welten und auch solche mit Lebewesen geben. In manchen Vorstellungen war der Weltraum direkt an der Urzeugung beteiligt. Der arabische Philosoph Avicenna behauptete zum Beispiel, daß nach Donnerschlägen halbe Kälber vom Himmel stürzen würden.

Es gab sogar Rezepte zur Urzeugung und damit zur Lebensentstehung. Im Mittelalter versuchten Alchimisten in der Retorte einen Homunculus, einen kleinen Menschen, zu zeugen. In der Renaissance läßt Shakespeare in »Antonius und Cleopatra« den Lepidus berichten, daß Krokodile aus Nilschlamm entstehen würden. Der zu seiner Zeit recht bekannte Naturforscher van Helmont veröffentlichte 1667 eine Anleitung, wie aus Getreide und alten Lumpen Mäuse produziert werden können. Goethe, der viel über die Entwicklung des Lebens nachdachte, schrieb 1826 an Herzog Karl August, daß Flöhe aus Sägemehl und Urin erzeugt werden können.

Nachdem sich aber die Naturwissenschaften von der reinen Philosophie zu lösen begannen und das Experiment immer stärker an Einfluß gewann, verstärkten sich schließlich die Zweifel an einer Urzeugung. Bald wurde klar, daß in den Argumenten für eine Urzeugung oft Fehldeutungen in der Reihenfolge auftauchten. Würmer entstanden in einem Experiment nicht spontan aus faulem Fleisch, sondern Fliegen mußten zuerst Eier in das Fleisch legen, damit erst danach die Maden schlüpfen konnten. Endgültig widerlegt wurde die Urzeugung jedoch erst 1864, als der französische Forscher Pasteur einen Preis der französischen Akademie der Wissenschaften zugesprochen bekam. Er hatte durch exakte Sterilisierungsexperimente bewiesen, daß Bakterien nicht das Produkt einer Gärung sind, sondern die Gärung das Produkt von bereits vorhandenen Bakterien ist. Die Idee der Urzeugung und damit auch die einfachen Erklärungsversuche zur Lebensentstehung waren nun hinfällig geworden. Zurück blieben zahlreiche offene Fragen: Wenn Leben nur aus bereits vorhandenem Leben entstehen kann, wie hat sich dann das Leben selbst entwickelt?

Leben ist mit sehr großer Wahrscheinlichkeit direkt und von selbst auf der Erde entstanden, wobei die ersten Prozesse zur Lebensentwicklung schon recht früh nach der Bildung des Planeten vor etwa 4,6 Milliarden Jahren einsetzten. Es scheint sogar, daß molekulare Strukturen zur Lebensentwicklung unter bestimmten Voraussetzungen praktisch zwangsläufig entstehen. Die Vorstufen zu den Strukturen des Lebens sind das Produkt von physikalischen und chemischen Gesetzmäßigkeiten und unterliegen noch keinen biologischen Regeln. Bestimmte Umweltvoraussetzungen sorgen aufgrund von Naturgesetzen für die spontane Bildung von organisch-chemischen Verbindungen, die Bausteine des Lebens darstellen. Vorstufen der Lebensstrukturen können nicht-biologisch, also abiotisch, entstehen. Sind diese Bausteine vorhanden, wird es allerdings in der Entwicklung zum Leben erst richtig kompliziert, so daß die Theorien zur Lebensentstehung heute noch richtig ins Kraut schießen können. Zum Lebenserhalt müssen die Bausteine des Lebens unerhört komplex miteinander kommunizieren und agieren. Der Zufall wäre total überfordert, wenn die abiotisch gebildeten molekularen Strukturen des Lebens sich einfach so zusammengefunden hätten und das Leben entstanden wäre. Sieht man die abiotisch gebildeten Lebensbausteine als Buchstaben einer Schrift, dann wäre es so, als würde man einen Sack mit Buchstaben füllen, ihn kräftig durchschütteln und dann den Inhalt ausgießen. Die Buchstaben würden herumtorkeln und zuletzt ein Drama von Shakespeare beschreiben.

In den ersten Hunderten von Millionen Jahren nach ihrer Bildung und nach der Ausprägung einer festen Kruste unterschied sich die Erde völlig von der Gegenwart; sie war eine biochemische Hexenküche, und die Naturgesetze sorgten dafür, daß sie ständig wie ein Alchimist mit sich selbst experimentierte. Dabei entstanden fortlaufend neue Zufallsverbindungen, die sich anreicherten oder auch wieder verschwanden.

Die Lithosphäre, die Schicht der Gesteine oder auch die Erdkruste, war damals nicht so stabil wie heute, sondern wurde ständig von Vulkanausbrüchen und Lavaströmen zerrissen. Zu allem Unglück stand die Erde noch in ihrer Frühphase unter einem Dauerbombardement von Meteoriten aus dem Weltraum. Dabei schlugen auch regelmäßig große Kaliber ein, die die Lithosphäre permanent von oben nach unten umkrempelten. Die Erdkruste war zerrissen und bot dabei gleichzeitig Schutzräume für Entwicklungsvorgänge zum Leben.

Der Ozean war im Gegensatz zu heute wenig imposant und eher ausgesprochen dürftig. Die Erde war noch kein Wasserplanet, und das gesamte freie Wasservolumen erreichte vermutlich nur ein Zehntel der heutigen Meere. Es wird sogar angenommen, daß dieses relativ geringe Wasservolumen zeitweise fast verdunstete, wenn ein besonders großer Meteorit einschlug und das bißchen Ozean zum Kochen brachte.

Für heutige Begriffe war damals die Atmosphäre lebensfeindlich. Alle höher entwickelten Lebensformen der Gegenwart hätten in der Uratmosphäre nicht existieren können, denn es fehlte der freie Sauerstoff; in der Uratmosphäre wäre es nicht einmal möglich gewesen, ein Streichholz anzuzünden. Allerdings war dieser Umstand für die Entwicklung von organischen Riesenmolekülen besonders günstig, denn hochmolekulare Verbindungen können mit Hilfe von Sauerstoff abgebaut werden. Die Erde war in ihrer Frühphase für das heutige Leben feindlich, für die Entwicklung von Molekülen der Lebensfunktionen jedoch ausgesprochen freundlich. Die Lebensentwicklung spielte sich während dieser Zeit allein auf der Ebene der Moleküle ab, und die Erde glich einem riesigen chemischen Labor für hochinteressante biochemische und molekularbiologische Experimente. Forscher der Gegenwart würden bei den Dimensionen und dem Ideenreichtum dieser Experimente vor Neid erblassen. Insgesamt experimentierte die Erde für einige hundert Millionen Jahre, bis der Durchbruch zum Leben gelang.

Lebensspuren im Labor

Im Jahre 1953 machte Stanley Miller, ein Student von 23 Jahren, an der Universität von Chicago ein simples und dennoch grundlegendes Experiment. In einfachen Glasbehältern simulierte er die Umweltsituation auf der Erde während der Frühphase ihrer Entwicklung. Ein kleiner Glasbehälter wurde mit Wasser gefüllt und ein größerer Glasbehälter mit den Gasen Methan, Ammoniak und Wasserstoff; beide Glasbehälter waren durch ein Röhrensystem miteinander verbunden und vorher luftleer gemacht worden. Im kleineren Glasbehälter wurde nun das Wasser zum

Kochen gebracht, und im größeren Glasbehälter wurden Elektroden angelegt, die bei etwa 60 000 Volt ständig Funkenentladungen produzierten. Aus dem kochenden Wasser stieg der Dampf hoch und gelangte in den größeren Glasbehälter, wo sich ein intensiver Kontakt mit Methan, Ammoniak und Wasserstoff sowie mit der Energie aus den Funkenentladungen ergab. Das System kopierte die Frühzeit der Erde: Wasser kochte wie einst durch die Lavaströme im Urozean, Funkenentladungen simulierten die Blitze und energiereiche Weltraumstrahlungen der Frühzeit, und die Gase reproduzierten die Uratmosphäre. Das System des Experimentes war luftdicht abgeschlossen und lief ohne Unterbrechung einige Tage. Zuletzt hatte sich im Wasser eine rötliche Schmiere gebildet, das Ergebnis von unzähligen experimentellen Prozeduren.

Miller und sein Lehrer, der Nobelpreisträger Urey, untersuchten und analysierten den Niederschlag und waren, nachdem alle Ergebnisse zweifelsfrei abgesichert waren, sicherlich wie vom Donner gerührt: Sie hatten Aminosäuren gefunden, die in der Natur die Bausteine der Eiweiße bilden. Eine simple Versuchsanordnung, die einfach nur die Umweltsituation während der Frühphase der Erde simulierte, produzierte von selbst die Bausteine der Proteine (Eiweiße) lebender Organismen. In dem System wirkten allein die Gesetze der Physik und Chemie. Da die Naturgesetze universell gelten, kann angenommen werden, daß überall dort, wo die gleichen Voraussetzungen wie im Experiment herrschen, ähnliche Ergebnisse produziert werden. Inzwischen weiß die Wissenschaft durch Spektralanalysen von abgestrahltem Licht, daß es Aminosäuren auch auf fremden Himmelskörpern gibt. Das Experiment regte die Wissenschaft ungemein an, und bald konnten von den 20 Aminosäuren, aus denen die Eiweiße in den Lebewesen gebildet werden, etwa 14 im Labor durch Simulationsexperimente synthetisiert werden.

Sidney Fox von der Universität Southern Illinois setzte die Experimente von Miller fort und erhitzte nicht-biologisch gewonnene Aminosäuren trocken auf Lava. Dabei erhielt er Ketten aus Aminosäuren, die aus etwa 100 einzelnen Aminosäuren bestanden. Fox nannte diese Vorläufer der Proteine Proteinoide. Im Wasser aufgelöst, lagern sich Proteinoide zu winzigen

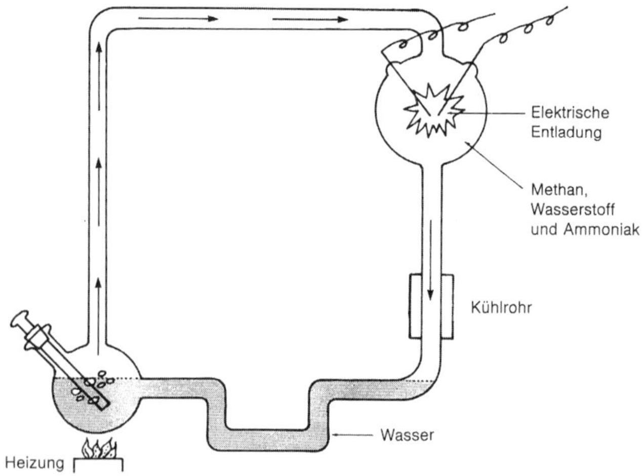

Abb. 7 Schematische Darstellung der Simulationsexperimente von Miller zur abiotischen Synthese von Aminosäuren; es wurde die Umweltsituation der frühen Erde kopiert.

Kügelchen zusammen, die Fox als Mikrosphären bezeichnete und in denen er die Vorläufer der ersten Zellen sah.

Solche kleinen Hohlkügelchen konnten einer Entwicklung zum Leben beachtlich weiterhelfen, denn sie schufen Funktionsräume und schützten auf diese Weise vor Fremdeinwirkungen. Enthielten die Funktionsräume zum Beispiel durch Zufall wichtige Moleküle zur Lebensentwicklung, dann blieben diese von schädlichen äußeren Einflüssen weitgehend unbehelligt. Dennoch können die Hohlkügelchen nur Teilprobleme bei der Suche nach den Urmolekülen des Lebens lösen. Sie können sich nicht selbständig vermehren, und gerade diese Fähigkeit ist eines der wichtigsten Definitionskriterien für Leben.

Andere Forschergruppen stellten deshalb die Suche nach eigenständig reproduktionsfähigen Molekülen in den Vordergrund ihrer Aktivitäten. Entstanden zum Beispiel durch Zufall für die Lebensentwicklung besonders vorteilhafte Moleküle, dann konnten diese Moleküle nur eine Bedeutung gewinnen, wenn sie vervielfältigungsfähig waren und die vorteilhaften Eigenschaften weiter zur Verfügung standen. Proteine besitzen nicht die Fähigkeit für eine selbständige Reproduktion, zu einer solchen Leistung sind nur die Nucleinsäuren fähig. Nucleinsäuren sind reine Informationsmoleküle und in einem Lebewesen die Träger der genetischen Information. Für ihre Vermehrung benötigt die Nucleinsäure jedoch die Hilfe von Proteinen als Funktionsmoleküle. Durch die wechselseitige Abhängigkeit ergibt sich ein Dilemma: Wie konnten beide Strukturen zusammenfinden, oder was war zuerst da: die Henne oder das Ei?

Das Problem wurde gelöst, als bestimmte Ribonucleinsäuren, RNS (international: RNA) gefunden wurden, die sich im Experiment ohne die Hilfe von anderen Molekülen selbst reproduzieren konnten. Die RNS-Moleküle können sich zerschneiden und danach selbständig wieder zusammensetzen. Sie kommen sogar heute noch in einigen Lebensformen vor und werden Ribozyme genannt. Definiert man den Beginn des Lebens als den Erwerb der eigenständigen Reproduktionsfähigkeit, dann war das erste »lebende« Molekül eine Nucleinsäure. Walter Gilbert von der Harvard-Universität spricht von einer »RNS-Welt«, die den Beginn des eigentlichen Lebens einleitete und das Bindeglied zwischen den abiotischen organischen Molekülen und den Molekülen der Lebensstrukturen darstellt. Vor der »RNS-Welt« galten auf der Erde nur die Gesetze der Physik und Chemie, nach der »RNS-Welt« traten zur Physik und Chemie noch die Gesetze der Biologie. Die Meinungen über eine frühe »RNS-Welt« sind im Augenblick allerdings noch im Fluß, denn die reproduktionsfähigen RNS-Moleküle aus den Experimenten im Labor benötigen zu ihrer Funktion Begleitumstände, die während der Frühphase der Lebensentwicklung vermutlich nicht gegeben waren. Es wird angenommen, daß vielleicht inzwischen ausgestorbene Moleküle den funktionellen Weg für die RNS geebnet haben.

Vor einem großen schwarzen Loch steht jedoch die Wissenschaft bei dem Versuch, die Entwicklung der ersten RNS-Moleküle durch Zufallssynthesen zu erklären. Es gibt keine gesicherte Theorie, wie die RNS entstanden sein könnte. Die Schwierigkeiten bei einer zufälligen Synthese kann das folgende Beispiel belegen: Die RNS ist ein kompliziertes kettenförmiges Molekül aus einzelnen Bausteinen, und einer der Bausteine ist der Zucker Ribose. Bei Zufallssynthesen kann zwar aus den abiotischen Bausteinen Zucker entstehen, aber es fallen mehr als 40 verschiedene Zuckerarten an, und die Ribose ist noch nicht einmal der Hauptbestandteil dieser Mischung. Es ist deshalb schwer zu erklären, warum ausgerechnet die Ribose bevorzugt wurde. Nobelpreisträger Christian de Duve von der Rockefeller-Universität in New York brachte die Fragen zur Synthese der RNS auf den Punkt und veröffentlichte in der angesehenen Zeitschrift »Nature« einen Beitrag zu dieser Problematik: »Hat Gott die RNS erschaffen?« Andere Spekulationen schreiben gar der irdischen Nucleinsäure einen außerirdischen Ursprung zu, was an späterer Stelle noch einmal abgehandelt wird. Doch diese Spekulationen verschieben nur die Problematik auf geheimnisvolle ferne Planeten; irgendwann muß die RNS einmal entstanden sein. Der Entwicklungsweg von der RNS zur DNS ist dagegen wieder erklärbar; die DNS ist einfach stabiler als die RNS und kann deshalb auch Informationen besser konservieren.

Spekulative Entwicklungswege

Nach den gängigen Vorstellungen spielte sich die chemische Evolution, die Entwicklung zu den biologischen Strukturen des Lebens, im Urozean ab. Im Verlauf von Hunderten Millionen Jahren wurde der Urozean zur sogenannten Ursuppe. Nach Schätzungen bestand der Urozean am Vorabend des Sprunges zu den tatsächlichen lebenden Strukturen zu etwa 1 Prozent aus abiotisch gebildeten organischen Stoffen und Strukturen; er glich somit einer etwas dünnen Bouillon.

Doch kritisch wie die Wissenschaft nun einmal ist, wird der Ursuppe als Ort der Lebensentstehung widersprochen. Möglicherweise war die Ursuppe mehr ein riesiges Vorratslager für die Experimente der Natur und weniger die Wiege des Lebens. Riesige Meteorite machten die Erde in ihrer Frühphase zu einem ungemütlichen Ort. Vermutlich wurde die Ursuppe regelmäßig durchgekocht, wobei immer wieder neue chemische Reaktionen angeheizt wurden. Es wird heute als wahrscheinlich angesehen, daß sich die ersten echten Strukturen des Lebens in flachen Tümpeln und Lagunen oder auch in Felsrissen entwickelt haben.

Der Münchner Chemiker Günter Wächtershäuser ging auf diese hypothetischen Felsrisse ein und brachte Wechselbeziehungen zwischen Mineralien und organischen Molekülen als eine Ursache der Lebensentwicklung in die Diskussion. Bei ihrer Bildung setzen manche Mineralien Energie frei, die ausreichen kann, um aus Kohlendioxid und Wasserstoff organische Moleküle zu synthetisieren. Durch elektrostatische Wechselwirkungen bleiben nun solche organischen Moleküle an den Mineralien haften und werden weiter mit Energie versorgt. Sie könnten dabei Entwicklungswege durchlaufen, die bis zu Makromolekülen führen. Eine besonders phantasievolle Hypothese zu den ersten Stufen der Lebensentstehung vertritt Graham Cairns-Smith von der Universität Glasgow. Er hebt die vielfältigen Ausprägungsformen von Tonkristallen hervor, die sich wie Strukturen des Lebens selbst reproduzieren können und anschließend auch wachsen. Dabei glaubt Cairns-Smith, daß Tonkristalle wie eine Schablone den Entwicklungsweg für organische Makromoleküle wiesen. Zunächst sollen Tonkristalle in ihrer unterschiedlichen Ausprägung ein Gerüst für organische Makromoleküle gebildet haben, danach wäre das Gerüst verschwunden und hochorganisierte Makromoleküle wären übrig geblieben.

Leslie Orgel und Francis Crick, zwei nicht gerade unbedeutende Wissenschaftler, provozierten vor einigen Jahren die wissenschaftliche Welt mit einer für die strenge Forschung recht ungewöhnlichen These. Sie vertraten die Meinung, daß Außerirdische vor Jahrmilliarden »Lebenskeime« auf der Erde ausgesät und diese dann ihrem weiteren Schicksal überlassen hätten. Nachdem erste Überraschungen abgeklungen waren, kamen Anfragen, ob die Theorie wirklich ernst gemeint wäre. Orgel flunkerte und bemerkte, die Theorie hätte nur verdeutlichen wollen, wie unzureichend doch alle Theorien zur Entstehung des Lebens auf der Erde wären.

Im Zentrum der Milchstraße gibt es wesentlich ältere Sterne als die Sonne, und es besteht die Wahrscheinlichkeit, daß es dort Leben geben könnte, das bereits doppelt so alt ist wie das Leben auf der Erde. Eine solche hochentwickelte Intelligenz schickte nach Crick vor mehr als 4 Milliarden Jahren automatische Biosonden zum Rand der Milchstraße. Die Sonden wurden nach Crick durch Computer gesteuert, die zur Selbstreparatur und zur Selbstreproduktion fähig waren; Antriebssysteme wären Sonnensegel gewesen, die den Lichtdruck des Sternenlichts ausnützen konnten. Der Lichtdruck der Sonne auf die Erde ist zum Beispiel verschwindend gering und beträgt nur einige zehn Tonnen; ein Auto ist im Sonnenlicht etwa ein Milligramm schwerer als im Schatten. Ist ein Sonnensegel jedoch so beschaffen, daß der Lichtdruck größer ist als seine eigene Schwerkraft, dann kann im Licht gesegelt werden. Nach Crick könnte ein Sonnensegel mit einem Radius von 200 Meter etwa 10 Tonnen Nutzlast tragen, wenn das Sonnensegel auf der Erde weniger als ein zehntel Milligramm pro Quadratzentimeter wiegen würde. Im Vakuum des Weltraums würde das Licht das Sonnensegel in eine gleichmäßig beschleunigte Bewegung versetzen. Sensoren der Biosonden könnten dann geeignete Zielplaneten erkennen und sie mit Nucleinsäure zum Anschub der Lebensentwicklung versorgen. Die Spekulationen von Crick sind zwar faszinierend, können aber niemals bewiesen werden; sie könnten den Forscher sogar faul machen, denn er wäre in der Lage, relevante Probleme zu erklären, und müßte keine mühseligen Forschungsarbeiten mehr machen.

Nach den Gesetzen der Wahrscheinlichkeit dürfte es auf der Erde überhaupt kein Leben geben, und manche Wissenschaftler sammeln zum Spaß Argumente für die These, daß die Erde eigentlich »kein Leben tragen kann«. Drastisch drückte sich der englische Mathematiker und Astronom Fred Hoyle aus, als er spekulierte: Die spontane Entstehung von Leben auf der Erde sei so unwahrscheinlich, als würde ein Düsenjäger im Tiefflug über einen Flugzeugschrottplatz fliegen und dabei zahlreiche Einzelteile aufwirbeln. Die Einzelteile würden durcheinanderfliegen und sich zufällig zu einem kompletten Jumbo-Jet zusammensetzen. Hoyle verschweigt allerdings, daß unendlich viele kleine Einzelschritte einen Fortschritt erbringen können, wenn sich Zwischenstufen immer wieder stabilisieren lassen, so daß das gesamte Niveau stetig ansteigt.

Da sich nun einmal Leben in reicher Fülle auf der Erde entfaltet hat, bleibt nur noch die Feststellung, daß die Wissenschaften nicht sicher wissen, wie sich die unbelebte Materie einst zum Leben entwickelte. Durch Analogieschlüsse kann allerdings gefolgert werden: Was auf der Erde einst passierte, kann sich im Prinzip auch auf einem fremden Himmelskörper ereignen. Spezifische Umweltbedingungen schaffen auf eine abiotische Weise eine hohe Komplexität von organischen Strukturen, danach müssen Mechanismen wirksam werden, die den Sprung zum Leben anregen und auch steuern; ob diese Mechanismen zwangsläufig wirksam werden, kann nicht bewiesen werden. Bei zwangsläufigen Mechanismen wäre das Leben im Weltraum recht oft anzutreffen, bei nicht zwangsläufigen Mechanismen dagegen recht selten.

Lebensfülle

Aus der Zeit der chemischen Evolution sind keinerlei fossile Relikte erhalten, die experimentelle Lebensspuren im Labor bestätigen könnten. Im Labor lassen sich aber nur Simulationsexperimente zur Frühzeit der Erde durchführen, in denen die Wissenschaft berücksichtigt, was sie von der Urlithosphäre, dem Urozean und der Uratmosphäre weiß – und mit Sicherheit weiß sie nicht alles. Erste, allerdings noch unsichere, fossile Indizien für zelluläre Lebensformen sind etwa 3,8 Milliarden Jahre alt; sie wurden in der uralten Isua-Region in West-Grönland gefunden. Sichere Hinweise auf die frühesten zellulären Lebensformen sind etwa 3,5 Milliarden Jahre alt und stammen aus Gesteinen in Südafrika, Australien und Nordamerika. Die ersten fossilen Zellen waren sogar erstaunlich hoch entwickelt. Der deutsche Geologe und Paläontologe Hans Dieter Pflug entdeckte in einem 3,4 Milliarden Jahre alten Swartkopie-Hornstein eine hefeähnliche Zelle, die so hoch entwickelt war, daß ihre weniger komplexen Ahnen mit Sicherheit lange vor ihr existierten.

Die ältesten bekannten Gesteine der Erde sind etwa 4,2 Milliarden Jahre alt. Zu dieser Zeit mußte auch die Lebensentwicklung eingesetzt haben, denn aus Temperaturgründen konnten sich hochkomplizierte Makromoleküle erst bilden, nachdem die äußere Erdkruste abgekühlt war. Insgesamt hat sich somit zwischen etwa 4,2 Milliarden und etwa 3,8 Milliarden Jahren das Leben auf der Erde erstaunlich schnell entwickelt, und die chemische Evolution erreichte mit der Bildung der ersten Zellen rasch ihren Endpunkt. Vor etwa 2,5 Milliarden Jahren soll es dann die ersten zellulären Lebensformen auf dem Land gegeben haben. Vorher beschränkte sich das Leben nur auf das Wasser, und das Land blieb steril.

Einzellige Lebensformen, deren heutige Verwandte die unterschiedlichen Bakterien und andere Einzeller ohne Zellkern sind, beherrschten für Jahrmilliarden die Erde. Erst seit etwa 1,5 Milliarden Jahren gibt es Zellen mit einem Zellkern; zu diesem Zelltyp gehören die Zellen aller höher entwickelten Lebensformen. Vielzellige Lebensformen tauchten in der Evolution erst vor weit weniger als 1 Milliarde Jahren auf. Sie bildeten gleich am Beginn ihrer Entwicklung eine ungewöhnlich reiche Welt, von der nur drei Entwicklungslinien überlebt haben: Pflanzen, Pilze und Tiere. Die Tiere selbst entwickelten seit dem Beginn ihrer Ausprägung mindestens 60 bis 80 Stammlinien, aber nur eine einzige dieser Linien führte zu den Wirbeltieren. Es wird geschätzt, daß seit den Anfängen des Lebens auf der Erde mindestens 1 Milliarde Arten von Lebensformen entstanden sind, aber nur eine einzige Art aus dieser Fülle schaffte den Sprung zur höheren Intelligenz.

Vor Hunderten von Millionen Jahren tauchten Tierformen auf, die sich in ihren Konstruktionsprinzipien völlig von allen heutigen Tieren unterschieden. Es waren trotz einer reichen Ausprägung vermutlich Fehlentwicklungen, die von der Natur nicht weiter verfolgt wurden. Die Ediacara-Fauna aus Südaustralien hat Fossilien hinterlassen, die auf ganz eigentümliche Tierkonstruktionen verweisen; die Rätseltiere lebten im Vendium vor etwa 580 Millionen Jahren. Im Kambrium vor etwa 520 Millionen Jahren gab es eine ganze Reihe von sogenannten Enigmatica oder Rätselformen. Es waren Tiere, deren Konstruktionsprinzipien später nicht mehr angewendet wurden. Heutige Zoologen müßten eine solche Rätselform, wenn sie lebend gefunden werden würde, als »außerirdisch« einstufen, da

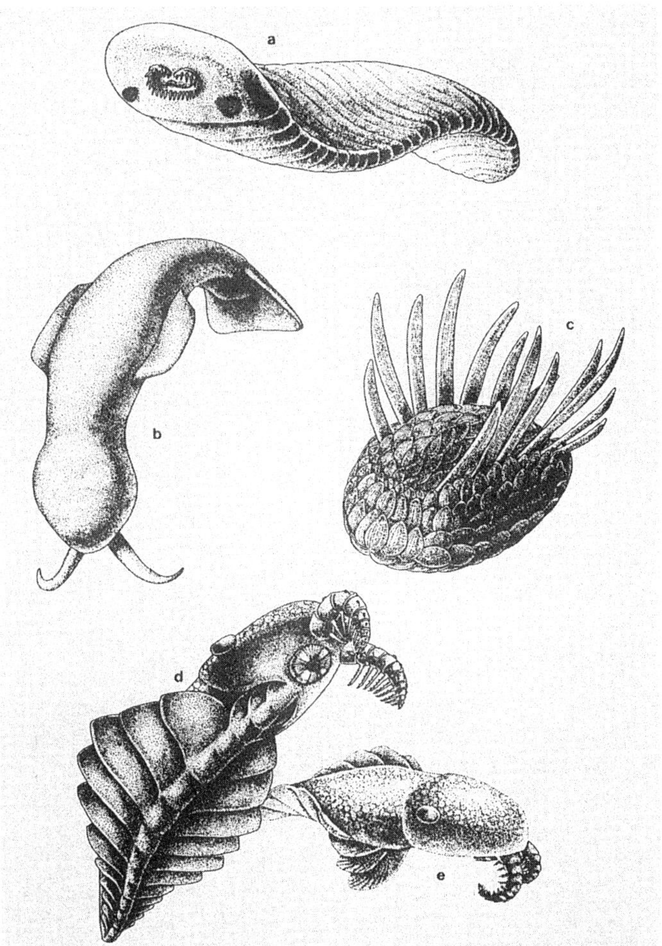

Abb. 8 Beispiele für sogenannte Enigmatica oder Rätselformen der Burgess-Schiefer-Fauna des Mittleren Kambriums; die Konstruktionsprinzipien dieser Tiere wurden von der Evolution nicht weiterverfolgt. a) Odontogriphus, b) Amiskwia, c) Wiwaxia, d) Anomalocaris nathorsti, e) Anomalocaris canadensis.

keinerlei Verwandtschaft zu lebenden Tieren vorliegt. Manchmal entstehen Rätselformen aber auch, wenn Zoologen Fossilien falsch interpretieren; Kontrolluntersuchungen zeigen dann, daß die Rätselform sehr wohl auf noch existierende Tierstämme hinweist.

Die Entwicklung einer höheren Intelligenz muß bei den denkbaren Lebensformen eines Planeten sicherlich von einer Fülle von Glücksumständen begleitet sein. Wahrscheinlichkeitsüberlegungen für eine höhere Intelligenz müssen vor dem Hintergrund einer Lebensevolution mit einer gewissen Skepsis bewertet werden, denn Ausnahmen lassen sich nur schwer vorhersagen. Dennoch hilft die große Zahl weiter und stimmt optimistisch. Nach vorsichtigen Vermutungen von Astronomen soll es im Universum zwischen 10^{24} und 10^{27} Planeten geben (die optimistische Schätzung beschreibt immerhin eine Zahl mit 27 Nullen). Diese Zahl ist derart gigantisch, daß auch bei großer Skepsis außer der Erde vermutlich noch weitere Kandidaten für eine Lebensentwicklung zur höheren Intelligenz übrig bleiben.

Lebensmoleküle

Die Zelle ist der Grundbaustein des Lebens, und alle Lebensformen auf der Erde bestehen aus Zellen. Lebensformen ohne eine zelluläre Basis wie etwa die Viren benötigen zu ihrer Vermehrung vollwertige Zellen, so daß es letztlich von dieser Regel keine Ausnahme gibt. In den Zellen der Gegenwart steckt die Evolutionserfahrung von Milliarden von Jahren, so daß sie in ihrer Konstruktion als ausgereift angesehen werden können. Eine Zelle ist im Normalfall winzig klein und mißt zwischen 0,01 und 0,2 Millimeter, dennoch besitzt sie ein Produktionsprogramm, das jedes Chemiegroßunternehmen in den Schatten stellen kann. Ein Mensch von 75 kg Gewicht besteht zum Beispiel aus rund 60 Billionen Zellen, die aufgrund ihrer besonderen Spezialisierung mehr darstellen als eine reine Ansammlung von Zellen. Im Organismus bestehen die einzelnen Organe aus jeweils unterschiedlich spezialisierten Zellen wie etwa Nervenzellen, Muskelzellen, Hautzellen oder Zellen der Bindegewebe. Trotz aller

Forschungsarbeiten ist die Fülle des Lebens auf der Erde noch lange nicht vollständig erschlossen. Die Variationsmöglichkeiten des Bauprinzips Zelle scheinen unerschöpflich zu sein und bringen bei Pflanzen und Tieren eine außergewöhnliche Formenvielfalt hervor. Von der Wissenschaft sind bisher etwa 1,3 Millionen Tierarten und etwa 400 000 Pflanzenarten beschrieben worden. Dieser Artenbestand erfaßt vermutlich nur einen Bruchteil der tatsächlich vorhandenen Lebensformen; bei den Tieren wird zum Beispiel geschätzt, daß es auf der Erde etwa 20 bis 80 Millionen Arten gibt, wobei die Insekten eine geradezu erdrückende Mehrheit bilden.

Die Lebensmoleküle arbeiten in der Zelle in abgeschlossenen Funktionsräumen, in Kompartimenten. Dabei wird für die speziellen Zellfunktionen ein günstiges »inneres Milieu« geschaffen, das durch seine Stabilität gleichbleibende Funktionsbedingungen sichert. Bereits unter dem Lichtmikroskop fallen bei Untersuchungen von Zellen der höheren Lebensformen zwei Strukturkomponenten auf: der Zellkern und das Zellplasma, beide Strukturkomponenten werden durch Zellmembranen abgeschlossen. Verfeinert nun der Forscher seine Untersuchungstechniken, gerät er in einen Dschungel von supramolekularen und molekularen Strukturen. In einem Menschen kommen beispielsweise mehr als 100 000 verschiedene Molekültypen vor, die von der Wissenschaft vorerst nur zu einem Bruchteil charakterisiert worden sind. Diese komplizierten Moleküle bestehen gerade aus 22 verschiedenen chemischen Elementen, eine Minderheit unter den 90 natürlich vorkommenden stabilen chemischen Elementen. Wichtigstes aber nicht häufigstes Lebenselement ist der Kohlenstoff, denn nur er besitzt die Gabe, komplizierte kettenartige Molekülstrukturen mit besonderen räumlichen Eigenschaften aufzubauen. Mit Kohlenstoff kann praktisch eine theoretisch unbegrenzte Anzahl von unterschiedlichen chemischen Verbindungen synthetisiert werden. Etwa 90 Prozent der heute bekannten chemischen Verbindungen sind kohlenstoffhaltige Substanzen. Der menschliche Körper besteht zu 60,3 Prozent aus Wasserstoff, zu 22,5 Prozent aus Sauerstoff, zu 10,5 Prozent aus Kohlenstoff und zu 2,4 Prozent aus Stickstoff; alle übrigen chemischen Elemente kommen in einer Häufigkeit von weniger als 1 Prozent vor. Die häufigste chemische Verbindung im Körper des Menschen ist sogar ungewöhnlich einfach: der Mensch besteht zu etwa 60 Prozent aus Wasser. Wasser ist mit Abstand die häufigste chemische Verbindung innerhalb der Zelle und innerhalb des Organismus. Die Moleküle der Lebensfunktionen können ihre Aktivitäten nur in einer gelösten Form entfalten, ohne Wasser gibt es deshalb kein Leben. In anderen Lebensformen ist der Wasseranteil im Organismus sogar noch höher. Einfache Meerestiere wie Quallen bestehen zu rund 98 Prozent aus Wasser und funktionieren dennoch als ein komplexer Organismus.

Die verwirrende Vielfalt der Moleküle innerhalb einer Zelle wird nicht demokratisch geführt, sondern ist in eine perfekte Oligarchie eingeordnet. In der Wertigkeit und den Funktionen der Moleküle gibt es strenge Hierarchien. An der Spitze der Lebensmoleküle stehen die Nucleinsäuren. Es handelt sich bei ihnen um reine Informationsmoleküle; innerhalb der zellulären Funktionen wissen sie viel und können praktisch nichts. Es gibt zwei Gruppen von Nucleinsäuren: die Desoxyribonucleinsäure, DNS, und die Ribonucleinsäure, RNS. Beide unterscheiden sich voneinander durch unterschiedliche Aufgaben innerhalb der Zelle und durch Unterschiede in der chemischen Struktur.

Die DNS ist der eigentliche Träger der genetischen Information in der Zelle, sie ist gleichzeitig Kommandozentrale und Gedächtnis. Wegen der Informationsfülle des Lebens ist die DNS ein ungewöhnlich großes Molekül, das nach dem Baukastenprinzip aufgebaut ist. In der Reihenfolge der Bausteine ist der genetische Code, die Informationen des Lebens und seiner Funktionen, verschlüsselt. Der genetische Code ist absolut einheitlich und gilt für alle Lebensformen der Erde. Es wird deshalb angenommen, daß alle Lebensformen auf einen speziellen Stamm von Urzellen zurückgeführt werden können; dieser Stamm entwikkelte einst während der Lebensentstehung den genetischen Code. Alternativen zum genetischen Code gibt es auf der Erde nicht. Außenseiterspekulationen schreiben dem genetischen Code sogar eine außerirdische Herkunft zu; er soll die Lebensentwicklung auf der Erde angeschoben haben. Es ist für die Exobiologie ungewöhnlich interessant, über Alternativen zum genetischen Code zu spekulieren und auf fremden Planeten Lebensformen mit einem fremden genetischen Code zu postulieren. Auf der Erde ist der genetische Code linear wie das Morsealphabet geordnet. Moleküle könnten allerdings auch als eine Anordnung von unterschiedlichen Flächen oder unterschiedlichen Raumstrukturen eine genetische Information verschlüsseln. Die Schrift des Lebens würde dann aber komplizierter werden, so wie die chinesische Schrift, verglichen mit der lateinischen Schrift des Abendlandes. Vielleicht gab es sogar während der Frühzeit des Lebens auf der Erde Lebensformen mit einem anderen genetischen Code als heute, doch diese Lebensformen sind alle ausgestorben. Der genetische Code der gegenwärtigen irdischen Lebensformen ist so genial einfach, daß bessere Alternativen schwer vorstellbar sind und sich die heutige Form einfach durchsetzen mußte. Unter den Algen gibt es einige Arten, deren genetischer Code nicht aus den üblichen 4, sondern aus 5 Bausteinen besteht. Algen zählen zu den uralten Lebensformen, und es ist anzunehmen, daß bei ihnen die Natur noch mit der Molekularbiologie experimentierte.

Die DNS des Menschen besteht aus 46 Einzelmolekülen, den Chromosomen, und setzt sich aus rund 3×10^9 DNS-Bausteinen zusammen. Nach Schätzungen wäre beim Menschen ein Buch von etwa 1 Million Seiten notwendig, um die Reihenfolge aller DNS-Bausteine aufzuschreiben. Die DNS einer menschlichen Zelle ist etwa 2 Meter lang und wiegt rund 6×10^{-12} Gramm (6 Billionstel Gramm). Würde man die DNS aus allen Zellen eines erwachsenen Menschen zu einem einzigen Faden verknüpfen, dann hätte der Faden eine Länge, die 70mal der Entfernung von der Erde zur Sonne entspricht.

Die genetische Information in der DNS einer Zelle ist nicht direkt abrufbereit, sondern muß zuerst in die Transportform der genetischen Information, in eine RNS, umgeschrieben werden. Die RNS ist nur zeitlich begrenzt aktiv und führt zur Produktion der zellulären Funktionsmoleküle oder der Strukturmoleküle zum Aufbau der Zellarchitektur. Während die Nucleinsäuren den Adel in der Hierarchie der Lebensmoleküle darstellen, bilden die Funktionsmoleküle die arbeitende Bevölkerung. Funktionsmoleküle erhalten ihr Wissen durch den genetischen Code, der wie ein Prägestempel auf sie einwirkt. Proteine (Eiweiße) sind Funktionsmoleküle mit einem Doppelcharakter von Information und Funktion. Die Reihenfolge der Aminosäuren ist für den Aufbau eines Proteins im genetischen Code vorgegeben. Da die Aminosäuren stets untereinander in eine bestimmte Wechselbeziehung treten, gewinnt der von der Zelle synthetisierte Faden aus Aminosäuren automatisch eine bestimmte Raumstruktur. Diese Raumstruktur macht dann wie bei einem Werkzeug die Funktion des Proteins aus. Aus diesem Grund muß im genetischen Code ein Protein nur linear als eine Reihenfolge von Aminosäuren dokumentiert werden. Die für seine Funktion notwendige Raumstruktur ergibt sich aufgrund von chemischen Gesetzmäßigkeiten weitgehend von selbst. Aus den 20 verschiedenen Aminosäuren der Lebensmoleküle (Proteine) lassen sich praktisch unendlich viele Variationen von Molekülen herstellen. Bei einem vergleichsweise kleinen Protein aus 200 Aminosäuren lassen sich bei 20 verschiedenen Aminosäure-Bausteinen etwa 10^{260} unterschiedliche Aminosäurenketten synthetisieren. Um alle diese unterschiedlichen Proteine unterzubringen, würde vermutlich die Größe des bekannten Teils des Weltraums nicht ausreichen. Biochemiker schätzen, daß mit 20 verschiedenen Aminosäuren etwa 10^{300} (eine Zahl mit 300 Nullen) jeweils einmalige Proteine hergestellt werden könnten; für diese Menge reicht wahrscheinlich der Kohlenstoff des gesamten Universums nicht aus. In allen heute bekannten irdischen Lebensformen kommen etwa 10^{12} unterschiedliche Proteine vor. Außerirdische Lebensformen könnten sich, auch bei einer identischen biochemischen Grundlage wie das irdische Leben, aus völlig anderen Proteinen als den Lebensformen auf der Erde zusammensetzen. Zusätzlich sind die 20 unterschiedlichen Aminosäuren der Proteine bereits eine Auswahl. In der Natur kommen mehr als 150 Aminosäuren vor. Mit anderen Bausteinen würden wieder völlig neuartige Proteine entstehen. Die Proteine der irdischen Lebensformen sind das Ergebnis einer scharfen Selektion aus einer astronomisch hohen Zahl von Möglichkeiten.

Geheimnisvolle Symbiose

Graue Haare bereitet den Forschern bei der Suche nach der Lebensentstehung die enge Kombination von Nucleinsäuren und Proteinen innerhalb der Zelle. Die Kombination ist so eng, daß beide Partner ohne eine wechselseitige Unterstützung nicht funktionieren können. Es ist äußerst schwierig zu erklären, wie so unterschiedliche Molekültypen wie Nucleinsäuren und Proteine durch Zufälligkeiten zusammengefunden haben könnten. Vor dem entscheidenden Sprung zur Lebensentwicklung lief wahrscheinlich auf der Erde eine doppelte chemische Evolution ab. Aus Zyanverbindungen, die es auf der frühen Erde gab, können zum Beispiel Bausteine der Nucleinsäuren abiotisch hergestellt werden. Der Weg zur ersten Nucleinsäure kann dagegen nicht überzeugend rekonstruiert werden. Nachdem die erste Nucleinsäure entwickelt war, setzte die Evolution der Gene, die Genobiosis, ein, wobei ein früher Schritt die bereits erwähnte »RNS-Welt« war. Der deutsche Nobelpreisträger Manfred Eigen aus Göttingen postulierte für die Entwicklung der Gene einen »Hyperzyklus«, der sich selbständig verbessern konnte und sich auf diese Weise immer weiter optimierte. Moleküle konnten lernfähig werden und ließen es zu, daß sich immer das System mit der höchsten Lernfähigkeit durchsetzte.

Von Eigen und seinen Mitarbeitern stammen auch Überlegungen zum Alter des genetischen Codes. Sie untersuchten am Modell einer speziellen Nucleinsäure etwa 1000 Formen dieser Nucleinsäure. Verglichen wurde die spezielle Nucleinsäure aus Individuen von einer Art und aus zahlreichen unterschiedlichen Arten. Es ergaben sich somit Hinweise auf »horizontale« (eine Art) und auf »vertikale« (viele Arten) Variationen dieser speziellen Nucleinsäure. Da die Urzelle, von der die Zellen aller heutigen Lebensformen abstammen, bereits zu ihrem Funktionserhalt über diese spezielle Nucleinsäure verfügen mußte, wurde die Zeit von der ersten Urzelle bis zur Gegenwart als ein Eichwert gewählt, um zu berechnen, in welchen zeitlichen Dimensionen sich diese spezielle Nucleinsäure veränderte. Die Veränderungsrate der speziellen Nucleinsäure bildete dann ein Maß, um zu schätzen, wieviel Zeit wohl zur Entwicklung der ersten Nucleinsäure und damit des genetischen Codes notwendig war. Eigen und Mitarbeiter kamen zu der Ansicht, daß die Entwicklungsdauer des genetischen Codes etwa die Hälfte der Zeit von der Urzelle bis zur Gegenwart benötigte. Knackpunkt ist nun, wann existierte die Urzelle zur Entwicklung der Lebensformen auf der Erde? Eigen nahm an, daß die Urzelle vor rund 2,5 Milliarden Jahren lebte, so daß der genetische Code etwa 3,8 Milliarden Jahre alt wäre; er konnte sich somit bequem während der chemischen Evolution entwickelt haben. Verschiedene Argumente sprechen jedoch inzwischen dafür, daß die Urzelle der heutigen Lebensformen wahrscheinlich schon vor 3,5 Milliarden Jahren existierte und in dieser Zeit erste Aufspaltungen in die Entwicklungslinien der Lebensformen einsetzten. Nach der Rechnung von Eigen können nun bei einem solchen hohen Alter interessante Folgerungen gezogen werden: Sollte die Urzelle tatsächlich vor 3,5 Milliarden Jahren gelebt haben, dann wäre der genetische Code 5,25 Milliarden Jahre alt – und damit älter als die Erde (Alter der Erde etwa 4,6 Milliarden Jahre). Das Rechenbeispiel muß allerdings kein Beleg dafür sein, daß die Nucleinsäure einen außerirdischen Ursprung hat und möglicherweise mit außerirdischen Intelligenzen in Verbindung steht. Heute kommt die Nucleinsäure ausschließlich im Schutz der Zellen vor und verändert sich relativ langsam. Während der chemischen Evolution waren dagegen die Nucleinsäuren vermutlich direkt ihrer Umgebung ausgesetzt und konnten rasch ihre Strukturen variieren. Die Entwicklung der ersten Nucleinsäure könnte deshalb schneller abgelaufen sein, als Eigen vermutete. Der Geburtsort der Nucleinsäure wäre somit weiterhin die Erde.

Eine reine Evolution von Genen kann nicht zu Lebensäußerungen führen, sondern erzeugt immer nur Variationen von Molekülen eines bestimmten Typs. Vollwertiges Leben, die Holobiosis, entstand erst, als die Nucleinsäuren Werkzeuge fanden, sie sowohl ihre eigene Reproduktion förderten als auch ihre Informationen in Funktionen umsetzen konnten. Es mußten eine Fülle von »molekularen Symbiosen«, von feinsten Wechselbeziehungen zwischen Molekülen stattgefunden haben, die zuletzt in einer unerhörten Feinabstimmung zwischen den Nucleinsäuren und ihren Werkzeugen, den Proteinen, ihr Ende fanden. Als die Proteine schließlich vollständig auf die Umsetzung der Informationen aus den Nucleinsäuren fixiert waren, war vollwertiges Leben entstanden. Der Weg zu dieser Feinabstimmung läßt sich heute nicht erschöpfend erklären. Vermutlich gab es zahlreiche Hilfskonstruktionen, die heute ausgestorben sind. Die Wissenschaft steht bildlich vor einem meisterhaften Schloß, das sie nicht neu aufbauen kann, weil niemand weiß, wie die Baugerüste zu stellen sind. Es ist heute für ein gut ausgerüstetes Labor kein Problem, sowohl Nucleinsäuren als auch Proteine künstlich zu synthetisieren. Niemand kann allerdings sowohl künstliche Nucleinsäuren als auch künstliche Proteine zu einer solchen Feinabstimmung bringen, daß sie »leben« und sich wechselseitig vermehren. An dieser Stelle scheitert jeder mögliche Versuch, Leben künstlich im Labor zu erschaffen. Der Mensch kann die Schöpfung nicht neu starten, er kann ihr höchstens dazwischenpfuschen.

Für die Exobiologie bedeuten die irdischen Lebensmoleküle einen Startpunkt für phantastische Gedankenspiele. Naturgesetze behalten im gesamten Weltraum ihre Gültigkeit, und auf erdähnlichen Planeten dürften deshalb Voraussetzungen für eine chemische Evolution wie auf der frühen Erde angenommen werden. Die Richtung der chemischen Evolution könnte jedoch auf einem erdähnlichen Planeten anders verlaufen als auf der Erde. Das Ergebnis der chemischen Evolution würde sich dann bei einem anderen Verlauf von den irdischen Ergebnissen unterscheiden. An späterer Stelle wird berichtet, ob der Dualismus zwischen Information und Funktion bei den Lebensmolekülen für eine Lebensentwicklung unbedingt notwendig ist oder ob ein und dasselbe Molekül gleichzeitig für Information und Funktion zuständig sein könnte (vgl. »RNS-Welt«). Ist Kohlenstoff wirklich »das« chemische Element zur Lebensentwickung oder sind auch andere chemische Elemente als Grundgerüst der Lebensmoleküle denkbar? Die Gedankenspiele der Exobiologie richten sich auch auf fremdartige Biochemien, die sich von der irdischen Biochemie unterscheiden. Moleküle können bereits einen egoistischen Charakter entfalten und versuchen sich durchzusetzen; sie können »darwinistisch« sein und jede Konkurrenz unterdrücken. Dieser Egoismus verhindert alternative Entwicklungswege, so daß auch bei übereinstimmenden Voraussetzungen unterschiedliche Ergebnisse erreicht werden können. Die Exobiologie liefert für diese unterdrückten Alternativen ein Gedankengebäude und kann jeweils eigenständige Entwicklungswege auf andere erdähnliche Planeten verlegen. Was auf einem Planeten nicht klappt, könnte beispielsweise auf einem anderen Planeten realisiert werden. Die Lebensentwicklung und vielleicht auch die intelligente Zivilisation wäre dann das Ziel von unterschiedlichen Wegen.

Bei der Suche nach dem denkbaren außerirdischen Leben soll nun die Welt der Moleküle und Zellen wieder verlassen werden. In der weit größeren Welt der Sonnen und Planeten soll in den folgenden Abschnitten nach Orten für eine denkbare Lebensentwicklung gesucht werden. Die Informationen über die Entstehung des Lebens auf der Erde und die allgemeine Gültigkeit der Naturgesetze können dabei als Wegweiser dienen. Leben kann sich nicht bei großer Hitze oder großer Kälte entwickeln. Stets müssen wahrscheinlich Voraussetzungen zutreffen, die die Umweltsituation der Erde oder der sehr frühen Erde kopieren.

Sonnen und Planeten

Die lebensfreundliche Zone

Leben kann sich nur auf Planeten entwickeln, die in einem lebensverträglichen Abstand um eine zentrale Sonne kreisen; dieser lebensverträgliche Abstand wird Ökosphäre genannt. In unserem Sonnensystem beschränkt sich die Ökosphäre auf einen Streifen von nur etwa 10 Millionen Kilometer Breite. Nicht ganz in der Mitte dieses Streifens umkreist die Erde bei einem mittleren Abstand von etwa 149,5 Millionen Kilometer die Sonne. Hätte die Erde von der Sonne einen mittleren Abstand von etwa 160 Millionen Kilometer, dann wäre sie vermutlich bereits vor ungefähr 1,7 Milliarden Jahren unumkehrbar vereist und es hätte sich eine Umweltsituation ergeben, wie sie heute auf dem Mars vorherrscht. Bei einem mittleren Sonnenabstand von etwa 130 Millionen Kilometer wäre das Wasser der Erde verdampft, und das Kohlendioxid wäre in der Atmosphäre geblieben. Als eine Folge davon hätte sich ein extremer Treibhauseffekt entwickelt, und auf der Erdoberfläche würden heute Temperaturen von einigen Hundert Grad Celsius gemessen werden können; der Erde hätte das Schicksal der Venus geblüht. Definiert man den mittleren Abstand der Erde zur Sonne als 1, dann beträgt der entsprechende mittlere Abstand für den Mars 1,5 und für die Venus 0,7. Die passende Lage der Erde zur Sonne war eine entscheidende Voraussetzung zur Entwicklung von Leben. Außerhalb der Ökosphäre ist es für eine Lebensentwicklung entweder zu heiß oder zu kalt.

Neben dem richtigen Abstand zur zentralen Sonne muß ein Planet zur möglichen Lebensentwicklung auch noch die richtige Größe mitbringen. Kleine Planeten können wegen ihrer geringen Schwerkraft keine Atmosphäre festhalten und verlieren sie in ihrer Frühzeit an den Weltraum. Ohne Atmosphäre fehlen dann entscheidende Voraussetzungen für eine Lebensentwicklung. Der Mars hat zum Beispiel in der Vergangenheit große Teile seiner Atmosphäre verloren und muß sich heute nur noch mit Resten begnügen; der rote Planet ist etwa halb so groß wie die

Erde. Bei großen Planeten bleibt wegen der starken Schwerkraft die Atmosphäre recht dicht und kann sich nicht zur Lebensfreundlichkeit entwickeln, auch können zu große Planeten keinen Wasserstoff verlieren.

Für die Erde selbst hat sich ihr relativ großer Mond als stabilisierender Faktor erwiesen. Der Mond ist nicht nur für die Ebbe und Flut verantwortlich, sondern stabilisiert auch die Lage der Erdachse im Raum. Auf diese Weise können keine zu großen Klimaschwankungen auftreten, und das Leben erhält für seine Entwicklung verhältnismäßig gleichbleibende Umweltbedingungen. Allerdings bremst der Mond durch den Schwung von Ebbe und Flut die Erdumdrehung. Nach Untersuchungen an fossilen Korallen war vor etwa 350 Millionen Jahren der Tag um rund 3 Stunden kürzer als heute, und das Jahr hatte demzufolge etwa 400 Tage.

Strenge Kriterien für eine mögliche Lebensentwicklung müssen auch an die zentrale Sonne gestellt werden, um die sich die Planeten bewegen. Eine lebensfreundliche Sonne muß über Jahrmilliarden gleichbleibende Energiemengen abgeben, um Leben mitsamt seiner Evolution auf dem begünstigten Planeten der Ökosphäre zu erhalten. Unsere Sonne gehört zu einem Stern der G-Klasse, die wenig spektakuläre Vertreter in sich vereint. Sterne der G-Klasse sind nicht auffallend groß und nicht auffallend hell, sie geben jedoch ihre Energie recht gleichmäßig ab. Große Sterne verbrauchen ihre Energie relativ rasch, sie leuchten dabei sehr hell und enden in einer gigantischen Explosion als Supernova. Sterne von der Größe unserer Sonne sind über viele Milliarden Jahre aktiv und geben einer möglichen Lebensentwicklung eine Chance. Es ist aus diesem Grund sinnvoll, nur bei Sonnen aus der G-Klasse nach Planeten als mögliche Träger von Leben zu suchen. Ist ein Stern kleiner als die Sonne, dann schrumpft die lebensverträgliche Zone um diesen Stern sehr stark zusammen, und die Wahrscheinlichkeit, daß zufällig in dieser Zone ein Planet kreist, wird geringer. Bei Sternen, die nur wenig größer als die Sonne sind, ist wahrscheinlich die UV-Strahlung für eine Lebensentwicklung auf Planeten ihrer Ökosphäre zu intensiv. Bei einer Sternengröße von mehr als 120 Prozent der Sonnenmasse werden schließlich dauerhafte lebensverträgliche Zonen unsicher.

Sterne der K-Klasse und der M-Klasse leuchten wesentlich schwächer als die Sonne, werden dafür aber auch wesentlich älter. Ihre Ökosphäre befindet sich sehr nahe am Muttergestirn, und sollte sich ein Planet tatsächlich in dieser Zone bewegen, dann würde ihm zur möglichen Entwicklung und Evolution von Leben ein wesentlich größerer Zeitraum zur Verfügung stehen als der Erde. Allein aufgrund des Faktors Zeit könnten dort von einer Lebensevolution ungeahnte Dimensionen erschlossen werden. Sterne der G-Klasse strahlen etwa 11 bis 12 Milliarden Jahre und Sterne der K- und M-Klasse ein Vielfaches davon. Leben könnte deshalb auf ihren Planeten älter werden als auf der Erde. Allerdings wird bei einer so nahen Lage eines Planeten am Muttergestirn keine Rotation möglich sein. Auf der einen Planetenseite ist deshalb immer Tag und auf der anderen immer Nacht. Eine ähnliche Situation gilt auch für den Mond, der wegen der starken Schwerkraft der Erde nicht rotiert, so daß stets die gleiche Mondseite der Erde zugewandt ist.

Riesige Sterne sind Antares (330fache Sonnenmasse) und Beteigeuze (400fache Sonnenmasse) sowie der größte bisher bekannte Stern VV-Cephei mit etwa 2200 Sonnendurchmessern; in ihrer Umgebung wird sich kein Leben entwickeln können, weil ihre Lebensdauer zu kurz und ihre Energieabstrahlung zu hoch ist. Ein Stern mit 15 Sonnenmassen leuchtet beispielsweise nicht 15mal heller, sondern gleich 10 000mal heller als die Sonne. Die Umsetzung von Materie in Energie läuft in diesem Fall 670mal schneller als auf der Sonne, und entsprechend rasch ist der Stern danach auch erschöpft.

Probleme mit der Ökosphäre ergeben sich auch bei Doppelsternen, unter denen man ein Sternenpaar versteht, das um einen gemeinsamen Schwerpunkt kreist. Planeten, die das gesamte Doppelsternsystem umkreisen, bewegen sich ständig zwischen Hitze und Kälte, so daß nicht von einer Ökosphäre gesprochen werden kann. Der Planet wird zunächst vom ersten Muttergestirn aufgeheizt, danach bewegt er sich auf eine kalte Zone zwischen den beiden Muttergestirnen zu, um anschließend vom zweiten Muttergestirn wieder aufgeheizt zu werden. In der direkten Nachbarschaft zur Sonne steht Alpha Centauri, ein Mehrfachsternsystem aus Alpha Centauri A (1,5mal so hell wie die Sonne), Alpha Centauri B (0,44mal so hell wie die Sonne) und dem sehr lichtschwachen Proxima Centauri. Der Abstand zwischen Alpha Centauri A und Alpha Centauri B entspricht etwa der 25fachen Entfernung von der Erde zur Sonne, so daß durchaus um Alpha Centauri A Planeten kreisen könnten. Mögliche Bewohner eines solchen Planeten würden Alpha Centauri B als eine Art »Supermond« erleben, der etwa tausendmal heller strahlt als der Mond der Erde und ein Farbenspiel von gelb bis orange produziert.

Andere sonnenähnliche Sterne in der Nachbarschaft der Sonne haben bereits Frank Drake für seine Lauschaktion Ozma interessiert; Epsilon Eridani, 0,30mal so hell wie die Sonne, und Tau Ceti, 0,47mal so hell wie die Sonne. Bei beiden Sternen liegt die Ökosphäre näher am Muttergestirn als bei der Sonne. Lebensfreundliche Planeten müßten deshalb in einem Abstand um das Muttergestirn kreisen, der in etwa der Entfernung der Planeten Merkur und Venus zur Sonne entspricht. Es wird geschätzt, daß von den vermutlich 200 Milliarden Sternen der Milchstraße etwa 28 Milliarden in ihrer Helligkeit und Masse der Sonne entsprechen.

Außerhalb des Sonnensystems wurden bisher erst zwei Planeten mit letzter Sicherheit nachgewiesen. Ein optischer Nachweis scheitert an der Leuchtintensität der zentralen Sonne, die alle Objekte in ihrer direkten Nachbarschaft überstrahlt. Planeten senden aktiv kein Licht aus, sondern reflektieren nur das Licht ihres Muttergestirns, so daß sie über eine große Entfernung optisch nicht mehr wahrgenommen werden können. Dennoch sind Planeten im Weltraum vermutlich nichts Außergewöhnliches, sondern stellen mehr oder weniger den Normalfall dar. Planeten als Normalfall in der Nachbarschaft von Sonnen lassen sich aus den Theorien der Entstehung von Sternen erklären.

Geburt einer Sonne

Der Lebenslauf eines Sternes beginnt in einem riesigen interstellaren Nebel aus Staub und Gasen bei einer Temperatur von etwa −250 Grad Celsius. Dieser Nebel verdichtet sich durch Schwerkrafteinwirkungen mit der Zeit zu einer Wolke, und manchmal wird diese Verdichtung auch durch die Explosion einer Supernova beschleunigt oder sogar erst möglich gemacht. Bei unserem Sonnensystem ist es zum Beispiel sehr wahrscheinlich, daß seine Bildung durch die Explosion einer Supernova in der direkten Nachbarschaft angeregt wurde. Von dieser Supernova stammt ein großer Teil des Materials, aus dem sich die Erde aufbaut; insbesondere gehören die schweren chemischen Elemente dazu. Die einzelnen Partikel der interestellaren Wolke stehen in dieser ersten Entwicklungsphase lange Zeit in einem Widerspruch; ihre eigene Schwerkraft zwingt sie zu einer wechselseitigen Anziehung, und Wärmeeinstrahlungen geben ihnen die Bewegungsenergie, um die einzelnen Schwerkraftfelder zu überwinden. Bei der Kälte des Weltraums siegt jedoch langfristig die Schwerkraft, und die zunächst kleinen Partikel bilden nach und nach immer größere Klumpen. Dabei siegt stets der Größere, der wie ein Staubsauger seine Umgebung leerfegt, denn die Stärke der Schwerkraft hängt von der Masse eines Körpers ab. Der Lawineneffekt beim Aufbau von Klumpen aus einzelnen Partikeln läßt zuletzt die interstellare Wolke schrumpfen. Zusätzlich beginnt sie dann noch zu rotieren und wird durch weitere Verdichtungen immer schneller. Es tritt eine Situation wie bei einer Eiskunstläuferin ein, die während einer Pirouette die Arme eng an den Körper schmiegt und dadurch die Drehung beschleunigt. Durch Rotation und Kontraktion nimmt die interstellare Wolke am Ende die Form einer flachen Scheibe an, in der die Anziehungskräfte der einzelnen Klumpen und Partikel noch stärker wirksam werden können.

Im Zentrum und Drehpunkt der interstellaren Scheibe entsteht die Protosonne, die fast alle Materie anzieht und in sich vereint. Die irdische Sonne enthält beispielsweise etwa 99,9 Prozent der gesamten Materie unseres Sonnensystems, und die Planeten müssen sich mit dem Rest begnügen, wobei Jupiter und Saturn als die größten der neun Planeten im Sonnensystem die Hauptmasse dieses Restes in sich konzentrieren. Die Protosonne dominiert in ihrer Anziehungskraft die interstellare Scheibe und nimmt stetig an Masse und Volumen zu. In ihrem Inneren steigen schließlich durch den Druck der Verdichtungen die

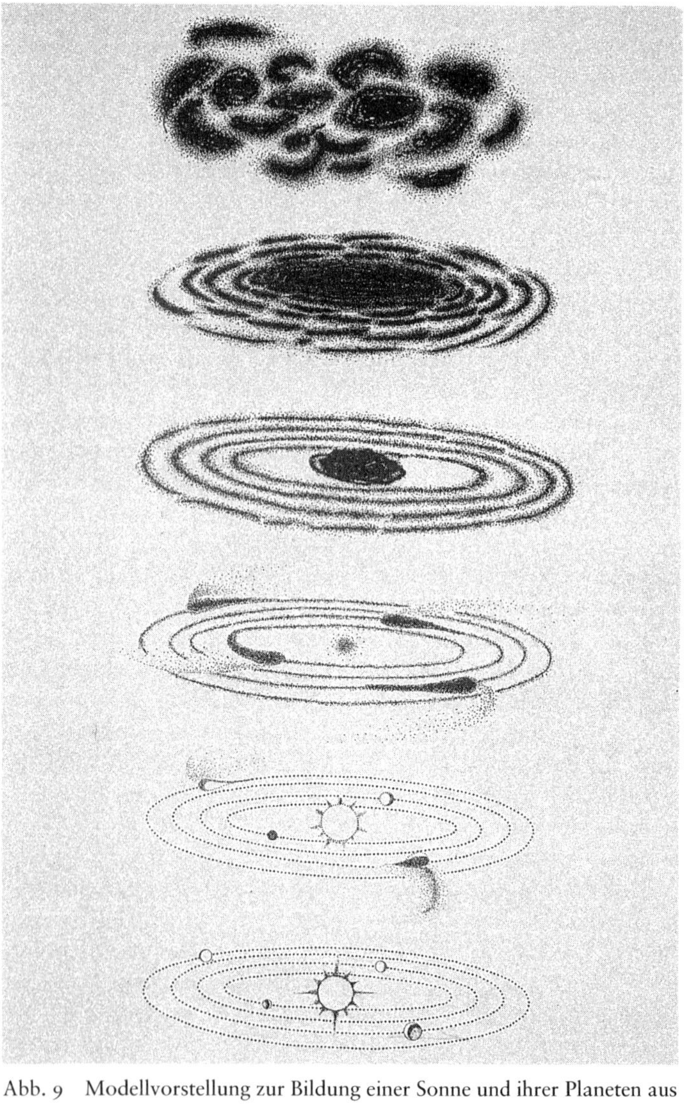

Abb. 9 Modellvorstellung zur Bildung einer Sonne und ihrer Planeten aus einer interstellaren Wolke aus Gasen und Staub.

Temperaturen an. Ab bestimmten Temperaturgrenzbereichen verändern sich die atomaren Bestandteile der Protosonne, und ab 5 Millionen Grad Celsius wird sie endgültig zur Sonne, da das »Sonnenfeuer« zündet. Bei 5 Millionen Grad Celsius beginnt das »Wasserstoff-Brennen«, wobei das häufigste Sonnenmaterial, das Gas Wasserstoff, zu Helium verschmolzen wird. Während dieser Kernverschmelzung wird Materie in Energie umgewandelt und freigesetzt; die zentrale Sonne beginnt zu strahlen und gibt Energie ab. Die Energieproduktion erfolgt nach der berühmten Formel von Einstein: $E = m \times c^2$; Energie ist gleich Masse mal dem Quadrat der Lichtgeschwindigkeit. Durch den hohen Wert der Lichtgeschwindigkeit und der gleichzeitigen Quadratbildung enthält jede Materie gewaltige Energiemengen. Unsere Sonne verwandelt pro Sekunde 4,2 Millionen Tonnen Wasserstoff in Energie.

Besitzt die neue Sonne mehr als das Zwanzigfache der Masse unserer Sonne, dann ist der Strahlungsdruck so groß, daß alle restlichen Staubpartikel und Gase der rotierenden interstellaren Scheibe in den Weltraum geblasen werden; Planeten können sich unter diesen Voraussetzungen nicht entwickeln. Bei kleineren Sonnen können aus den restlichen Verdichtungen der interstellaren Scheibe Planeten entstehen, wobei die Planetenentwicklung von innen nach außen verläuft und die sonnennahen Planeten zuerst gebildet werden. Zur Planetenbildung kann meist nur etwa ein Hundertstel der Materie einer interstellaren Scheibe eingesetzt werden. Durch den hohen Strahlungsdruck und die Hitze verlieren die inneren und sonnennahen Planeten bald einen großen Teil ihrer leichten atomaren Bestandteile wie die Gase Wasserstoff und Helium. Ihre Zusammensetzung unterscheidet sich deshalb von den äußeren und sonnenfernen Planeten, die stets relativ viele Gase enthalten. In unserem Sonnensystem sind die äußeren Planeten wie Jupiter oder Saturn Gasplaneten und verkörpern noch weitgehend den ursprünglichen Zustand nach der Planetenbildung.

Der Lebenslauf eines Planeten beginnt wie bei der Protosonne in der Kälte. Aufgeheizt werden die Planeten durch den Zerfall der radioaktiven Elemente ihrer Materie und durch die Aufprallenergie von Materiebrocken, die den Planeten ständig im Volumen anwachsen lassen. Zu natürlichen Kernverschmelzungen kommt es im Gegensatz zu Sonnen auf Planeten nie. Eine künstliche Kernverschmelzung hat auf der Erde allerdings bereits stattgefunden; es waren die Explosionen der Wasserstoffbomben. Zuletzt schmilzt die gesamte Materie des neugebildeten Planeten und differenziert sich in Zonen wie Kruste, Mantel und Kern; durch ihr hohes Gewicht sind die schweren chemischen Elemente überwiegend im Kern. Die Kruste verfestigt sich relativ rasch, so daß der Planet bald aus einer festen Kruste und einem flüssigen Kern besteht. Vor etwa 4,6 Milliarden Jahren führte dieser Mechanismus zur Geburt der Erde. Sollte ein neugebildeter Planet nun zufällig wie die Erde in der Ökosphäre seiner Sonne liegen, dann erhält die Lebensentwicklung eine Chance, wobei sich allerdings auch die Atmosphäre des neuen Planeten lebensfreundlich ausprägen muß.

Die Geburt von Sternen läßt sich auch in der Gegenwart noch verfolgen. Eine bekannte Sternenwiege ist der Orion-Nebel im Sternbild Orion. Astronomen schätzen, daß dort im Augenblick in riesigen interstellaren Wolken mindestens 500 Sterne geboren werden. Besonders helle und massenreiche Sterne brennen bereits nach wenigen Millionen Jahren aus und explodieren als Supernova. Bei Explosionstemperaturen von vielen Milliarden Grad Celsius läuft die Kernverschmelzung bis zur Bildung der schweren chemischen Elemente, die unter anderem auch zum Aufbau der Planeten verwendet werden. Der Stern Rigel im Orion-Nebel ist vermutlich erst 6 Millionen Jahre alt, der Stern Regulus im Sternbild Löwe etwa 200 Millionen Jahre und der Stern Sirius im Großen Hund ungefähr 300 Millionen Jahre. Ein Stern mit dem Namen Puppis ist sogar jünger als die Menschheit und zählt wahrscheinlich gerade 500 000 Jahre.

Aktion Planetensuche

Mit den jetzigen technischen Möglichkeiten der Astronomen können Planeten höchstens auf eine indirekte Weise nachgewiesen werden. Dazu ist es notwendig, die Position und damit die Eigenbewegung eines Sternes über einen längeren Zeitraum im

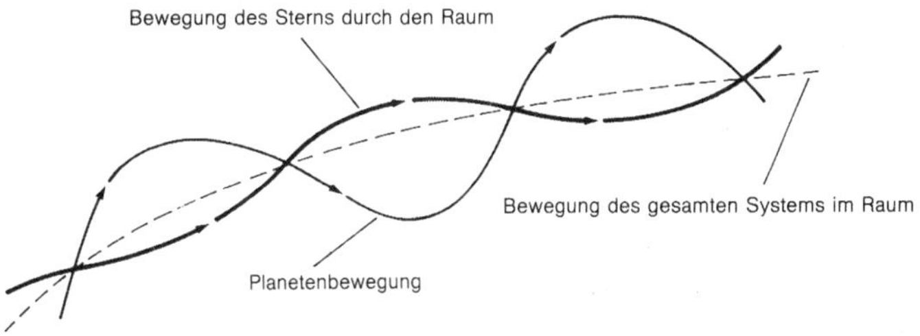

Abb. 10 Ist ein Stern von Planeten umgeben, dann verläuft seine Bewegung nicht gleichmäßig, sondern er zeigt ein »Wedelverhalten«.

Bezug auf fixierte Referenzpunkte im Weltraum zu bestimmen. Planeten in der Nachbarschaft von Sternen machen sich durch Bewegungsschwankungen dieser Sterne bemerkbar, da der Massenschwerpunkt des gesamten Systems nicht im Stern selbst liegt, sondern durch die wechselseitige Anziehung des Sterns und seiner Planeten leicht verschoben ist. Der Riesenplanet Jupiter stört zum Beispiel geringfügig die Bewegungsbahn der Sonne. Von den Tiefen des Weltraums aus betrachtet, sieht eine solche Störung so aus, als würde die Sonne leicht in ihrer Bewegung »wedeln«. In der Nachbarschaft der Sonne kann von der Erde aus eine größere Zahl von Sternen beobachtet werden, die in ihrer Eigenbewegung »wedeln«. Ein bekanntes Beispiel ist der Barnard-Stern, etwa 6 Lichtjahre von der Sonne entfernt. Der Barnard-Stern soll nach Berechnungen aus seinem »Wedelverhalten« zwei Planeten von der Größe des Planeten Jupiter besitzen. Leben ist auf diesen vermuteten Planeten jedoch unwahrscheinlich, da der Barnard-Stern nur sehr schwach leuchtet und demzufolge kaum eine Ökosphäre besitzt. Ein lebensfreundlicher Planet müßte 45mal näher um den Barnard-Stern kreisen als die Erde um die Sonne; nur in dieser Position könnte er die gleiche Energie empfangen, wie sie die Erde von der Sonne erhält.

Leider können die Störungen in der Bewegungsbahn der Sterne vorerst nur sehr unzureichend erfaßt werden. Bei den heutigen technischen Möglichkeiten muß ein Planet schon das Format des Jupiter haben, des mit Abstand größten Planeten im

Sonnensystem, um überhaupt Störungen zu registrieren. Und gerade Riesenplaneten scheinen für eine Lebensentwicklung weniger geeignet zu sein als die vergleichsweise kleine Erde. Bei Riesenplaneten ist die Anziehungskraft so groß, daß sich die Atmosphäre nach ihrer Bildung nicht lebensfreundlich weiterentwickeln kann. Bei weit entfernten Sternen können von der Erde aus Störungen in der Bewegungsbahn nicht mehr nachgewiesen werden. Mit den heutigen technischen Möglichkeiten ist beispielsweise die Störung der Sonnenbewegung durch den Jupiter ab einer Entfernung von 30 Lichtjahren nicht mehr meßbar.

Planeten strahlen oft Radiowellen ab, die einen natürlichen Ursprung haben und charakterisiert werden können. Jeder Planet sendet dabei in einem eigenen Programm. Im Sonnensystem strahlt der Planet Jupiter zu gewissen Zeiten und auf bestimmten Frequenzen mehr Energie im Radiobereich ab als die Sonne, die sonst als der stärkste natürliche Radiosender gilt. Da sich ein Planet um seine zentrale Sonne bewegt, würde bei Radiowellen aus einem fremden Sonnensystem die Intensität periodisch schwanken. Insgesamt senden im irdischen Sonnensystem 5 Planeten natürliche Radiowellen aus, und auch die Erde bietet ein eigenes Programm.

Braune Zwerge und Infrarotexzeß

Seit den achtziger Jahren sind Himmelskörper bekannt, die für einen Planeten zu groß und für einen Stern zu klein sind; es handelt sich bei ihnen um die Braunen Zwerge. Sie sind äußerst lichtschwach und begleiten regelmäßig eine Sonne. Ihre Temperatur liegt bei etwa 2000 bis 3000 Grad Celsius, und ihre Masse beträgt ungefähr sechs bis zehn Prozent der Sonnenmasse. Stets sind sie jedoch wesentlich größer als der Riesenplanet Jupiter. Auf Braunen Zwergen finden keine Kernverschmelzungen statt, denn für das »Sonnenfeuer« sind sie zu klein. Ihre Energie gewinnen sie durch eine langsame Kontraktion ihres Volumens. Ähnliche Beobachtungen gelten auch für den Jupiter, der ebenfalls Kontraktionsenergie abgibt. Braune Zwerge konnten bisher in einigen Fällen direkt beobachtet werden. Forschungsarbeiten über Braune Zwerge helfen sicherlich, die Methoden zum Nachweis von lichtschwachen Objekten zu verfeinern, und können vielleicht auch bei der Planetensuche hilfreich sein.

Ebenfalls in den achtziger Jahren wurde bekannt, daß einige Sterne mehr Infrarotstrahlung abgeben, als ihnen rechnerisch zugeordnet werden kann. Das Phänomen wird Infrarotexzeß genannt und lenkt die Aufmerksamkeit auf den Rest der interstellaren Scheibe, der nach der Bildung der zentralen Sonne der Entwicklung der Planeten vorbehalten bleibt. Sehr junge Sterne, die gerade ihre Planeten aufbauen, strahlen einen Überschuß von Infrarotlicht ab. Somit kann überschüssiges Infrarotlicht als ein Indiz für eine protoplanetare Scheibe im Stadium der Planetenbildung angesehen werden. Es ist zu erwarten, daß dieser Stern später einmal Planeten besitzen wird. Bei einer Untersuchung von 59 sehr jungen Sternen zeigten fast 20 Prozent einen meßbaren Infrarotexzeß. Planeten dürften deshalb, auch wenn sie vorerst nicht direkt nachgewiesen werden können, im Weltraum nicht gerade selten sein. Der Infrarotexzeß dokumentiert allerdings nur eine bestimmte Phase im Lebenslauf eines Sternes. Er liefert Hinweise auf Planeten während ihrer Entstehung, auf bereits vorhandene Planeten sind keine sicheren Aussagen möglich. Unser Sonnensystem wird vermutlich wegen seines fortgeschrittenen Alters nach außen keinen meßbaren Infrarotexzeß mehr zeigen.

Sollte eines Tages tatsächlich einmal ein erdähnlicher Planet außerhalb des Sonnensystems direkt nachgewiesen werden können, dann ist der Befund zwar eine wissenschaftliche Sensation, aber immer noch kein Beweis für mögliches außerirdisches Leben. Wie unser Sonnensystem zeigt, wird nicht jeder Planet Leben tragen können. Sogar der Nachweis von vorhandenem Leben kann schwierig sein. Wird ein Planet beispielsweise nur von Lebensformen auf der Entwicklungsstufe von Bakterien besiedelt, dann muß zum sicheren Lebensnachweis schon eine Raumsonde geschickt werden.

Durch zahlreiche astronomische und astrophysikalische Meßverfahren und insbesondere durch den Einsatz von Raumsonden konnten über die Planeten des Sonnensystems eine Vielzahl von Informationen gesammelt werden, die alle zu einem gemeinsamen Ergebnis kommen: Höher entwickeltes Leben und Leben überhaupt gibt es nur auf dem Planeten Erde. Zwar herrscht für den Planeten Mars ein gedämpfter Optimismus vor, daß vielleicht Spuren von einem primitiven und inzwischen fossilen Leben vorhanden sind, doch fehlt hier jeglicher Nachweis. Von den neun Planeten unseres Sonnensystems genießt allein die Erde das Lebensprivileg. Der zehnte Planet, über dessen Existenz sich die Astronomen noch streiten, kann außer acht gelassen werden, denn er bewegt sich, wenn überhaupt, jenseits des Planeten Pluto und liegt somit weit außerhalb der Ökosphäre des Sonnensystems. In den Bereich der Science-fiction-Literatur gehört eine Art »Anti-Erde«, die sich genau auf der Umlaufbahn der Erde bewegen soll, jedoch stets von der Sonne verdeckt werden würde und deshalb nicht zu beobachten wäre; die »Anti-Erde« würde demzufolge mit der gleichen Geschwindigkeit wie die Erde um die Sonne kreisen. Leider bleibt die »Anti-Erde« ein Phantasieprodukt, denn mögliche Himmelskörper können heute auch indirekt oder über Weltraumsonden nachgewiesen werden.

Superorganismus Erde

Die Lebensentwicklung auf der Erde konnte nur in einer engen Wechselbeziehung zwischen der Erdatmosphäre und der Erdkruste ablaufen. Die Sonne liefert die Lebensenergie, und die Verwertung der Sonnenenergie macht bereits deutlich, welche haarscharfen Grenzen dem Leben bei seiner Entstehung und Entwicklung vorgegeben waren. Heute werden 99,94 Prozent der eingestrahlten Sonnenenergie ausgenutzt, um die mittlere Temperatur der Erdoberfläche bei etwa 20 Grad Celsius einzupendeln, und nur 0,06 Prozent der Sonnenenergie dienen zum Lebenserhalt und zum Aufbau der organischen Materie. Allein die Photosynthese der grünen Pflanzen kann diese 0,06 Prozent der Sonnenenergie ausnutzen und in organischer Materie festlegen. Auch die wichtigsten Energieträger des Menschen, die Kohle und das Erdöl/Erdgas, stammen aus diesen 0,06 Prozent Sonnenenergie. Da Lebensprozesse temperaturabhängig sind, ist die mittlere Temperatur der Erdoberfläche absolut lebensnotwendig, und im Verhältnis der Energieverwertung dürfen keinerlei Verschiebungen eintreten. Veränderungen im Energiehaushalt der Sonne würden für das Leben auf der Erde eine Katastrophe bedeuten.

Jede Minute trifft auf der Sonnenseite der Erde pro Quadratzentimeter Fläche soviel Energie ein, daß ein Gramm Wasser um 2 Grad Celsius erwärmt werden könnte; weiter umgerechnet erhält jeder Quadratmeter Erdoberfläche pro Minute 1,3 Kilowatt oder 1,5 PS Energie. Da die Erde eine Kugel ist, bezieht sich dieser Wert nicht auf die tatsächliche Einstrahlung in einem geographischen Bereich, sondern ist rechnerisch gemittelt. Auch wenn die Energieabgabe der Sonne unverändert bleibt, könnten sich umfassende Lebenskatastrophen entwickeln, wenn die Rotationsachse der Erde einmal kippen sollte. Hier ist glücklicherweise der Mond ein großer Stabilisator.

Zu den Glücksfällen bei der Lebensentstehung gehört die Entwicklung der irdischen Atmosphäre, deren Entwicklungsweg vom Leben selbst geprägt wurde. Die Planeten Mars, Erde und Venus sind sich in ihrem Aufbau und in ihrer Struktur sehr ähnlich, aber sie durchliefen alle drei unterschiedliche Entwicklungswege. Es ist nicht gesichert, ob die drei Planeten sofort nach ihrer Bildung eine eigene Atmosphäre besaßen wie etwa der Jupiter. Möglicherweise entstand bei ihnen die frühe Atmosphäre erst durch Gasfreisetzungen während der Gesteinsentwicklung. Die erste Atmosphäre der drei Planeten hätte somit in etwa den heutigen vulkanischen Gasen entsprochen und einen hohen Anteil von Kohlendioxid enthalten, weiterhin wären noch recht viel Ammoniak, Methan und Wasserstoff vorhanden gewesen. Glückliche Umstände haben nun auf der Erde das Milieu zur Lebensentwicklung vorbereitet.

In der Frühzeit des Sonnensystems strahlte die Sonne wahrscheinlich weniger intensiv als heute, so daß der Treibhaus-Effekt durch den hohen Kohlendioxidgehalt der frühen Atmosphäre die verminderte Energieeinstrahlung kompensierte und eine lebensgünstige Temperatur einstellte. Wasser war somit auf der Erde stets in flüssiger Form vorhanden. Ammoniak wurde durch die Sonneneinstrahlung bald in Stickstoff und Wasserstoff aufgespalten, während Kohlendioxid in der Atmosphäre mit

Wasserdampf aus dem Urozean reagierte und als Kohlensäure mit dem Regenwasser abregnen konnte (heute als »saurer Regen« bezeichnet). Die Kohlensäure reagierte mit den Gesteinen weiter und wurde als Karbonat gebunden. Im Endergebnis wanderte auf diese Weise das Kohlendioxid der Atmosphäre in die Gesteine. Der Treihauseffekt der Erdatmosphäre wurde durch diesen Mechanismus fortlaufend abgemildert. Gleichzeitig stieg durch erhöhte Sonnenaktivität die Intensität der Sonnenstrahlung an, so daß sich als Folge dieses Glücksfalls ein Gleichgewicht halten konnte und die Umweltsituation konstant blieb. Wasser behielt in großen Mengen auf der Erde seinen flüssigen Zustand und sicherte die Lebensentstehung.

Durch tektonische Bewegungen der Erdkruste gelangten nun die Gesteine mit dem gebundenen Kohlendioxid in das Erdinnere, wo sie durch die Lavamassen aufgeschmolzen wurden und das Kohlendioxid wieder frei werden konnte. Dieser Mechanismus ist noch heute aktiv, denn durch Vulkanausbrüche und an den Bruchzonen der Erdkruste wird regelmäßig Kohlendioxid freigesetzt. Nach der Entstehung des Lebens haben sich zusätzlich zahlreiche Lebensformen in diesen Mechanismus eingeschaltet. Heute bauen unterschiedliche Lebewesen wie etwa Muscheln oder Algen Karbonat in ihren Organismus ein und lagern es nach dem Tod in den Sedimentgesteinen ab. Diese gelangen dann ebenfalls durch tektonische Bewegungen in das Erdinnere und werden aufgeschmolzen. Das Leben schafft sich auf diese Weise selbst eine lebensfreundliche Umwelt.

Nach der Erfindung der Photosynthese veränderte das Leben erneut die Erdatmosphäre. Freier Sauerstoff ist ein Abfallprodukt der Photosynthese und wird von grünen Pflanzen ausgeschieden. Der freie Sauerstoff sammelte sich dann ebenfalls in der Erdatmosphäre an und konnte helfen, einen schützenden Ozonschild am Rande der Atmosphäre aufzubauen. Die Lebensentwicklung wurde von nun an beschleunigt, weil schädliche Strahlungen aus dem Weltraum besser abgeschirmt werden konnten. Wahrscheinlich konnte das Land erst vom Leben erobert werden, nachdem der Ozonschirm stabil war. Wichtige Voraussetzungen zur Ozonproduktion waren allerdings schon vorher in Kraft gesetzt worden: Die Erde war zu klein, um den

Wasserstoff ihrer frühen Atmosphäre zu halten, und mußte ihn wegen der zu geringen Anziehungskraft an den Weltraum abgeben. Nach der Spaltung von Ammoniak blieb somit nur der Stickstoff in der Atmosphäre. Treffen energiereiche UV-Strahlen von der Sonne auf Wassermoleküle, dann zerfallen diese bereits am Rande der Atmosphäre in Wasserstoff und Sauerstoff. Der Wasserstoff verschwindet wegen seines geringen Gewichts, während der Sauerstoff in der Atmosphäre bleibt und an deren äußersten Rand zu Ozon werden kann. Hätte die Erdatmosphäre ihren Wasserstoff behalten, dann wäre durch das große Angebot an Wasserstoffatomen nach der Spaltung von Wasser in Wasserstoff und Sauerstoff sofort wieder Wasser entstanden. Ozon hätte sich nie entwickeln können, und kein Schutzschild hätte die Erdoberfläche vor gefährlichen Weltraumstrahlungen geschützt.

Heute hat der freie Sauerstoff der Erdatmosphäre eine Konzentration von etwa 20 Prozent erreicht. Nichtgrüne Pflanzen, Pilze, Tiere und Menschen benötigen diesen freien Sauerstoff für ihren Lebenserhalt, so daß sich ein Kreislauf schließen konnte, der ein Gleichgewicht gewährleistet. Insgesamt muß der Sauerstoffgehalt in der Erdatmosphäre in Zukunft weitgehend konstant bleiben; erhöhte Sauerstoffkonzentrationen steigern extrem die Gefahr von Bränden, und jeder Blitzschlag würde in einer Katastrophe enden.

Beim Abbau von organischen Substanzen, etwa nach dem Tod von Lebewesen, wird ebenfalls Sauerstoff aus der Atmosphäre verbraucht. Dieser Verbrauch sichert den Lebenserhalt, denn würden organische Substanzen nicht verrotten, würde das Baumaterial für zukünftige Generationen von Lebensformen ausgehen, außerdem würde der Sauerstoffgehalt der Atmosphäre alle 12 000 Jahre um ein Prozent zunehmen. Der Abbau der organischen Substanzen wird über mysteriöse Mechanismen reguliert, denn ein Teil der organischen Substanzen wird nicht unter Sauerstoffverbrauch zersetzt. In Sedimenten sind Lebensformen aktiv, die für ihre Abbauarbeit keinen Sauerstoff benötigen; sie setzen dafür Methan frei, das in die Atmosphäre entweicht. Bei Sonnenlicht reagiert Methan mit dem Sauerstoff der Atmosphäre, und es entstehen Kohlendioxid und Wasser. Pro Jahr müssen etwa eine Milliarde Tonnen Methan freigesetzt werden, um eine konstante Methankonzentration in der Atmosphäre zu sichern. Da der Methangehalt in der Atmosphäre weitgehend konstant ist, muß hier ein Regulationsmechanismus vorliegen. Doch niemand hat überzeugende Vorstellungen, wie der Abbau der organischen Substanzen mit und ohne Sauerstoffverbrauch sein Gleichgewicht findet.

Das Leben auf der Erde funktioniert durch ein hochkompliziertes Zusammenspiel von Lebensformen, Ozean, Erdkruste und Atmosphäre; in den Kreisläufen sind somit belebte und unbelebte Komponenten gleichberechtigt eingeschaltet. Dieses enge Wechselspiel veranlaßte James Lovelock zusammen mit Lynn Margulis, die Gaia-Hypothese zu formulieren. Gaia ist der Name der griechischen Göttin der Erde, und die Gaia-Hypothese besagt: Nicht nur die Lebensformen sind lebendig, sondern die gesamte Erde: die Erde ist ein »Superorganismus«. Nach der Gaia-Hypothese reguliert die Erde selbst die Lebensentfaltung und sorgt für ein stetiges Gleichgewicht. Somit nähert sich die moderne Wissenschaft wieder an die Sichtweise der Naturvölker an, für die die Natur heilig und eine Mutter ist; Berge und Flüsse können bei ihnen eine göttliche Verehrung erfahren. Manche Naturvölker entschuldigen sich bei ihren Göttern, wenn sie zum Lebenserhalt Tiere jagen und töten müssen. Die Gaia-Hypothese scheint sogar eine psychische Komponente zu kennen, denn sensible Menschen verspüren manchmal den Eindruck, bei einem grandiosen Naturschauspiel zu einer Einheit mit der Natur zu verschmelzen. Astronauten berichten immer wieder, wie sie in der Kälte des Weltraums eine unstillbare Sehnsucht nach dem blauen Planeten Erde überfällt; leider war bisher noch kein Dichter im Weltraum, der diese Stimmung in adäquate Worte hätte fassen können.

Der Untergang des Lebens auf der Erde ist in der Natur bereits vorprogrammiert. In einigen Milliarden Jahren wird der Wasserstoffvorrat im Inneren der Sonne erschöpft sein, und die Zonen der Kernverschmelzungen dringen dann in Richtung Sonnenoberfläche vor. Dadurch erhöht sich die Energieabgabe, und die Ozeane der Erde werden verdampfen. Dabei wird das Leben untergehen, und das grandiose Schauspiel der Lebensevolution wird sein Ende finden. Wahrscheinlich werden die letzten Lebensformen der Erde den ersten sehr stark ähneln: Robuste und einfache einzellige Lebewesen werden das Abenteuer des Lebens auf der Erde beenden. Zur Zeit nimmt bereits die Leuchtdichte der Sonne alle 100 Millionen Jahre um ungefähr ein Prozent zu. Die schon lange tote Erde wird danach von der Sonne regelrecht aufgefressen werden. Nach einem weitgehenden Verbrauch ihrer Wasserstoffreserven wird in der aufgeblähten Sonne der »Helium-flash« (Helium-Blitz) einsetzen, und sie wird blitzschnell etwa 400mal größer werden als heute. Das »Wasserstoff-Brennen« wird nun durch das »Helium-Brennen« abgelöst werden, und es verschmelzen jetzt die Heliumatome zu weiteren chemischen Elementen. Die Leuchtkraft der Sonne wird danach etwa 10 000mal intensiver werden als heute, so daß sogar auf den äußeren Planeten eine denkbare Lebensentwicklung in Gang kommen könnte. Als Supernova wird die Sonne nicht enden, für solch ein Spektakel ist sie zu klein. Sie wird völlig undramatisch ihr Dasein als ein Weißer Zwerg abschließen. Einige Fachleute vermuten, daß es in rund 3,5 Milliarden Jahren zum »Helium-flash« kommen könnte. Sollte intelligentes Leben auf der Erde überleben, wird es lange vorher fremde Sonnensysteme besiedeln müssen. Nur eine technische Intelligenz hat somit Überlebenschancen.

Heiße Spuren

Regelmäßige Besucher

Die Erde erhält permanent Besuch aus dem Weltraum, der allerdings keinen UFO-Freund sonderlich erregt. In klaren Nächten können die Besucher sogar beobachtet werden, und wenn sich Menschen bei ihrem Anblick etwas wünschen, sollen auch die ausgefallensten Ansprüche in Erfüllung gehen. Die seltsamen Glücksbringer sind Meteorite oder Sternschnuppen, die als Boten aus den Tiefen des Weltraums die Erde regelmäßig heimsuchen und manchmal sogar bedrohen. Meist sind sie winzig klein und verglühen bereits am Rande der Atmosphäre an der heftigen Reibung mit der Luft. Ihre genaue Zahl ist nicht zu ermitteln, sie muß jedoch beträchtlich sein, denn nach Schätzungen erhöht sich durch sie das Gewicht der Erde um 1000 bis 10000 Tonnen täglich. Manchmal dringen besonders große Brocken bis zur Erdoberfläche vor und rufen dort eine ängstliche Neugier aber auch Katastrophen hervor.

Am 30. Juni 1908 explodierte über Sibirien ein Meteorit und legte dabei den Wald im Umkreis von 65 Kilometer um. Der sibirsche Meteorit war hoch über dem Erdboden zerborsten, so daß kein Krater gebildet werden konnte. Gerade weil der Krater fehlte, entstanden später wilde Gerüchte, und noch heute hält sich bei UFO-Freunden die Meinung, ein mit Atomkraft angetriebenes Raumschiff der Außerirdischen wäre damals in technische Schwierigkeiten geraten und habe auf der Erde eine Notlandung versucht. Die Atomreaktoren wären jedoch bereits beim Anflug durchgebrannt und hätten das Raumschiff in einer gewaltigen Atomexplosion zerrissen. Für diese Vorstellung sprechen keine überzeugenden Argumente, außer daß ein Meteoritenkrater fehlt, dennoch ist die Behauptung von einem abgestürzten außerirdischen Raumschiff nicht totzukriegen.

Spektakuläre Meteoritenkrater sind der noch relativ junge Arizona-Krater in den USA und das Nördlinger Ries in Deutschland, das vor etwa 14,6 Millionen Jahren entstand und einen

Abb. 11 Leuchtende Spur eines Meteoriten (schräge Linie) am Himmel von Wyoming, USA.

Durchmesser von 25 Kilometer hat. Als dieser Meteorit einschlug, flogen Trümmer bis in die Gegend der heutigen Stadt Prag, und es entstanden durch den hohen Druck völlig neuartige Mineralien. Mit sehr großer Wahrscheinlichkeit starben die Saurier und auch andere Tier- und Pflanzengruppen nach dem Aufschlag eines riesigen Meteoriten vor etwa 65 Millionen Jahren aus. Der Meteorit hatte vermutlich einen Durchmesser von 10 km und führte zu einer globalen Lebenskatastrophe. Wahrscheinlich war die Erde durch feinste Explosionstrümmer, den Rauch der zahllosen Brände und durch ausgelöste Vulkanausbrüche für etwa ein Jahr verdunkelt. Die Umwelt wurde für lange Zeit ruiniert, und Nahrungsketten brachen zusammen, was zum Untergang der größeren und hochentwickelten Lebensformen führte. Inzwischen wurden auch verschiedene Meteoritenkrater gefunden, die in ihrem Alter zur Katastrophe vor 65 Millionen Jahren passen würden. In Mexiko liegt auf der Halbinsel Yukatan unter Sedimenten versteckt ein Krater mit einem Durchmesser von 180 Kilometer und in Iowa, USA, ein Krater mit einem Durchmesser von 35 Kilometer; es ist deshalb möglich, daß der Riesenmeteorit vor seinem Aufschlag auseinandergebrochen war. Liebhaber von Rechenübungen haben einmal versucht, die Sprengkraft des »Saurier-Killers« zu berechnen und kamen auf 62 Millionen Megatonnen des Sprengstoffes TNT (1 Megatonne = 1 Million Tonnen).

Aufgrund der Analysen von irdischen Lebenskatastrophen und des Alters von besonders großen Meteoritenkratern wird vermutet, daß etwa alle 26 bis 30 Millionen Jahre (nach anderen Schätzungen etwa alle 100 Millionen Jahre) ein Riesenmeteorit mit einigen Kilometern Durchmesser auf die Erde einschlägt. Für das Leben auf der Erde sind die Riesenplaneten Jupiter und Saturn eine Art Schutzengel, denn ihre enorme Anziehungskraft lenkt manchen unheilbringenden Boten aus dem Weltraum von seinem Weg zur Erde ab. Vermutlich würde die Erde ohne sie wesentlich öfter von Meteoriten getroffen werden, was sicherlich die Lebensentwicklung beeinträchtigt hätte. Der Planet Merkur wäre in der fernen Vergangenheit fast durch den Aufprall eines Riesenmeteoriten zerbrochen. Der sonnennahe Planet besitzt einen Krater mit einem Durchmesser von 1400 Kilometer und auf der gegenüberliegenden Planetenoberfläche eine Hügellandschaft; möglicherweise ging die Aufschlagsenergie durch den gesamten Planeten hindurch. Nach Schätzungen hatte der Meteorit einen Durchmesser von mindestens 100 km gehabt. Meteorite dürften für alle Planeten mit einer intelligenten Zivilisation ein Problem sein, denn sie können innerhalb von Sekunden diese Zivilisation vernichten. Es sind einige kleinere Himmelskörper bekannt (Apollo-Asteroide), die regelmäßig die Umlaufbahn der Erde kreuzen. Die Asteroide sind einige Kilometer groß und können bei Laufverzögerungen eines Tages durchaus mit der Erde zusammenstoßen.

Meteorite bestehen entweder aus Stein oder aus Eisen. Insbesondere die Eisenmeteorite hatten in den frühen Hochkulturen eine wichtige Bedeutung, denn aus ihnen ließen sich vorzügliche Waffen herstellen. In der Frühzeit der Technik kam deshalb das erste Eisen noch vom Himmel. Für die Exobiologie sind dagegen die Steinmeteorite und unter ihnen die Kohligen Chondrite von Interesse; Kohlige Chondrite enthalten Kohlenstoff und chemisch gebundenes Wasser. Die Analyse der bekannten Meteorite dieses Typs konnte zwischen 0,1 und 22 Prozent chemisch gebundenes Wasser und zwischen 0,2 und 5 Prozent Kohlenstoff nachweisen. In Frankreich ging 1806 ein Meteorit mit einem extremen Kohlenstoffanteil nieder. Er soll wie fester schwarzer Torf ausgesehen haben und im Wasser in kleine Stückchen zerfallen sein, in einer Flamme soll die schwarze Masse nach Teer gerochen haben, und es war sogar möglich, mit ihr auf Papier einen Strich zu ziehen. Meteoritenmaterial kann Zutaten für eine mögliche Lebensentwicklung enthalten, und da Meteorite zweifelsfrei einen außerirdischen Ursprung haben, liefern sie den Beweis, daß außerhalb der Erde Material für eine denkbare Lebensentwicklung vorhanden ist.

Das Alter der bekannten Meteorite schwankt zwischen etwa 50 Millionen und 5 Milliarden Jahre; sie können deshalb so alt wie das Sonnensystem sein. Zur Herkunft der Meteorite sind nur ungenaue Aussagen möglich. Die Mehrheit von ihnen stammt aus einem Gürtel von kleinen Himmelskörpern (Asteroiden) zwischen den Planeten Mars und Jupiter, andere dagegen dürften aus den Tiefen des Weltraums kommen. Daneben gibt es noch Raritäten: Einige analysierte Meteorite kommen vom Mond und wurden von dort während des Aufschlags eines Riesenmeteoriten bis zur Erde geschleudert. Bei einzelnen Meteoriten wird sogar angenommen, daß sie vom Mars stammen und von dort durch einen vergleichbaren Mechanismus wie bei den Mondmeteoriten zur Erde kamen.

Sensationell war eine Veröffentlichung der Amerikaner George Claus und Bartholomew Nagy in der Zeitschrift »Nature« aus dem Jahre 1961. Beide Autoren fanden im Ivuna- und Orgueil-Meteoriten »organisierte Strukturen«, die an Zellen erinnerten. Ein Milligramm Substanz des Ivuna-Meteoriten enthielt etwa 1680 »organisierte Strukturen« und ein Milligramm des Orgueil-Meteoriten etwa 1700. Die »organisierten Strukturen« wurden zunächst als fossile Reste von zellulären Lebensformen gedeutet und brachten die Exobiologie tatsächlich ganz nahe an ihr Ziel, außerirdisches Leben nachweisen zu können. Die Autoren unterschieden sogar zwischen verschiedenen Zelltypen, darunter auch eine Zellform, wie sie auf der Erde nicht existiert. Das Ziel des Nachweises von Leben wurde allerdings nicht erreicht, denn heute hat diese Veröffentlichung viel von ihrem Nimbus verloren. Es konnte nicht erklärt werden, wie die angeblichen Zellen im Meteoritenmaterial zu Fossilien wurden. Daneben waren beide Meteorite lange vor ihrer Untersuchung auf der Erde aufgeschlagen und wurden nicht unter sterilen Bedingungen gelagert. Niemand kann deshalb ausschließen, ob nicht vielleicht irdische Verunreinigungen mit einem organischen Ursprung untersucht worden waren. Irdisches Material kann bereits unmittelbar nach dem Fall durch feine Risse tief in das Innere eines Meteoriten vordringen. Im Experiment wurde gezeigt, daß ein hitzesterilisierter Meteorit bereits nach einer Lagerung von vier Tagen im Boden völlig von irdischen Materialien infiziert werden kann. Organische Materialien sind deshalb in einem Meteoriten nur außerirdisch, wenn das Material unmittelbar nach dem Aufschlag untersucht werden kann oder wenn sich irdische Verunreinigungen mit Sicherheit ausschließen lassen. In allen anderen Fällen ist es sehr wahrscheinlich, daß mit einem großen Aufwand Museumsstaub oder die Spuren von menschlichen Fingerabdrücken untersucht worden sind.

Geheimnisvolle Aminosäuren

Am 28. September 1969 ging bei Murchison in Australien ein Meteorit nieder, der relativ rasch nach dem Aufschlag gefunden wurde, so daß irdische Verunreinigungen wenig wahrscheinlich waren. Teile des Meteoriten, bei denen sich irdische Verunreinigungen ausschließen ließen, wurden später einer chemischen Analyse unterzogen. Dabei förderten die Wissenschaftler geradezu sensationelle Befunde zutage. Der Murchison-Meteorit enthielt unter anderem organische Verbindungen, zu denen auch Aminosäuren gehörten, aus denen sich bei den irdischen Lebensformen die Proteine aufbauen; es waren nachweislich außerirdische Aminosäuren. Sechs der nachgewiesenen Aminosäuren des Meteoriten kommen auch in irdischen Proteinen vor, während acht der nachgewiesenen Aminosäuren in keinem irdischen Protein auftreten. Die Konzentration einiger Aminosäuren beträgt im Murchison-Meteorit etwa 15 Mikrogramm pro Gramm. Außerdem wurden im Meteoritenmaterial noch aromatische (ringförmige) Kohlenstoffverbindungen identifiziert.

Abb. 12 Teil des Murchison-Meteoriten aus Murchison, Australien; der Meteorit enthält insgesamt 16 verschiedene Aminosäuren mit einem außerirdischen Ursprung.

Spätere Analysen mit dem Allende-Meteorit, der ebenfalls 1969 bei Pueblito de Allende in Mexiko niederging, zeigten ähnliche Befunde wie beim Murchison-Meteorit. Organisches Material aus dem Murchison-Meteorit wurde später für weiterführende Experimente eingesetzt, und es gelang, dieses Material zu bläschenartigen Strukturen zusammenzusetzen, die wie Zellen aussahen und an die im Labor erzeugten »Mikrosphären« nach Fox (siehe Seite 40) erinnerten.

Der Nachweis von Aminosäuren in Kohligen Chondriten drängt natürlich die Frage auf, ob diese Substanzen einen biologischen oder einen nicht-biologischen Ursprung haben. Ein biologischer Ursprung wäre ein guter Beweis für die Existenz von außerirdischen Lebensformen. Hier machten allerdings sowohl der Murchison- als auch der Allende-Meteorit die Sensation nicht perfekt. Im Murchison-Meteorit treten sowohl links- als auch rechtsdrehende Aminosäuren in einer gleichmäßigen Verteilung auf.

Die Begriffe »linksdrehend« und »rechtsdrehend« leiten sich aus dem Verhalten einer Lösung von Aminosäuren im polarisierten Licht ab: linksdrehende Aminosäuren lenken die Schwingungsebene des polarisierten Lichts nach links ab und rechtsdrehende nach rechts. Links- und rechtsdrehende Aminosäuren sind in der Zahl und in der Zusammensetzung ihrer Atome absolut identisch, die Struktur der Moleküle verhält sich allerdings jeweils wie Bild und Spiegelbild.

Auf der Erde können die Strukturen des Lebens nur linksdrehende Aminosäuren verarbeiten, und alle Proteine bestehen demnach aus linksdrehenden Aminosäuren. Proteine aus rechtsdrehenden Aminosäuren gibt es in der Natur nicht, und sie könnten auch nicht verdaut werden; manche Gifte besitzen rechtsdrehende Aminosäuren. Zur Entgiftung von rechtsdrehenden Aminosäuren verfügt der Organismus über spezielle Abbaumechanismen. Das Mischungsverhältnis aus links- und rechtsdrehenden Aminosäuren beweist nun, daß die Aminosäuren in den untersuchten Meteoriten auf eine nicht-biologische Weise entstanden sind. Sie bildeten sich möglicherweise auf einem ähnlichen Weg wie die Aminosäuren in den Simulationsexperimenten von Miller (siehe Seite 38), auch Miller erhielt sowohl links- als auch rechtsdrehende Aminosäuren. Wären ausschließlich linksdrehende oder ausschließlich rechtsdrehende Aminosäuren im Material der Meteoriten vorhanden gewesen, dann hätte ein biologischer Ursprung der organischen Substanzen diskutiert werden müssen, und die Forscher hätten möglicherweise außerirdische Fossilien untersucht.

Ein weiterer Beweis für den nicht-biologischen Ursprung der organischen Substanzen in den Meteoriten ergab sich aus dem Typ des eingebauten Kohlenstoffs. Die Kohlenstoffatome der irdischen Organismen stammen alle aus Material, das letztlich über die Photosynthese gewonnen wurde. Die Photosynthese bevorzugt unter den verschiedenen Kohlenstoffisotopen (Abarten der Kohlenstoffatome) der Atmosphäre eine bestimmte Isotopenform. In den organischen Materialien mit einem biologischen Ursprung ist deshalb diese Isotopenform im Vergleich zur Atmosphäre überrepräsentiert. In den organischen Substanzen der Meteorite war nun kein Kohlenstoffisotop bevorzugt eingebaut worden. Ähnlich wie bei den links- und rechtsdrehenden Aminosäuren war die Isotopenverteilung des Kohlenstoffs im Meteoritenmaterial ebenfalls nicht-biologisch. Alle organischen Substanzen hatten sich somit auf eine nicht-biologische Weise gebildet und waren kein Beweis für mögliches außerirdisches Leben. Sie stammten allerdings von einem Ort mit einer chemischen Evolution.

Lebenssaat aus dem Weltraum?

Andere außerirdische Gäste beobachten die Erde immer nur aus einer respektvollen Entfernung und dringen nicht bis zur Erdoberfläche vor. Sie bieten am Nachthimmel ein spektakuläres Schauspiel, und verschiedene historische Ereignisse wie etwa die Geburt Christi werden mit ihrem Erscheinen in Verbindung gebracht. Es handelt sich bei diesen Gästen um Kometen, die manchmal als Glücksbringer und dann wieder als Unglücksboten angesehen werden. Kometen sind für die Forschung sehr interessante Gäste, denn sie verkörpern in ihrer Materialzusammensetzung den Urzustand des Sonnensystems. Vermutlich sind sie entstanden, als sich die interstellare Wolke zur interstellaren Scheibe verdichtete. Ein Komet wird als ein durch Staub verschmutzter Schneeball mit einem Durchmesser von einigen Kilometern angesehen. In ihm sind Massen von Eis und gefrorenen Gasen wie etwa Kohlendioxid zusammen mit winzigen Gesteinspartikeln verpackt. Die Gesteinspartikel sind wahrscheinlich noch nie geschmolzen gewesen und befinden sich in einem unveränderten jungfräulichen Zustand nach ihrer Entstehung durch Kernverschmelzungen. Freigesetzt wurden sie durch sterbende Sterne. Eine genaue Analyse des reflektierten Lichts eines Kometen zeigt, daß in dem »verschmutzten Schneeball« auch komplizierte organische Verbindungen eingeschlossen sein können. Einige Fachleute vermuten in Kometen auch Aminosäuren. Für Überraschungen sorgte 1986 die europäische Raumsonde Giotto bei ihrer Begegnung mit dem Halleyschen Kometen. Damals konnte ein organisches Makromolekül nachgewiesen werden, das aus einzelnen Bausteinen bestand und die komplizierteste organische Verbindung bildete, die jemals im Weltraum gefunden worden ist. (Die Verbindung heißt Polyoxymethylen, und die Bausteine sind Formaldehyd.) Kometen können für Planeten wichtige Lieferanten von Lebensbausteinen sein, denn sie besitzen wichtige Zutaten für die Küche der Lebensentwicklung, zum Beispiel Wasser, Gase wie Methan, Ammoniak und Kohlendioxid sowie organische Verbindungen. Ein großer Komet kann auf einem Planeten einen Ozean mit Wasser füllen und gleichzeitig Bausteine für eine mögliche Lebensentwicklung noch gratis mitliefern.

Auf den ersten Blick erscheinen die Materieansammlungen in einer interstellaren Wolke als ein völlig ungeeigneter Ort zum Aufbau von organischen Verbindungen. Doch der Schein trügt. In den letzten Jahren konnten rund hundert verschiedene, meist organische Molekülarten im interstellaren Raum eindeutig identifiziert werden. Viele von ihnen wie zum Beispiel Wasser, Formaldehyd, Ammoniak oder Kohlenmonoxid kommen auch auf der Erde vor, andere dagegen können nur in einem chemischen Labor synthetisiert werden, da sie wegen ihrer großen Reaktionsfreude in der irdischen Materie nicht existieren können. Schließlich gibt es in der interstellaren Wolke auch Molekülarten, die auf der Erde nicht synthetisiert werden können und die nur aufgrund von theoretischen Überlegungen bekannt sind.

Der Nachweis dieser unterschiedlichen Molekülarten gelingt durch die genaueste Analyse der Strahlungswellen aus interstellaren Wolken. In der Milchstraße gibt es interstellare Wolken mit einer Masse von bis zu einigen 100 000 Sonnenmassen und mit einem Durchmesser von etwa 100 Lichtjahren. Genau wie Atome nehmen auch Moleküle das Licht der Sterne auf und geben es wieder ab. Die Lichtabgabe ist jedoch verräterisch, denn das Molekül modifiziert das Licht, so daß es individuelle Eigenschaften wie bei einem Fingerabdruck erhält. Über Licht-

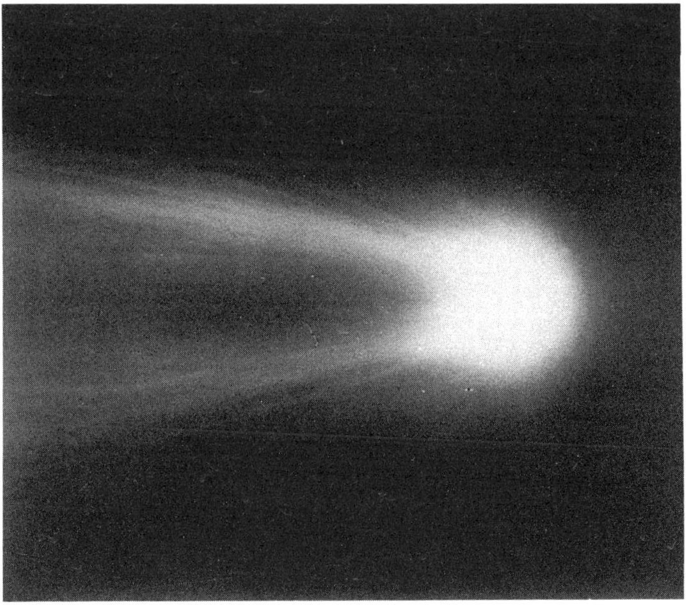

Abb. 13 Der Halleysche Komet in einer historischen Aufnahme von 1910; der Komet nähert sich alle 76 Jahre der Erde.

analysen kann dann auf die Eigenschaften der strahlenden Moleküle geschlossen werden. Auf der Erde kommen von einer interstellaren Wolke allerdings keine Lichtwellen, sondern Radiowellen an, die ebenfalls identifiziert und charakterisiert werden können. Die Meßgeräte dazu müssen äußerst präzise sein. In der Schweiz steht in der kalten Gletscherwelt des Gornergrates auf dem Jungfraujoch ein Radioteleskop zur Analyse von interstellaren Wolken, das sogar auf dem Mond eine brennende Kerze nachweisen könnte.

In einer interstellaren Wolke gibt es jede Menge Alkohol, und die Bars am Ende der Milchstraße, die in manchen Science-fiction-Romanen beschrieben werden, haben deshalb sicherlich keine Versorgungsschwierigkeiten. Manchmal hat der Alkohol jedoch auch so wenig bekömmliche Zusätze wie Blausäure oder Ameisensäure. Die häufigsten chemischen Elemente einer interstellaren Wolke sind Wasserstoff und Helium, die Bausubstanzen der Sterne. Daneben kommen auch Kohlenstoff, Sauerstoff oder Stickstoff vor, die auf verschiedenen Wegen von sterbenden Sternen aus in den Weltraum gelangen und sich dort verteilen. Die Mehrzahl der Moleküle einer interstellaren Wolke sind organische Kohlenstoffverbindungen. Sie beweisen, daß Kohlenstoffatome im Weltraum genau wie auf der Erde reagieren und daß die Naturgesetze für das gesamte Universum gelten. Kohlenmonoxid ist in einer interstellaren Wolke besonders häufig, und sein Nachweis dient zur Ermittlung der Abgrenzungen einer interstellaren Wolke zur Leere des Weltraums.

Eine interstellare Wolke ist mit etwa −250 Grad Celsius unvorstellbar kalt, dennoch liegt die Temperatur beachtlich über dem absoluten Nullpunkt von −273,13 Grad Celsius. Am absoluten Nullpunkt läuft in der Natur nichts mehr, und alle Aktivitäten stehen auf null; tiefere Temperaturen gibt es nicht. Temperaturen oberhalb des absoluten Nullpunktes verleihen dagegen der Materie noch eine gewisse Aktivität, und Moleküle und Atome bleiben in Bewegung. Das Material einer interstellaren Wolke besteht zu etwa 99 Prozent aus Gasklumpen und zu etwa 1 Prozent aus winzigen Staubpartikeln. Gasklumpen und Staubpartikel stoßen nun ständig zusammen, was chemische Reaktionen auslöst. Staubpartikel können sogar Atome und Moleküle an ihrer Oberfläche binden und dadurch die Reaktionsfähigkeit verstärken. Alle Reaktionen verlaufen wegen der Kälte ungewöhnlich langsam und werden erst beim Eintreffen von Strahlungsenergie vorübergehend beschleunigt. Aber die Natur hat Zeit, Hunderte von Millionen Jahre können nicht mehr als ein Tag bedeuten. Die große Ansammlung von Materie und die unbegrenzte Zeit sind schließlich verantwortlich, daß größere organische Verbindungen entstehen können.

Mit der Verdichtung einer interstellaren Wolke nimmt auch die Reaktionsfreudigkeit der organischen Verbindungen zu; es werden schneller Reaktionspartner gefunden, und immer größere Moleküle können entstehen. Jäh abgebremst werden die Reaktionen zuletzt durch die hohen Temperaturen während der letzten Verdichtungsphasen. Beginnt schließlich Material zu schmelzen, werden die organischen Verbindungen wieder zerstört. Am Rande der interstellaren Scheibe ist die Materialabgabe zur Bildung der zentralen Sonne wenig ausgeprägt, so daß Reste der Bausubstanzen übrigbleiben. Ohne große Temperaturentwicklungen entstehen aus diesen Materialien Kometen und auch die späteren Meteorite, die die organischen Verbindungen der interstellaren Wolke über Jahrmilliarden konservieren konnten.

Panspermie

Die englischen Astronomen Fred Hoyle und Chandra Wickramasinghe behaupten, daß in den interstellaren Wolken sogar lebensfähige Zellen entstehen würden und daß die Erde einst durch solche Zellen mit Leben geimpft wurde. Für die Behauptung gibt es jedoch keine ernstzunehmenden Beweise, und sie widerspricht auch grundlegenden Voraussetzungen für Lebensfunktionen. Durch die Kälte des Weltraums wäre kein einziges Enzym einer Zelle nennenswert aktiv, und die energiereichen Strahlungen des Weltraums würden die Makromoleküle einer Zelle zerreißen. Geradezu abenteuerlich ist die Vorstellung der beiden Astronomen, daß Seuchen über Kometen aus dem Weltraum zur Erde kommen. Keine lebensfähige Zelle würde eine Reise über Jahrmillionen oder sogar Jahrmilliarden im Hochvakuum des Weltraums und unter ständigen Bestrahlungsschauern im Zustand des latenten Lebens überstehen. Was Kometen übertragen, sind höchstens organische Materialien als Lebensbausteine, aber keine Zellen.

Im Prinzip können jedoch Meteore bei einem vorübergehenden Kontakt mit einem belebten Planeten mit Lebenskeimen in Form von Zellen geimpft werden. Zellen können auf der Erde bis an den Rand der Atmosphäre verwirbelt werden, und streift ein Meteor den Rand der Atmosphäre, besteht durchaus die Chance, daß er mit Lebenskeimen beladen wird. Interessant ist in diesem Zusammenhang ein hüpfender Meteorit, der vor etwa 10 000 Jahren in der argentinischen Pampa die Erdoberfläche streifte und dann wieder in den Weltraum verschwand. In der Nähe der Stadt Rio Cuarto wurden im Boden tiefe Rillen gefunden sowie Meteoritenreste und Mineralien, die nur unter dem Einfluß von großem Druck und hohen Temperaturen entstehen konnten. Vermutlich war ein Meteorit mit einem Gewicht zwischen 3 und 30 Millionen Tonnen in einem Winkel von weniger als 7 Grad auf die Erdoberfläche eingeschlagen und zerbrochen. Die Bewegungsenergie war jedoch so groß gewesen, daß die Trümmer wie Steine auf dem Wasser nur hüpften und dann wieder im Weltraum verschwanden. Sicherlich wurde dabei auch irdisches Material mit Milliarden von Kleinlebewesen aus dem Boden mitgenommen. Nach Schätzungen wurde beim Zerbrechen des Meteoriten eine Energie frei, die etwa 14 000mal stärker war als die über Hiroshima abgeworfene Atombombe.

In einem Meteor kann sich Leben allerdings nicht halten. Sehr widerstandsfähige Sporen von Bakterien wurden bereits unter Weltraumbedingungen getestet, und es fällt eine deutliche Abnahme der Vitalitätsrate auf. Am besten sind noch Sporen geschützt, die sich tief in einem Haufen aus anderen Sporen befinden, aber der Faktor Zeit führt auch zu ihrem Untergang. Meteore und Kometen bewegen sich im Weltraum in komplizierten Spiralbahnen, und es kann Jahrmillionen dauern, bis sie einen Himmelskörper treffen. Tritt der »Glücksfall« ein, müssen sie zusätzlich noch relativ weich landen, weil eine Explosion natürlich auch mitgeführte Lebenskeime zerstört. Denkbares Leben aus fremden Sonnensystemen ist mit großer Sicherheit tot, wenn es nach einem Transport mit Meteoriten oder Kometen auf einen lebensfreundlichen Planeten treffen sollte; es werden dann nur organische Materialien übertragen.

Hoyle und Wickramasinghe haben die schon betagte Panspermie-Theorie in einem modernen Gewand aufgewärmt. Die Theorie glaubt, daß sich Leben nicht selbständig auf der Erde entwickelt hat, sondern aus dem Weltraum stammt. Das Problem der Lebensentstehung wird von der Theorie nicht gelöst, sondern an einen undefinierbaren Ort verlagert. Die Idee selbst ist recht alt und geht auf den antiken Philosophen Anaxagoras zurück. Anfang des 20. Jahrhunderts gewann sie durch den schwedischen Naturforscher Svante Arrhenius eine neue Popularität. Arrhenius glaubte, daß Lebenskeime durch den Strahlungsdruck des Sternenlichts auf die Erde getragen wurden (Radiopanspermie); Hermann Helmholtz und Lord Kelvin waren dagegen überzeugt, daß Meteorite die Lebenskeime übertragen hatten (Lithopanspermie). Als die Panspermie-Theorie in ihrer ursprünglichen Form immer unwahrscheinlicher wurde, rafften sich Anhänger der Außerirdischen und ihrer UFOs dazu auf, die Theorie einer gezielten Panspermie zu formulieren. Diese Theorie wird allerdings niemals bewiesen werden können und steht jenseits der wissenschaftlichen Diskussionsgrundlagen; sie ist eine reine Glaubensangelegenheit. Außerirdische sollen wie ein Bauer auf dem Feld durch die Sonnensysteme ziehen und auf geeigneten Planeten Lebenskeime aussäen. Das irdische Leben wäre nichts anderes als das biologische Experiment einer hochentwickelten Superzivilisation, die bereits vor Jahrmilliarden aktiv geworden war. Der wichtigste Vertreter dieser Theorie ist, wie bereits erwähnt, der englische Nobelpreisträger Francis Crick, der zusammen mit James Watson einst den genetischen Code entschlüsselte. Wegen der Komplexität einer Zelle ist den Vertretern der gezielten Panspermie die Zeit der Lebensentwicklung auf der Erde zu kurz. Die Erde ist etwa 4,6 Milliarden Jahre alt, und vor etwa 4 Milliarden Jahren waren erst die Voraussetzungen für eine Lebensentwicklung gegeben. Erste Zellen dagegen gab es vermutlich schon vor 3,8 Milliarden Jahren. Ein so kompliziertes Molekül wie die Nucleinsäure kann nach Meinung der Theorie einer gezielten Panspermie nicht innerhalb von etwa 200 Millionen Jahren durch Zufallsreaktionen entstanden sein; entweder gab es einen Schöpfungsakt oder einen außerirdischen Anschub zur Lebensevolution.

Fremdes Leben im Sonnensystem

Die Invasion vom Mars

Es war der 30. Oktober 1938, als an einem ganz gewöhnlichen Tag an der amerikanischen Ostküste im Gebiet von New Jersey ein allgemeines Chaos ausbrach. Menschen verbarrikadierten sich in ihren Häusern, in den Telefonnetzen ging wegen Überlastung nichts mehr, und Hunderttausende waren mit dem Auto unterwegs, um vor einer Invasion der Marsbewohner zu fliehen. Ein Rundfunksprecher verlas ständig neueste Meldungen und beschrieb bildhaft den entsetzten Hörern, wie Fliegende Untertassen mit Marsbewohnern auf der Erde eintrafen, um sie in Besitz zu nehmen. Die Sendung war als ein Musik-Unterhaltungsprogramm aufgebaut, und auch ein Astronom, ein Vizepräsident des Roten Kreuzes und ein Innenminister des Staates kamen zu Wort. Erst später wurde klar, daß die Hörer auf ein realistisch inszeniertes Hörspiel von Orson Welles hereingefallen waren. Insbesondere Hörer, die sich später in das Programm eingeschaltet hatten, konnten den Hörspielcharakter nicht mehr erkennen und sorgten für ein Chaos. Der junge Welles hatte den populären Science-fiction-Roman »Krieg der Welten« von Herbert George Wells zu einer Rundfunkreportage verarbeitet und berichtete, wie häßliche Marsbewohner der Menschheit den Garaus machen wollten.

In den 30er Jahren glaubten viele Menschen an eine Bewohnbarkeit des Planeten Mars, und ihre Furcht war deshalb berechtigt. Außerdem lagen am Vorabend des Zweiten Weltkrieges aufgrund der politischen Spannungen immer wieder unsichere Meldungen und Berichte in der Luft, und die Menschen reagierten zunehmend nervöser. Der Glaube an eine Bewohnbarkeit des Planeten Mars hat eine lange Tradition. 1877 hatte der Italiener Giovanni Schiaparelli auf dem Mars Strukturen entdeckt, die er als »Kanäle« bezeichnete. Der Begriff gewann bald einen magischen Klang und brachte eine Lawine ins Rollen. Später verfolgte der Amerikaner Percival Lowell die Beobachtungen seines italienischen Kollegen weiter und war sich bald sicher, daß die

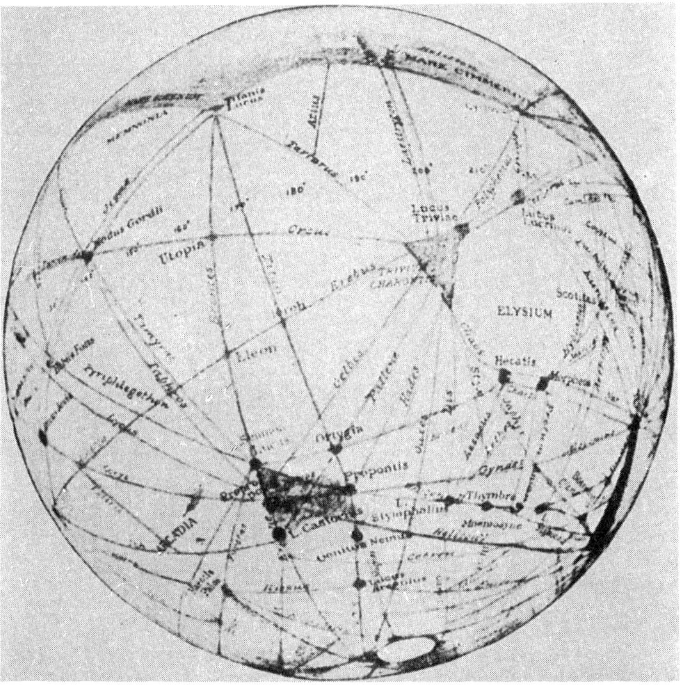

Abb. 14 Historische Marskarte von Percival Lowell; Anfang des 20. Jahrhunderts glaubte der amerikanische Astronom auf dem Mars ein Kanalnetz nachweisen zu können, es waren optische Täuschungen.

Marsoberfläche von riesigen Bewässerungskanälen durchzogen war, die nur von einer intelligenten Zivilisation stammen konnten. Zwar widersprachen bereits kritische Zeitgenossen heftig den Thesen von Lowell, aber die fiktiven Marsbewohner gaben zu gute Geschichten her, um nicht populär zu werden; sie inspirierten zahlreiche Filmproduzenten und Schriftsteller. Lowell hielt seine Marsbewohner für klug und weise, für Wells waren sie dagegen in seinem klassischen Science-fiction-Roman bösartig und für den Menschen höchst gefährlich. Die Kanalsysteme gaben vielen Menschen die Überzeugung, daß die fiktiven Marsbewohner geniale Techniker waren und daß es ihnen des-

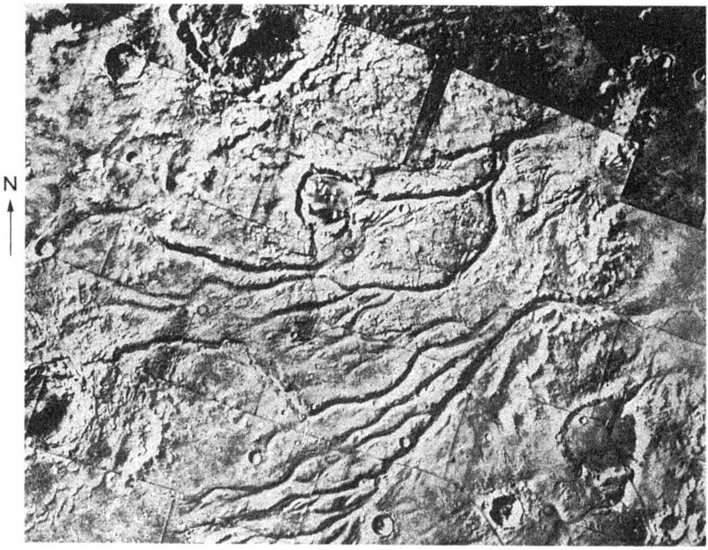

Abb. 15 Ausgetrocknete Flußsysteme auf dem Mars;

halb auch zuzutrauen war, Flugmaschinen für eine Reise zur Erde zu erfinden.

Lowell hatte als astronomischer Beobachter einen guten Ruf und genoß auch ein öffentliches Vertrauen; viele Leute glaubten seine Thesen. Er fertigte sogar einen Marsglobus mit seinen beobachteten Kanalsystemen an. Später wurde einmal der Marsglobus von Lowell mit den Marsphotos der modernen Weltraumsonden verglichen, aber es konnten keinerlei Übereinstimmungen festgestellt werden. Orte, an denen auf dem Marsglobus Kanäle eingetragen waren, zeigten auf den modernen Photos überhaupt nichts. Vermutlich war Lowell seinen eigenen Wunschvorstellungen zum Opfer gefallen und hatte nur Objekte gesehen, die er sehen wollte. Das Beispiel von Lowell zeigt, daß gerade in umstrittenen Forschungsbereichen Beobachtungen von möglichst vielen unabhängigen Forschern bestätigt werden sollten, um als eine Tatsache anerkannt zu werden.

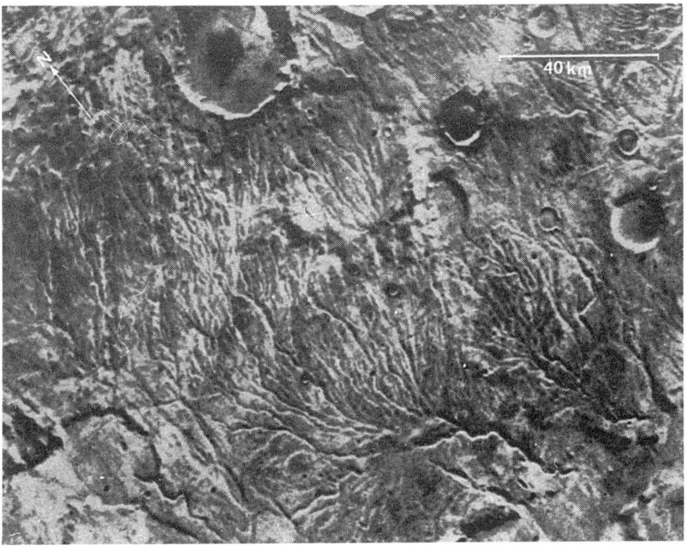

Abb. 16 vor Jahrmilliarden war der Mars wärmer als in der Gegenwart, und es gab flüssiges Wasser.

Die benachteiligten Geschwister

Mars und Venus hatten nach dem Abschluß der Planetenbildung im Sonnensystem die gleichen Startbedingungen wie die Erde. Sie waren für die Erde wie Geschwister, denn ihr Materialaufbau zeigte große Übereinstimmungen. Vermutlich war jedoch Gaia, die Göttin der Erde, so sehr mit dem blauen Planeten beschäftigt, daß ihr für die restlichen Planetengeschwister keine Zeit mehr blieb. Auf den Planeten Mars und Venus fehlte eine lenkende Hand, denn denkbare Entwicklungsvorgänge von der toten Materie zur Lebensbildung liefen auf ihnen völlig aus dem Ruder. Vermutlich wurde auf dem Mars der Weg zur denkbaren Lebensentwicklung jäh unterbrochen und auf der Venus überhaupt nicht beschritten.

Mars: dünne Luft und große Kälte

Durch seine weite Entfernung von der Sonne war der Mars auf seiner Oberfläche stets kälter als die Erde. Allerdings besaß er in seiner Frühzeit wie die Erde ebenfalls eine Atmosphäre, die recht dicht war und deren hoher Anteil an Kohlendioxid für einen Treibhaus-Effekt ausreichte. Auf dem Mars war es deshalb früher wesentlich wärmer als heute, und Wasser kam in großen Mengen in flüssiger Form vor. Die Raumsonden unserer Zeit funkten Abbildungen von der Marsoberfläche zur Erde, die große ausgetrocknete Flußsysteme mit weiten Mündungsdeltas zeigten. In seiner Frühzeit muß es auf dem Mars häufig geregnet haben, und das Regenwasser begann, wie auf der Erde den Kohlendioxidanteil in der Atmosphäre als Kohlensäure auszuwaschen. Die Kohlensäure reagierte dabei mit den Gesteinen, das Kohlendioxid wurde als Karbonat festgelegt und verschwand langsam aus der Atmosphäre. Zu diesem Zeitpunkt hatte möglicherweise die Lebensentwicklung auf dem Mars eine große Chance gehabt. Es ist durchaus denkbar, daß damals sogar primitive einzellige Lebensformen entstehen konnten. Leider waren aber die tektonischen Bewegungen auf dem Mars nur ungenügend ausgeprägt, und das Gestein wurde unzureichend in den Lavamassen des Marsinneren wieder aufgeschmolzen. Im Endergebnis blieb das Kohlendioxid in den Marsgesteinen stekken und konnte nicht mehr zur Atmosphäre zurückkehren. Zwar kannte einst auch der Mars ausgedehnte vulkanische Aktivitäten; Olympus Mons, der höchste bekannte Berg im Sonnensystem, steht mit einer Höhe von 27 Kilometern auf dem Mars und ist ein erloschener Vulkan; doch der Planet ist nicht groß genug, um vulkanische Aktivitäten und tektonische Bewegungen langfristig zu erhalten. Computermodelle zeigen, daß möglicherweise eine Milliarde Jahre nach der Geburt des Mars die Karbonataufschmelzung zusammenbrach. Die hohe Kohlendioxidkonzentration der Marsatmosphäre war verschwunden, und die fehlende Karbonataufschmelzung konnte den Kreislauf der Kohlendioxidergänzung nicht mehr schließen. Damit verschwand der Treibhaus-Effekt, und der Planet Mars kühlte wegen seiner Entfernung zur Sonne immer stärker aus. Weil der

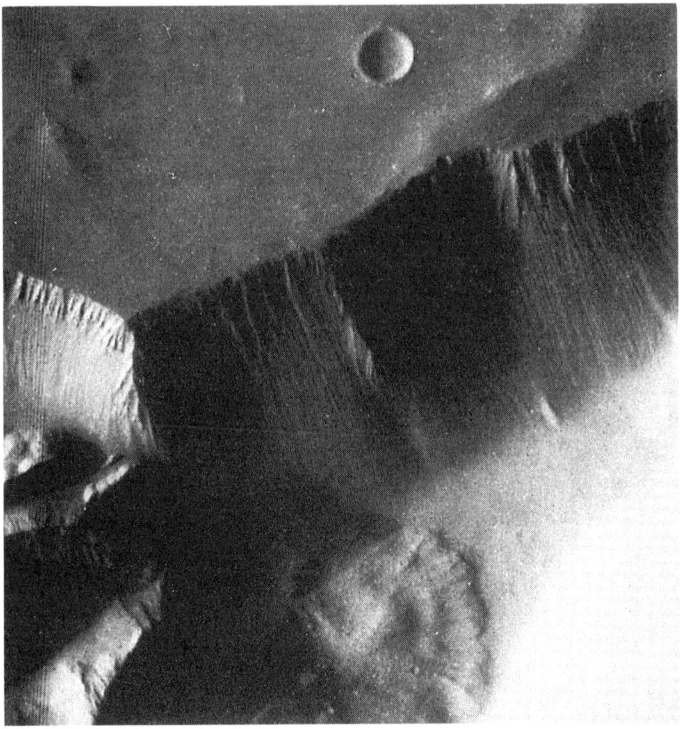

Abb. 17 Nahaufnahme von Valles Marineris auf dem Mars; die Steilwand ist etwa 3 Kilometer hoch.

Planet so klein war, konnte er auch seine dichte Atmosphäre nicht mehr halten und mußte sie an den Weltraum abgeben. Dabei verlor er nicht nur wie die Erde den Wasserstoff, sondern zusätzlich auch den Stickstoff; die Atmosphäre wurde dünn und lebensfeindlich.

Heute besitzt der Mars nur noch eine dünne Restatmosphäre, und es fehlt ein Schutzschild gegen energiereiche Weltraumstrahlungen. Wasser ist ebenfalls nur noch in Spuren vorhanden und befindet sich weitgehend in einem Eispanzer unter dem Nord- und Südpol. Exobiologen warten inzwischen gespannt auf Bodenproben von möglichst unterschiedlichen Marsgegenden und wären sicherlich völlig aus dem Häuschen, wenn sie vielleicht aus Proben der Polgebiete fossile bakterienähnliche Lebensformen finden könnten, die vor Jahrmilliarden ausstarben.

Venus: höllische Hitze und mörderische Trockenheit

Auf der Venus lief die Lebensentwicklung in einem noch höheren Maß schief als auf dem Mars. Mit großer Wahrscheinlichkeit hat die Lebensentwicklung auf der Venus niemals eine Startchance bekommen, und es kam noch nicht einmal zur Bildung einer Ursuppe. Die Venus ist zur Erde wie eine Zwillingsschwester, denn beide Planeten sind fast gleich groß, und die Probleme einer zu geringen Schwerkraft wie auf dem Mars können auf der Venus ausgeschlossen werden. Allerdings steht die Venus näher zur Sonne als die Erde, und das war ihr Unglück. Nach der Bildung des Planeten Venus war die Venusatmosphäre zunächst wahrscheinlich der Erdatmosphäre sehr ähnlich und enthielt ebenfalls große Anteile von Kohlendioxid. Durch die große Nähe zur Sonne und durch den Treibhaus-Effekt konnte jedoch das Wasser der Venus niemals seine flüssige Zustandsform erreichen. Wasser blieb stets als Wasserdampf in der Atmosphäre erhalten, und aus diesem Grund konnte es wahrscheinlich auf der Venus niemals regnen. Das Kohlendioxid konnte deshalb aus der Atmosphäre nicht ausgewaschen werden, und es war unmöglich, es als Karbonat in den Gesteinen festzulegen. Als mit dem Ende der Frühzeit des Sonnensystems die Sonnenaktivität zunahm und die Bestrahlungsenergie anstieg, entwickelte sich auf der Venus ein geradezu mörderischer Treibhaus-Effekt, der bis heute anhält und der die Venusoberfläche auf eine Temperatur von fast 500 Grad Celsius anheizt. Für das Leben ist die Venus die Hölle. Dazu ist die Venusatmosphäre heute fast 100mal dichter als die Erdatmosphäre und der Druck auf ihrer Oberfläche demzufolge fast 100mal höher als auf der Erdoberfläche.

In der Gegenwart ist die Venus ein sehr trockener Planet und neben den höllenartigen Temperaturen aus diesem Grund für

Abb. 18 Oberfläche der Venus mit einem Fuß der sowjetischen Venera-Sonde; es sind Gesteinsstrukturen zu erkennen.

das Leben völlig ungeeignet. Das wenige vorhandene Wasser ist Bestandteil von dichten Wolken aus Schwefelsäure, die für die leuchtende Schönheit der Venus am Abendhimmel verantwortlich sind. Wegen der enormen Hitze kann Wasserdampf auf der Venus sehr hoch ansteigen und wird am Rand des Weltraums vom Sonnenlicht zersetzt. Der Wasserstoff kann nun wie auf der Erde entweichen, während der verbliebene Sauerstoff mit den zahlreichen Bestandteilen der äußerst dichten Venusatmosphäre weiterreagiert. Durch diesen Mechanismus wurde die Venus in der Vergangenheit immer trockener und enthält heute nur noch Spuren von Wasserdampf.

Lebensfreundliche Temperaturen gibt es auf der Venus in einer Höhe von 35 Kilometer; dort können angenehme 27 Grad Celsius gemessen werden, während der Druck etwa dem Druck in den Mittelgebirgen der Erde entspricht. Science-fiction-Autoren könnten für diese Zonen ballonartige Luftwesen erfinden, die möglicherweise Wasserstoff in bestimmten Organen sammeln und dadurch schwebend ihr Dasein fristen. Sollten die Luftwesen intelligent sein, könnten sie sogar eine Luftzivilisation gründen. Doch diese Luftwesen werden der Phantasie vorbehalten bleiben, denn für Leben ist es in der Venusatmosphäre einfach zu trocken. Höllenähnlich ist die Venus zusätzlich noch durch ihre gigantischen Gewitter. Als Meßsonden von der Erde landeten, wurden sie in 12 bis 14 Kilometer Höhe pro Sekunde von bis zu 25 Blitzen getroffen.

Die Viking Mission

Der Planet Mars hat seinen Ruf als Heimat einer hochentwickelten technischen Zivilisation schon lange verloren. Erkundungssatelliten bewiesen, daß die berühmten »Marskanäle« optische Täuschungen waren und daß es keinerlei Hinweise auf hochentwickeltes Leben gibt. In der bisher ersten exobiologischen Weltraummission der Wissenschaft landeten 1976 zwei automatische Untersuchengssonden direkt auf der Marsoberfläche und zerstörten mit ihren Meßergebnissen auch die letzten Illusionen, die sich noch an primitive Lebensformen im Marsboden klammerten. Der Mars ist nach aktuellem Wissen ein Planet ohne Leben. Seine Oberfläche ist allerdings nicht so langweilig und tot wie etwa die Mondoberfläche, sondern zeigt ein vielfältiges Relief aus hohen Bergen, tiefen Gräben und ausgetrockneten Flußläufen.

Die ersten Vorbereitungen für die Viking Mission, die Landung von zwei automatischen Sonden für biologische Untersuchungen auf dem Mars, wurden 1969 in Angriff genommen. Damals einigte sich ein Wissenschaftlergremium über die vorgesehenen Experimente, und es wurden Aufträge erteilt, notwendige Meßgeräte zu entwickeln und zu bauen. Wichtige Impulse erhielt das Unternehmen schließlich 1972 durch die Raumsonde Mariner 2, die insgesamt 7232 Fotos von der Marsoberfläche zur Erde funkte. Jetzt wurde der Mars plötzlich noch interessanter als vorher, denn auf den Fotos tauchten riesige Vulkane, tiefe Schluchten und geschlängelte Gräben auf, die vor Jahrmilliarden einmal Wasser geführt haben mußten.

Einen argen Rückschlag erhielt die Euphorie durch das Scheitern von sowjetischen Forschungssonden auf dem Mars. Die

Abb. 19 Die amerikanische Viking 2-Sonde auf der Marsoberfläche; die hellen Flecken im Hintergrund stellen Schnee dar.

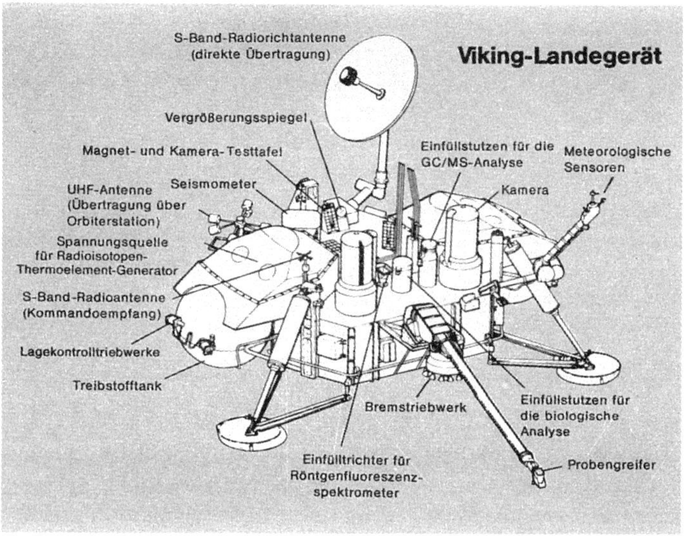

Abb. 20 Schematische Darstellung der Vikingsonden mit ihrer komplizierten Ausstattung zur Untersuchung des Marsbodens und der Marsatmosphäre; Bodenproben konnten automatisch analysiert werden.

Forschungssonden Mars 3 und Mars 6 konnten zwar landen, jedoch brach jeglicher Funkverkehr zur Erde sofort ab; Mars 3 funkte etwa 20 Sekunden lang und Mars 6 knapp 1 Sekunde. Später wurde vermutet, daß die Forschungssonden durch ihre automatische Programmierung wenig flexibel waren und in die berüchtigten Staubstürme auf dem Mars gerieten, wobei sie wahrscheinlich an Felsen zerschellten. Für die geplante Viking Mission wurden deshalb Landeplätze auf flachen Ebenen ausgesucht. Da allerdings biologische Experimente vorgesehen waren, sollten die Sonden möglichst in der Nähe von Mäandern niedergehen, die früher vielleicht einmal Flüsse waren. Aus Furcht vor Staubstürmen sollten die Sonden außerdem zunächst über dem Mars kreisen, um dann bei Windstille zu landen. Aus funktechnischen Gründen mußte die Landung in der Nähe des Marsäquators erfolgen; leider blieben dadurch die wesentlich interessanteren und wasserreichen Polgebiete vorerst von einer Untersuchung ausgeklammert. Trotz aller Vorsichtsmaßnahmen war das Landeunternehmen voller Risiken, denn größere Steinbrokken konnten durchaus die Forschungssonden beim Aufsetzen umwerfen. Die Sonden selbst wurden von der Erde aus gesteuert.

Viking 1 und 2 waren im Sommer 1975 von Cape Kennedy in Florida gestartet worden und schwenkten im Sommer 1976 in ihre Umlaufbahn über dem Mars ein. Viking 1 landete am 20. Juli 1976 weich und unbeschädigt in der Marsregion »Chryse«; ursprünglich hätte die Sonde am 4. Juli 1976 zum 200. Geburtstag der USA niedergehen sollen, doch Fotoauswertungen aus der Umlaufbahn machten wegen zu großer Landerisiken die Suche nach einem neuen Landeplatz notwendig. Viking 2 folgte schließlich am 3. September 1976 und setzte sicher in der Marsregion »Utopia«, etwa 2000 Kilometer von Viking 1 entfernt, auf.

Sofort begannen zahlreiche Kameras zu surren und Meßgeräte zu arbeiten. Den Wissenschaftlern bot sich auf den Bildschirmen in den USA eine Landschaft, wie sie auch in der Wüste von Nevada hätte auftreten können; Felsbrocken und kleine Sanddünen tauchten auf und überall Sandfahnen, die der Wind verdriftete. Einmal gerieten die Beobachter in Spannung, als bei einem Kameraschwenk an einem Felsbrocken ein Zeichen sichtbar wurde, das wie ein »B« aussah (Bienvenue = Willkommen, frz.). Das Zeichen wurde später als ein Schatteneffekt und ein Erosionszufall gedeutet, den die Wissenschaftler aus der Spannung des Augenblicks heraus falsch interpretiert hatten. Es wäre auch unwahrscheinlich gewesen, wenn mögliche Marsbewohner ausgerechnet das lateinische Alphabet beherrscht und auf den Felsen ein »B« geschrieben hätten; sie hätten sich auch vom toten Winkel der Kamera aus anschleichen müssen. Die phantastischen Figuren, die in den Zukunftsromanen den Mars bevölkern, ließen sich nicht blicken, und kein kleines grünes Männchen schaute neugierig in die Kamera. Die große Zahl der fotographischen Aufnahmen zeigte trotz sorgfältiger Bildanalyse keinerlei Hinweise auf höher entwickeltes Leben; nur der Wind hinterließ im lockeren Sand seine Spuren.

Die Marsoberfläche war auf den Funkbildern durch Eisen-

Abb. 21 Felsbrocken auf dem Mars mit einem lateinischen »B«; das »B« stammt nicht von Außerirdischen, sondern ist ein Zufallsprodukt aus Schatteneffekten und Gesteinserosion.

oxid rot verfärbt; ebenso der Himmel über der Oberfläche, was durch feinste Staubpartikel, die wegen der geringen Schwerkraft regelrecht schweben, erklärt werden konnte. Die rötliche Färbung der Marsoberfläche war früher auch der Anlaß gewesen, den Planeten nach dem römischen Kriegsgott zu benennen. Periodische Farbveränderungen, die sogar von der Erde aus auf dem Mars beobachtet werden können, erwiesen sich nach den Beobachtungen nicht, wie früher einmal angenommen, als ein Ausdruck der wechselnden Vegetation, sondern waren und sind ein Zeichen für gigantische Staubstürme.

Große Verwunderung erregten auch Fotos aus der Umlaufbahn über dem Mars. In der Marsregion »Cydonia Mensa« gibt es eine Felsformation mit einem Durchmesser von weniger als 2 Kilometer, die wie ein menschliches Gesicht aussieht, dessen Konturen nach einer elektronischen Bildbearbeitung nicht verschwinden, sondern verstärkt hervortreten. Etwa 15 Kilometer vom »Marsgesicht« entfernt befinden sich geometrische Gebilde, die an Pyramiden erinnern, und schließlich auch eine trapezförmige Formation, in die sogar schon ein Festungsbau hineininterpretiert wurde. Trotz Bildbearbeitung durch den Computer sind die Beobachtungen doch als menschliches Wunschdenken zu deuten. Bei einer gedankenversunkenen Beobachtung können auch Wolken auf der Erde nicht nur zu Schäfchen, sondern auch zu Gesichtern oder riesigen fetten Figuren werden. Der Mensch ist auf das Erkennen von Gesichtern programmiert, und wir können unter Tausenden fremden Gesichtern spontan das Gesicht eines Freundes registrieren. Vielleicht können zukünftige Forschungssonden einmal das Rätsel um das »Marsgesicht« klären.

Beide Sonden besaßen Greifarme, mit denen aus der direkten Umgebung Bodenproben entnommen werden konnten, die dann für Untersuchungszwecke in das Sondeninnere befördert wurden. Hier wurden die Proben in insgesamt fünf verschiedenen Experimenten weiterverarbeitet. Im ersten Experiment wurde die chemische Zusammensetzung des Bodens bestimmt, und im zweiten Experiment wurde überprüft, ob in den Bodenproben möglicherweise organische Materialien vorhanden sind. Die letzten drei Experimente dienten schließlich zum Nachweis von möglichen Mikroorganismen. Die biologischen Experimente begannen etwa eine Woche nach der Landung und hatten zum Ziel, über Produkte aus möglichen Stoffwechselvorgängen auf denkbare Mikroorganismen in den Bodenproben zu schließen. Es wurde also nicht versucht, denkbare Mikroorganismen direkt, etwa über mikroskopische Aufnahmen, nachzuweisen. In einem Miniaturlabor wurde vollautomatisch überprüft, ob der Marsboden einerseits zugesetzte Wirkstoffe verarbeiten konnte und ob andererseits Endprodukte dieser Verarbeitung möglicherweise freigesetzt wurden. Bei positiven Wirkungen mußte der Marsboden über »Aktivitäten« verfügen, die vielleicht Mikroorganismen waren. Zur allgemeinen Verblüffung waren überwiegende Teile der Experimente in ihrem Ergebnis positiv.

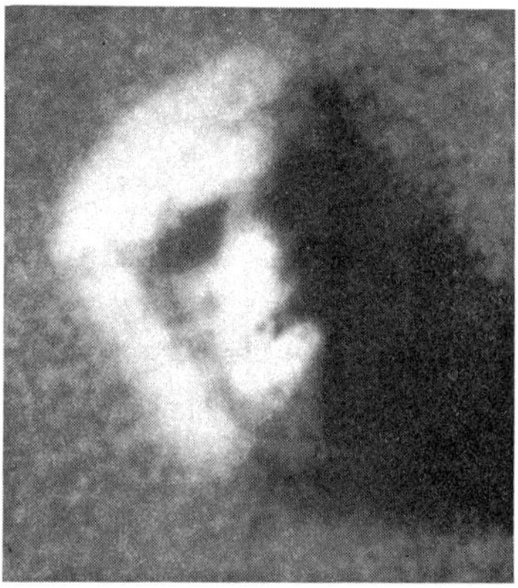

Abb. 22 In der Marsregion Cydonia Mensa gibt es Felsformationen mit dem Aussehen eines menschlichen Gesichts (Abb. 22) ...

Die Experimente

Im ersten biologischen Experiment wurde in den Bodenproben ein sogenannter »Gasaustausch« nachgewiesen. Dazu wurde der Boden aus dem Greifarm mit einer Nährlösung vermischt, um anschließend zu messen, ob Gase freigesetzt wurden. Die freigesetzten Gase wären dann ein Hinweis auf Stoffwechselaktivitäten von möglichen Mikroorganismen im Boden gewesen. Das Ergebnis war zur Überraschung der Fachleute positiv, denn der Marsboden setzte Kohlendioxid und Sauerstoff frei; die freigesetzte Sauerstoffmenge überstieg die vergleichbare Sauerstoffkonzentration der Marsatmosphäre sogar um das 15fache. Das zweite biologische Experiment faßte die Untersuchung zum Gasaustausch noch etwas genauer: Eine Nährlösung mit radioaktivem Kohlenstoff in organischen Molekülen wurde in die Bodenprobe gegeben, um anschließend zu messen, ob radioaktive Gase freigesetzt wurden. Da es auf dem Mars im Umfeld der Sonde keine radioaktiven natürlichen Stoffe gab, mußten die Gase somit aus dem Abbau der radioaktiv markierten Nähr-

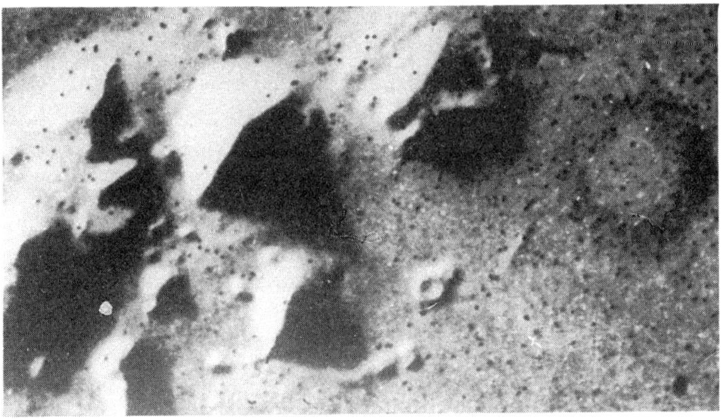

Abb. 23 ... und der Struktur von Pyramiden (Abb. 23); die Abbildungen sind Zufallsprodukte und nicht das Werk von Außerirdischen.

stoffe von der Erde stammen; sie wären ein weiterer Hinweis für Abbauvorgänge in Verbindung mit Stoffwechselaktivitäten gewesen. Auch bei diesem Experiment kam es zu einem positiven Ergebnis, und es wurden radioaktive Gase abgegeben.

Das dritte biologische Experiment zielte schließlich auf Syntheseleistungen von möglichen Mikroorganismen in Bodenproben des Mars. Der zu untersuchende Boden wurde zuerst mit radioaktivem Kohlendioxid und radioaktivem Kohlenmonoxid durchgast. Beide Gase kommen in einer nichtradioaktiven Form natürlich in der Marsatmosphäre vor, so daß mögliche Mikroorganismen im Marsboden mit den Gasen vertraut sein müßten. Nachdem die Bodenproben für längere Zeit durchgast worden waren und denkbare Mikroorganismen somit Gelegenheit hatten, die radioaktiven Gase in den eigenen Stoffwechsel zu überführen, wurden die Proben auf 750 Grad Celsius erhitzt. Die Hitze sollte alle denkbaren Mikroorganismen abtöten und gleichzeitig radioaktive Stoffwechselprodukte aus diesen Organismen freisetzen. Da die radioaktiven Gase in natürlicher Form auf dem Mars fehlen, müßte die Radioaktivität aus Syntheseleistungen während des Begasungsvorganges stammen.

Zur weiteren Überraschung fielen sieben von neun Experimenten positiv aus. Die Experimente hatten allerdings einen Haken, der alle Entdeckerfreude zunichte machte: Eine positive Probe war vor dem Test für drei Stunden auf 175 Grad Celsius erhitzt worden, so daß denkbare Mikroorganismen abgetötet sein mußten; dennoch zeigte sich ein Effekt. Kein Mikroorganismus mit einer Biochemie auf Kohlenstoffbasis kann eine Temperatur von 175 Grad Celsius überleben, gemessene Effekte mußten somit einen nicht-biologischen Ursprung haben. Der positive Befund aus anderen Experimenten war deshalb mit Vorsicht zu bewerten.

Die Ergebnisse

Nach einer sorgfältigen Analyse der gewonnenen Daten und nach Wiederholungen von Experimenten zur statistischen Absicherung sowie nach Kontrollexperimenten kam das Wissenschaftlerteam zu der Ansicht, daß trotz der positiven Befunde auf dem Mars kein mikrobielles Leben nachgewiesen worden war. Positive Befunde ergaben sich aus der Chemie des Marsbodens und nicht aus der Existenz von Mikroorganismen. Der Marsboden erfüllt die Voraussetzungen für eine chemische Evolution, er ist chemisch sehr aktiv und besitzt große Mengen von Sauerstoff in einer sehr lockeren chemischen Bindung. Bei einem Kontakt mit flüssigem Wasser, das gegenwärtig auf dem Mars nicht mehr vorkommt, wurde der gebundene Sauerstoff frei und täuschte die biologischen Aktivitäten von Lebensformen vor. Chemische Verbindungen aus dem Marsboden sind so reaktionsfreudig, daß sogar auf nicht-biologischen Wegen Kohlendioxid aus organischen Verbindungen abgespalten werden konnte.

Für fehlende Mikroorganismen sprachen auch die chemischen Analysen der Bodenproben. Der untersuchte Marsboden enthielt keine einzige organische Verbindung, und alle Meßgeräte zeigten bei dem entsprechenden Test eine Nullinie an. Im Gegensatz zum Marsboden sind zum Beispiel die Böden der sonst so lebensarmen Antarktis auf der Erde sowie der Murchison-Meteorit voller organischer Verbindungen.

Die fehlenden Anzeichen für Leben auf dem Mars wurden

zusätzlich durch Untersuchungen der Marsatmosphäre unterstrichen. Der rote Planet enthält in seiner Atmosphäre nur zwei Prozent Stickstoff, der auf der Erde ein wichtiges Puffergas für das Leben ist. Methan kommt in der Marsatmosphäre im Gegensatz zur Erde nur in winzigen und kaum nachweisbaren Spuren vor. Auch ein Leben auf der Basis von Silizium und nicht von Kohlenstoff wie auf der Erde ist auf dem Mars nicht nachweisbar. Silan, die Methan-analoge Verbindung auf Siliziumbasis, fehlt wie auf der Erde auch in der Marsatmosphäre vollständig; die Verbindung wäre unter den Umweltbedingungen des roten Planeten auch instabil. Auf dem Mars gibt es keine Hinweise auf Leben, das mit dem irdischen Leben vergleichbar sein könnte; erst recht fehlen Hinweise auf Leben mit einer exotischen Biochemie auf Siliziumbasis. Allerdings wurde ausschließlich Sand von der Marsoberfläche und nicht das Felsgestein untersucht. In der Antarktis auf der Erde gibt es zum Beispiel direkt unter der Oberfläche von Felsen in mikroskopisch kleinen Rissen ein reiches bakterielles Leben; und die Antarktis kennt vergleichbare Temperatursituationen wie auf dem Mars.

Zu den Untersuchungen der beiden Viking-Sonden wurde oft der Einwand vorgetragen, die Sonden wären möglicherweise am falschen Ort gelandet, und es könnten aus diesem Grund keine allgemein gültigen Untersuchungsergebnisse gewonnen werden. Bei der Auswahl der Landeplätze standen nämlich Fragen der Landesicherheit im Vordergrund und nicht die spektakulären Schluchten der ausgetrockneten Flußläufe oder das eisreiche Polgebiet. Lebensfeindliche Zonen gibt es auch auf der Erde, und außerirdische Zivilisationen, die beispielsweise in der Sahara oder am Südpol eine Forschungssonde absetzen würden, müßten zwangsläufig von der Lebenssituation auf der Erde einen völlig falschen Eindruck gewinnen. Dem Einwand steht jedoch entgegen, daß beide Sonden in einer Entfernung von etwa 2000 Kilometer ihre Untersuchungen durchführten und jeweils zu einem weitgehend übereinstimmenden Ergebnis kamen.

Lebensfreundlicher als die Äquatorzonen sind auf dem Mars trotz der Kälte höchstens die Polargebiete. Recht gut erforscht ist dabei das Gebiet des Nordpols. Es ist bekannt, daß es dort eine Kappe aus Eis gibt, das im Marssommer teilweise auftaut, um sofort als Wasserdampf in die Atmosphäre überzugehen. Bei einem Temperaturabfall gefriert dann der Wasserdampf wieder direkt zu Eis. In einzelnen Oasen könnte sich dort möglicherweise noch primitives Leben aus einer einst lebensfreundlicheren Vergangenheit erhalten haben. Es gibt Planungen, auf dem Mars geländegängige Fahrzeuge mit Miniaturlabors zu landen, die ferngesteuert durch die ausgetrockneten Flußläufe fahren, um dort Proben zu sammeln. Mit diesen Proben wäre dann eine bessere Antwort auf die Frage möglich, ob es auf dem Mars vielleicht noch aktuelles Leben gibt oder nur fossile Reste eines ausgestorbenen Lebens. In der Marsatmosphäre wurde zum Beispiel Eisenkarbonyl nachgewiesen, was mit Spannung zu werten ist. Auf der Erde kann im Vergleich Bleikarbonyl nur in einem biologischen Prozeß natürlich hergestellt werden.

Nach dem Abschluß der Viking Mission waren die Forschungsarbeiten über den Planeten Mars vom Pech verfolgt. Die ehemalige Sowjetunion startete am 7. und 12. Juli 1988 zwei Forschungssonden zum Mars und zu seinem Mond Phobos. Aber der Kontakt zu beiden Sonden ging verloren. Sonde Nummer 2 konnte noch am 28. März 1989 in der Äquatornähe des Mars eine etwa 1000 Meter hohe Klippe entdecken, doch danach riß die Verbindung ab. Am 23. August 1993 verloren die Amerikaner die Verbindung zu ihrem mit Elektronik und Meßgeräten vollgestopften »Mars-Observer«. Diese Forschungssonde hätte den roten Planeten umkreisen sollen, um geologische, geophysikalische und klimatische Erkenntnisse zu sammeln; spezielle Laser der Sonde wären in der Lage gewesen, Höhenmessungen bis auf eine Genauigkeit von 5 Meter durchzuführen. Mit dem gescheiterten Projekt hat die NASA über eine Milliarde DM buchstäblich in den Weltraum gesetzt. Bleibt zu hoffen, daß weitere Forschungssonden wieder Erfolg haben werden; eine russische Sonde soll zum Beispiel einen französischen Forschungsballon direkt in der Marsatmosphäre absetzen, außerdem ist ein »Mars-Rover« geplant, der umherfahren und Proben einsammeln kann.

Intelligente Marsbewohner gibt es nicht. Sie hätten übrigens vom Mars aus durch Messungen folgern können, daß die Erde wahrscheinlich Leben trägt. Der Sauerstoffgehalt und der Methangehalt der Erdatmosphäre lassen sich zum Beispiel vom Mars aus messen. Da Methan allerdings in Gegenwart von Sauerstoff und durch Sonneneinstrahlung nicht stabil ist, muß es zum Konzentrationserhalt ständig neu produziert werden; seine Produktion könnte dabei, nach fiktiven Überlegungen vom Mars aus, durch Lebensformen auf der Basis von Kohlenstoff erfolgen. Schließlich hätte den angenommenen und intelligenten Marsbewohnern auch auffallen müssen, daß sich der hohe Sauerstoffgehalt der Erdatmosphäre aus chemischen Gründen zwar ständig in den Gesteinen binden muß, daß aber dennoch die Sauerstoffkonzentration unverändert bleibt. Dieser Gegensatz muß zu Spekulationen herausfordern. Wissenschaftler vom Mars hätten vermutlich über tektonische Bodenbewegungen oder andere Komponenten als Ursache der Sauerstofffreisetzung diskutiert. Ihre Vorstellungen hätten sich jedoch in den Netzen der Theorien verfangen, denn erst eine Forschungssonde vom Mars hätte das Rätsel lösen können: Die grünen Pflanzen setzen auf der Erde mit Hilfe der Photosynthese immer wieder Sauerstoff frei und sorgen für ein Gleichgewicht.

Leben aus der Kälte?

Bei der Suche nach dem möglichen außerirdischen Leben war die Wissenschaft für lange Zeit auf die Planeten Mars und Venus fixiert; die »Kanäle« des Mars wurden von vielen als technische Meisterleistung einer außerirdischen Zivilisation interpretiert, und unter der dichten und undurchdringlichen Atmosphäre der Venus wurden nicht minder dichte und undurchdringliche Urwälder vermutet. Hier haben die modernen Forschungssonden und verbesserte Meßverfahren eine große Ernüchterung gebracht. Dafür boten die Riesenplaneten im äußeren Sonnensystem und insbesondere ihre zahlreichen Monde eine große Überraschung. Auf ihnen findet eine chemische Evolution statt, die allerdings nicht zum Leben führen kann, weil die Planeten und ihre Monde außerhalb der Ökosphäre liegen.

Jupiter: kein Hinweis auf Luftwesen

Der Riesenplanet Jupiter ist chemisch sehr aktiv und besitzt in seiner dichten Atmosphäre einfache organische Verbindungen, die fortlaufend neu gebildet werden. Die Jupiteratmosphäre ist noch sehr ursprünglich und besteht zu 93 Prozent aus Wasserstoff, zu 6 Prozent aus Helium und zu etwa 1 Prozent aus Gasen wie Ammoniak, Methan oder Wasserdampf. Zwischen den Wolkenmassen gibt es sogar relativ »warme« Zonen von −13 Grad Celsius, in denen sicherlich große chemische Reaktionsaktivitäten ablaufen. Wie etwa beim »Großen Roten Fleck« stellen sich die Jupiterwolken meist in einer ausgeprägten Farbenpracht dar, wobei die Ursachen der Farbenbildung noch nicht vollständig geklärt sind. Meist werden chemische Verbindungen mit Phosphor- und Schwefelanteilen zur Erklärung herangezogen. Es gibt aber auch Vorstellungen, daß organische Verbindungen bei dieser Farbenfülle eine Rolle spielen. Ähnlich wie in der dichten Atmosphäre der Venus könnten auch in den dichten Wolken des Jupiter ballonartige Luftwesen ihr Unwesen treiben und die Phantasie der Science-fiction-Autoren beflügeln. In der Jupiteratmosphäre ist es nicht so trocken wie in der Venusatmosphäre, dafür aber so kalt, daß die Luftwesen auf die menschliche Vorstellungskraft beschränkt bleiben werden. Sie wären auch durch den Einschlag der Kometentrümmer vom Sommer 1994 zumindest in einigen Gebieten des Jupiter kräftig durcheinandergewirbelt worden. Durch diese Kometentrümmer wurden beträchtliche Energien übertragen, die sicherlich zahlreiche chemische Reaktionen anregten.

Die erfolgreichen Voyager-Sonden trugen bei ihrem Flug zu den äußeren Planeten des Sonnensystems mehr Daten zusammen als Generationen von Astronomen. Insbesondere von den zahlreichen Monden der äußeren Riesenplaneten wurden gestochen scharfe Bilder geschossen und eine fremde und doch sehr farbenprächtige Welt erschlossen. Unter dem Eispanzer des Jupitermondes Europa wird sogar flüssiges Wasser vermutet, was eine chemische Evolution gut vorantreiben kann. Hervorzuheben sind auch der Saturnmond Titan und der Neptunmond Triton. Beide Monde besitzen eine eigene Atmosphäre,

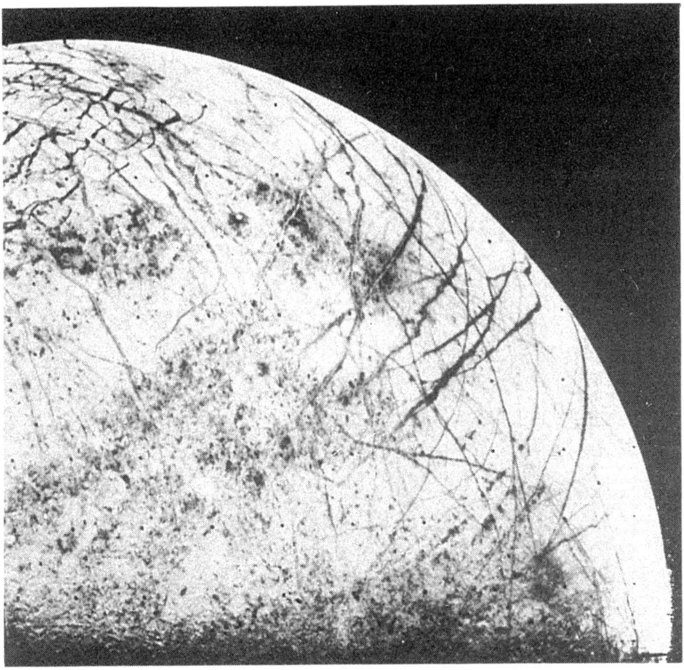

Abb. 24 Der Jupitermond Europa ist mit einem dicken Eispanzer und einem rätselhaften Netz von Rillen umgeben; unter dem Eispanzer wird flüssiges Wasser vermutet.

und Titan gleicht zudem noch einer biochemischen Hexenküche.

Titan: Leben in der Zukunft?

Bereits der Name unterstreicht bei dem Saturnmond Titan die ungewöhnliche Größe des Himmelskörpes; der Mond mißt im Durchmesser 5120 Kilometer und ist somit größer als der Planet Merkur und wesentlich größer als der Mond der Erde, der einen Durchmesser von 3476 Kilometer erreicht. Die Titanatmosphäre ist sogar dichter als die Erdatmosphäre, und auf der

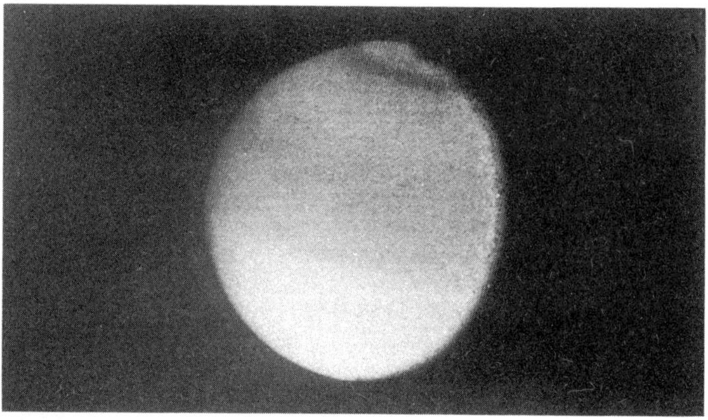

Abb. 25 Abbildung des Saturnmondes Titan; der Mond ist von einer dichten Atmosphäre umgeben, so daß keine Oberflächenstrukturen zu erkennen sind, am Nordpol ist ein dunkler Wolkengürtel erkennbar.

Oberfläche von Titan herrscht ein 1,5mal höherer Druck als auf der Erdoberfläche in Meereshöhe. Ähnlich wie beim Planeten Venus ist die Titanoberfläche stets von einer dichten Wolkendecke verhüllt. Die Titanatmosphäre reicht etwa 250 Kilometer hoch und ist damit 10mal höher als die Gashülle der Erde. Zur großen Verblüffung der Forscher klärten die Raumsonden, daß die Titanatmosphäre genau wie die Erdatmosphäre hauptsächlich aus Stickstoff besteht. Daneben kommen noch Methan sowie Kohlendioxid, Propan, Acetylen und Zyanwasserstoff vor. Hauptsächlich Methan, das ungefähr 6 Prozent der Titanatmosphäre ausmacht, liefert das Ausgangsmaterial für weitere organische Moleküle, die wie »Smog« die rötlichen Titanwolken durchsetzen. Die organischen Moleküle sind bisher nur zum Teil chemisch definiert worden. Sie entstehen immer dann, wenn energiereiche Strahlungen Methanmoleküle aufbrechen und weitere chemische Reaktionen auslösen. Dabei können sicherlich auch hochmolekulare organische Verbindungen entstehen, die auf die Oberfläche des Mondes niederregnen. Trotz aller günstigen Voraussetzungen kann dennoch auf Titan keine Lebensentwicklung in Gang kommen. Der Grund ist einfach: Es ist mit einer Oberflächentemperatur von etwa −183 Grad Celsius zu kalt. Auf der Titanoberfläche werden sogar Meere aus Methan vermutet, denn Methan verhält sich bei den vorgegebenen Temperaturen wie das Wasser auf der Erde.

Der Amerikaner Carl Sagan und seine Mitarbeiter haben einmal die Titanatmosphäre im Labor kopiert und dann das Gemisch bestrahlt. Sie erhielten dabei unter anderem auch eine feste organische Substanz, die Tholin genannt wurde und etwa 15 verschiedene Aminosäuren enthält. Tholin kann von irdischen Organismen sowohl in einer sauerstoffhaltigen als auch in einer sauerstoffreien Umgebung verarbeitet werden. Auf Titan könnte eine chemische Evolution wie während der Frühzeit der Erde ablaufen, wenn die Temperaturverhältnisse stimmen würden. Aufgrund dieses Mangels springt der Motor der chemischen Evolution immer nur kurz an und muß dann sofort wieder stoppen, weil die gleichbleibende Energiezufuhr fehlt. Im Jahre 2004 wird Titan einen irdischen Besucher empfangen, denn am 27. November dieses Jahres will die Forschungssonde Huygens auf seiner Oberfläche landen. Das Landemanöver wird einem russischen Roulette gleichen, denn niemand kennt die Oberfläche des Mondes.

Vielleicht bekommt Titan zur Lebensentwicklung einmal eine Chance, wenn die Sonne in der fernen Zukunft immer mehr Energie abstrahlen wird. Wenn auf der Erde die Ozeane schon lange verdampft sind, wird auf Titan die chemische Evolution erst richtig zu laufen beginnen. Ob Leben oder sogar höher entwickeltes Leben einmal denkbar sein könnte, bleibt allerdings unwahrscheinlich. Titan besitzt kein Magnetfeld und deshalb auch keinen wirksamen Schutz vor den gefährlichen Sonnenwinden, die hochmolekulare Verbindungen immer wieder zerstören können.

Triton: Kältepol im Sonnensystem

Der Neptunmond Triton stellt sich trotz seiner Atmosphäre noch stärker einer Lebensentwicklung entgegen als Titan. Auf seiner Oberfläche können Temperaturen von bis zu −236 Grad

Celsius gemessen werden, und er ist somit der kälteste Himmelskörper, der bisher im Sonnensystem gefunden wurde. Auf Triton kann der Motor einer chemischen Evolution im Gegensatz zu Titan noch nicht einmal anspringen. Triton bot den Voyager-Sonden spektakuläre Bilder. In seiner kalten Umwelt werden sogar Gase verfestigt, und es treten Eisvulkane auf, die im Gegensatz zu den Vulkanen der Erde keine Hitze, sondern Kälte verbreiten. Unter der Oberfläche von Triton werden Seen aus flüssigem Stickstoff vermutet, die unter Druck stehen. Erreicht der Druck eine kritische Grenze, wird flüssiger Stickstoff bis auf eine Höhe von etwa 25 Kilometer in die Atmosphäre ausgeblasen. Der Stickstoff gefriert dann sofort zu Reif und fällt wie Schnee wieder auf die Oberfläche des so fremdartigen Mondes zurück. Trotz der unwirklichen Umwelt kommt in der Atmosphäre von Triton genau wie bei Titan auch Methan vor; Kohlenstoff für eine chemische Evolution wäre somit vorhanden.

Teil II: Äußerer Weltraum

Leben in Extremen

Anpassungsfähiges irdisches Leben

Leben ist extrem anpassungsfähig und konnte im Verlauf der Evolution praktisch alle Umweltbereiche der Erde besetzen. Sogar in Gebieten, die als extrem lebensfeindlich eingestuft werden können, lassen sich Lebensformen nachweisen. Leben gibt es auf Gletschern in großen Höhen und auch bei ewiger Dunkelheit in tiefen Meeresgräben. Expeditionen fanden sogar noch in einer Höhe von etwa 7000 Meter auf dem Mount Everest kleine Spinnen, die dort unter Steinen leben. Auch in heißen Quellen, in Salzablagerungen und im trockenen Wüstensand können unterschiedliche Lebensformen gefunden werden. Lange Zeit galt das Innere der Antarktis als ein steriles Stück Erde, doch auch diese Vermutung trog: Am Fuße von Gletschern gibt es fast in der Nachbarschaft zum Südpol Kolonien von einzelligen Lebensformen. Die Lebensmoleküle und das Bauprinzip Zelle haben alle Gebiete der Erde erschlossen. Bei einer solchen großen Anpassungsfähigkeit des Lebens könnten möglicherweise auch Planeten, die durchschnittlich wärmer oder kälter als die Erde sind, aber ihr ansonsten ähneln, als potentielle Lebensträger in Frage kommen.

Je höher sich eine Lebensform entwickelt hat, um so schlechter kann sie sich nach einer Faustregel an ein Leben im Extrembereich anpassen. Dennoch können auch hochentwickelte Säugetiere kurzfristig sehr hohe Wärmebelastungen aushalten. So hatte sich einmal in den USA eine Katze unbemerkt in einem Brennofen für Ziegel versteckt, der in Betrieb gesetzt wurde. Das arme Tier war bis zu seiner Entdeckung und Befreiung einer Temperatur von 350 Grad Celsius ausgesetzt gewesen. Der Brennvorgang wurde sofort unterbrochen und die Katze befreit; sie hatte sich alle Pfoten versengt, und an der Schwanzspitze waren etwa 4 Zentimeter abgebrannt, ansonsten aber war die zähe Katze erstaunlich fit. Ein Tierarzt hatte sie später gesund gepflegt und »Miracle« (Wunder) getauft. Vom Menschen ist durch Experimente bekannt, daß er etwa 23 Minuten Temperaturen von ungefähr 115 Grad Celsius ertragen kann. Bei Rettungsarbeiten von Kollegen in brennenden Bergwerkstollen waren Rettungsmannschaften allerdings auch schon länger als 23 Minuten einer Temperatur von 115 Grad Celsius ausgesetzt gewesen, ohne Schaden zu nehmen. Eingefleischte Saunafreunde behaupten, in einer Trockensauna gut Temperaturen von über 100 Grad Celsius aushalten zu können.

Für andere höhere Lebensformen stellen hohe Temperaturen im Lebensraum den Normalzustand dar. Im Tal des Todes, einem sehr lebensfeindlichen Wüstengebiet in den USA, wächst die Pflanze Wüstenhonigsüß noch bei einer Lufttemperatur von 50 Grad Celsius munter weiter. Manche Wüstentiere fühlen sich erst richtig wohl, wenn die Temperatur ihrer Umgebung bei etwa 39 Grad Celsius liegt. Ein Dromedar kann seinen Körper bis auf 41 Grad Celsius aufwärmen, bevor es überhaupt zu schwitzen beginnt. In einer heißen Quelle in Tunesien wurde einmal eine winzige Krabbenart gefunden, die Wassertemperaturen zwischen 45 und 48 Grad Celsius als ihren bevorzugten Temperaturbereich ansieht. Im allgemeinen liegt bei den meisten Landtieren unter den Säugetieren, Vögeln, Kriechtieren und Insekten die Temperaturobergrenze des Lebensraumes bei etwa 45 Grad Celsius; höhere Temperaturen des Lebensraumes sind tödlich. Einfache Lebensformen sind dagegen weit robuster. Es gibt Bakterien, die sogar bei über 100 Grad Celsius Dauertemperatur existieren können. Sporen von Bakterien stellen Zellen in einem geschützten Ruhezustand dar. Um sie abzutöten, müssen sie sogar für längere Zeit auf mindestens 120 Grad Celsius erhitzt werden; 100 Grad Celsius sind für eine Abtötung von Sporen nicht ausreichend. Sporen können auch unter Weltraumbedingungen lange Zeit überleben.

Erstaunlich gut können höhere Lebensformen auch mit dem entgegengesetzten Extrem, den tiefen Temperaturen umgehen. Schlittenhunde schlafen sogar bei sehr starkem Frost noch in der freien Natur. Ihr dichtes Fell schützt den Körper ungewöhnlich gut, und erst bei einer Außentemperatur von tiefer als −30 Grad Celsius fangen sie überhaupt an, durch zusätzliche Stoffwechselaktivitäten weitere Wärme zu produzieren, um die Körpertemperatur bei rund 37 Grad Celsius zu halten. Wenn Pinguine in der Antarktis ihre Eier ausbrüten, stehen sie unbeweglich in einem scharfen Frost von etwa −40 Grad Celsius und besitzen selbst eine Körpertemperatur von etwa 40 Grad Celsius; Unterschiede von rund 80 Grad Celsius werden ohne Schaden ertragen. Der Sibirische Winkelzahnmolch lebt in einer Gegend, wo es im Winter kälter als −60 Grad Celsius werden kann. Im Labor können diese Tiere über viele Wochen bei −50 Grad Celsius leben. Dabei wird der Molch praktisch zu einem Eisklumpen, und sein Blut kann vollständig gefrieren.

Meerwasser gefriert wegen des Salzgehaltes erst bei etwa −1,9 Grad Celsius. Sowohl in der Arktis als auch in der Antarktis kann deshalb das Meerwasser eine Temperatur von weniger als 0 Grad Celsius besitzen. Fische aus diesen Weltgegenden verfügen in ihren Körperflüssigkeiten über Frostschutzmittel, die ihnen ein dauerhaftes Überleben gewährleisten und eine totale Vereisung verhindern. In der Arktis gibt es einen Laufkäfer, dessen Winterform Temperaturen von bis zu −35 Grad Celsius ertragen kann; in dieser Zeit bestehen die Zellen des Käfers zu 22 Prozent aus einem Frostschutzmittel. Die Sommerform dieses Käfers enthält in ihren Zellen nur noch 1 Prozent Frostschutzmittel und kann deshalb Temperaturen von weniger als −6,6 Grad Celsius nicht überleben. In Alaska können Stechmückenlarven sogar im Eis von gefrorenen Tümpeln überleben und im kurzen Sommer wieder unbeschädigt aufgetaut werden. Beim Einfrieren werden 90 Prozent des Wassers in den Stechmückenlarven zu Eis; würde das Wasser zu 100 Prozent zu Eis werden, müßten die Larven allerdings sterben. »Eiswürmer« in den kalten Zonen erleiden eine Art Hitzschlag, wenn die Temperaturen den Gefrierpunkt weit überschreiten. Manche Insekten der Polargebiete können von einem Menschen nicht ohne Schaden in die Hand genommen werden, weil die menschliche Körperwärme für sie zu hoch ist. Im Experiment wurden einzelne Zellen von höheren Lebensformen und auch komplette niedere Tiere in flüssigem Helium (−269 °C) eingeforen und lebten nach dem Auftauen munter weiter. Insbesondere in der Viehzucht werden Eizellen und Samenzellen in flüssiger Luft langfristig gelagert, ohne ihre Funktionen einzubüßen. Sogar Embryonen wurden schon über längere Zeit in flüssiger Luft eingefroren und entwickelten sich nach dem Auftauen ungestört weiter.

Neben den Anpassungsstrategien an große Hitze und Kälte hat sich die Natur auch wirkungsvolle Anpassungsstrategien an große Trockenheit einfallen lassen. Große Trockenheit ist äußerst lebensfeindlich, denn die Lebensmoleküle der Zellen funktionieren nur, wenn sie in Wasser gelöst sind. Nach einer Faustregel bestehen höhere Tiere etwa zu zwei Drittel aus Wasser, und nur wenige Arten können einen größeren Wasserverlust ertragen. Die Mehrheit der Säugetiere stirbt nach einem Verlust von etwa 20 Prozent des Gesamtwassers im Körper; das Dromedar ist hier robuster und kann bis zu 40 Prozent des Körperwassers ohne Schädigungen verlieren.

In den Wüsten der Erde fällt meist nur alle paar Jahre einmal Regen, dennoch sind Wüsten nicht völlig ohne Leben. Unter den höheren Tieren ist wohl die Känguruhratte Weltmeister in der Anpassung an die Trockenheit. Entgegen seinem Namen ist das Tier allerdings kein Beuteltier, sondern wird wie alle Ratten zu den Nagetieren gezählt. Eine Känguruhratte frißt trockene Samen und anderes trockenes Pflanzenmaterial und muß niemals trinken; sie bezieht ihr Wasser ausschließlich aus der Nahrung. Trotz ihres Lebens in der Wüste besitzen Känguruhratten keine Schweißdrüsen, denn sie würden bei deren Aktivitäten Wasser verlieren. Die Tiere sind nur in der Nacht aktiv und vergraben sich tagsüber im Wüstenboden. Das Geheimnis der Trockenanpassung liegt bei der Känguruhratte in den ungewöhnlich leistungsfähigen Nieren, sie geben den Urin mit hohen Salzkonzentrationen ab und verbrauchen dadurch kaum Wasser. Manche tierische Wüstenbewohner können den Harn im Extremfall sogar als Kristalle ausscheiden.

Paradoxerweise sind Säugetiere im Meer gezwungen, Strategien für eine Trockenanpassung zu entwickeln. Wale müssen zum Beispiel kaum trinken und beziehen ihren Wasserbedarf ebenfalls aus der Nahrung. Für den Menschen kann Meerwasser tödlich sein. Meerwasser hat einen Salzgehalt von 3,5 Prozent.

Um das Salz des Meerwassers aus seinem Körper zu entfernen, verliert der Mensch mehr Körperwasser, als er mit dem Meerwasser aufgenommen hat, denn seine Nieren können nur Urin mit einer Salzkonzentration von höchstens 2,2 Prozent ausscheiden. Schiffbrüchige, die Meerwasser trinken, verdursten deshalb besonders schnell, weil sie ihren Körper durch das Meerwasser entwässern.

Bei niederen Tieren und bei Pflanzen gibt es sogar Resistenzen gegen eine Austrocknung. Zahlreiche Arten von Flechten, Moosen oder Algen können fast zu Staub zerfallen und bleiben trotzdem am Leben. Das Moos Tortula muralis kann bis zu 14 Jahre im luftgetrockneten Zustand überleben. Pflanzensamen sind verpackte Pflanzenembryonen mit Vorratsstoffen und halten einen Weltrekord in der Austrocknungsresistenz. Der Samen der Lotospflanze bleibt bis zu 1000 Jahre keimfähig und damit am Leben; der Lotossamen muß sogar trocken bleiben, um nicht auszukeimen. Die mikroskopisch kleinen Bärtierchen können über Jahre praktisch zu Staub austrocknen, um dann bei günstigen Umweltbedingungen wieder zum Leben erweckt zu werden.

Genau wie der Wassermangel sind auch hohe Salzkonzentrationen für die Lebensmoleküle sehr schädlich, denn falsche Salzkonzentrationen bringen den Wasserhaushalt einer Zelle durcheinander. Seevögel und auch Meeresschildkröten besitzen Salzdrüsen, um überschüssige Salze auszuscheiden, und bei den Säugetieren im Meer sind die Nieren äußerst leistungsfähig. Pflanzen und Mikroorganismen können sich besser an hohe Salzkonzentrationen anpassen als Tiere. Manche Pflanzenarten wachsen sogar nur bei recht hohen Salzkonzentrationen im Boden und sind demzufolge hauptsächlich in den Küstenbereichen der Weltmeere anzutreffen. Im Toten Meer in Israel wachsen Algen noch bei einer Salzkonzentration von etwa 25 Prozent. Weltmeister in der Salzanpassung sind Mikroorganismen. Es gibt Bakterien, die in destilliertem Wasser munter am Leben bleiben, und es gibt Bakterien, die sogar auf trockenen Salzkristallen in Salinen wachsen.

Lebenspioniere

Mikroorganismen sind besser als alle höheren Lebensformen an ein Leben im Extrembereich angepaßt und damit echte Lebenspioniere, die immer wieder für die Ausbreitung von Leben Neuland erschließen. Ist zum Beispiel das Lava nach einem Vulkanausbruch erkaltet, sind es zuerst die Mikroorganismen, die aktiv werden. Sie sind die ältesten Lebensformen der Erde, und bei ihnen konnte die Evolution besonders viele Überlebensmöglichkeiten erproben. Wenn alles höhere Leben einmal von der Erde verschwunden sein wird, wird es immer noch Mikroorganismen geben. Auf Planeten mit einer extremen oder auch labilen Umwelt kann höchstens über Lebensformen auf der Grundlage von Mikroorganismen diskutiert werden. Auf der Erde gibt es Mikroorganismen, die ohne Sauerstoff existieren, für sie ist Sauerstoff sogar ein Gift. Ihre Energie beziehen sie aus der Chemosynthese. Bei einer Chemosynthese bauen die Mikroorganismen anorganische Verbindungen ab und sichern sich auf diese Weise den Lebenserhalt; sie benötigen dazu weder Licht noch Sauerstoff. Bei einer Gärung werden dagegen organische Verbindungen ebenfalls ohne Licht und Sauerstoff zum Lebenserhalt abgebaut.

Algen gehören zu den ältesten Lebensformen und zeigen bedeutende Entwicklungswege in der Entfaltung des Lebens auf der Erde an. Dazu gehören die Entwicklungsübergänge von den Zellen ohne Zellkern (Prokaryoten) zu den Zellen mit Zellkern (Eukaryoten), von den Pflanzen zu den Tieren und von den einzelligen zu den vielzelligen Lebensformen. Einige Grünalgen können sich sogar noch an ein Leben ohne Sauerstoff erinnern und wachsen noch heute in einer Atmosphäre aus elementarem Wasserstoff und Kohlendioxyd, wie sie auf der Erde vor Jahrmilliarden vorherrschte. Sie passen sich an diese uralte Umweltsituation an und schalten von der für grüne Pflanzen typischen Photosynthese auf die archaische Photoreduktion um. Während dieses aufwendigen Umschaltvorganges werden besondere genetische Informationen abgerufen, die von den Zellen schon weit über 2 Milliarden Jahre weitervererbt werden, ohne sie jemals aktuell zu benötigen. Die Algen produzieren nach dem Umschalten eine völlig neue Enzymgruppe, die vorher ihrem Stoffwechsel fremd war; die Hydrogenasen. Bei der Photoreduktion wird kein Sauerstoff freigesetzt. Für Hydrogenasen ist Sauerstoff sogar giftig, und ab einer Konzentration von einem Volumenprozent Sauerstoff werden sie inaktiv. Die Atmosphäre der Gegenwart enthält etwa 20 Prozent Sauerstoff. Hydrogenasen werden somit unter den heutigen Umweltbedingungen niemals aktiviert. Dennoch bleibt die Erinnerung der Algenzellen an die Frühzeit des Lebens wach, und sie behalten ihre Anpassungsstrategien an eine extreme Umweltsituation.

Unerreichbare Weltmeister in der Anpassung des Lebens an eine extreme Umwelt sind die einzelligen Archaebakterien oder Urbakterien. Sie verfügen über eine einzigartige Molekularbiologie, die die Wissenschaft veranlaßt hat, die Lebensformen der Erde in drei Hauptgruppen zu unterteilen: Eubakterien (allgemeine Bakterien und andere Lebensformen ohne einen Zellkern), Eukaryoten (Zellen mit einem Zellkern und damit alle höheren Lebensformen) und Archaebakterien. Die heutigen Archaebakterien werden als direkte Nachkommen der frühen Lebensformen auf der Erde angesehen. Ihr heutiger Lebensraum beschreibt gut die Umweltsituation auf der frühen Erde.

In Meereshöhe siedet bei 100 Grad Celsius das Wasser, und es können dann Eier gekocht werden. Das Kochen zerstört die biologischen Strukturen im Ei, und sie nehmen eine feste Form an. Die Temperatur von 100 Grad Celsius kann deshalb als lebensfeindlich und lebenszerstörend angesehen werden. Absolut lebensfeindlich ist sie allerdings nicht, denn Archaebakterien lassen sich von solchen Temperaturen nicht unterkriegen. Es gibt Arten von Archaebakterien, die erst bei Temperaturen von um die 100 Grad Celsius so richtig zu wachsen beginnen. Unterhalb von 60 Grad Celsius wachsen viele Archaebakterien überhaupt nicht mehr. Für die Mehrzahl der Archaebakterien ist Sauerstoff ein Gift. Wäre Sauerstoff in ihrem Lebensraum vorhanden, würden die Zellen sogar bei ihrer hohen Umwelttemperatur verbrennen.

Exotisches Leben auf der Erde

Ein Paradies für Archaebakterien sind Vulkangebiete mit kochend heißen Quellen. Durch die gelösten Schwefelverbindungen ist dort das Wasser manchmal so sauer, daß es Löcher in die Kleidung frißt. In diesem höllenähnlichen Lebensraum beziehen Archaebakterien ihre Energie nicht wie die grünen Pflanzenzellen aus dem Sonnenlicht, sondern direkt aus der Spaltung von anorganischen chemischen Verbindungen wie etwa Kohlensäure oder Schwefelverbindungen. Sie betreiben eine Chemosynthese, und das Endprodukt ihrer Stoffwechselaktivitäten ist das Gas Methan oder Schwefelverbindungen. Auf Island wachsen Archaebakterien noch bei 97 Grad Celsius in heißen Quellen. Auf dem Meeresgrund vor der italienischen Insel Vulcano wurden an vulkanischen Aushauchungen Archaebakterien gefunden, die bei über 100 Grad Celsius wachsen. Diese Pyrodictum-Arten aus der Hauptgruppe der Archaebakterien vermehren sich bei 110 Grad Celsius, weil der hohe Wasserdruck am Meeresgrund zelluläre Strukturen stabilisieren kann und dadurch Hitzeschäden vermeidet. Außerdem eilen die Zellen durch eine hohe Teilungsaktivität den Hitzeschäden praktisch davon, denn bevor sich großer Schaden anreichern kann, hat sich die Zelle bereits geteilt und ist in Tochterzellen übergegangen. In den Tiefen des pazifischen Ozeans ist der Wasserdruck schließlich weit höher als im Mittelmeer, so daß dort an den vulkanischen Aushauchungen auch Archaebakterien bei noch höheren Temperaturen wachsen können.

Im Jahre 1977 entdeckten Wissenschaftler bei Tauchfahrten etwa 320 Kilometer nordöstlich der Galapagos-Inseln erstmals in 2600 Meter Tiefe wahre Lebensoasen innerhalb der sonstigen Tiefseewüste. Diese Lebensoasen waren von vorher unbekannten Lebensformen bewohnt und vermittelten der Besatzung des Forschungsunterseebootes den Eindruck, als wären sie bei ihren Untersuchungen auf einem fremden Planeten gelandet. Im Zentrum einer Lebensoase in der Tiefsee stehen heiße Quellen, die vom Erdinneren aus in den Meeresboden einmünden. Gespeist werden die heißen Quellen durch das Auseinanderdriften der Kontinente in Verbindung mit der Kontinentalverschiebung.

Dabei reißt die Erdkruste auf, und es kommt zu Krustenneubildungen und zum Austritt von Lava. Das Wasser der Quellen in einer Lebensoase ist nach Messungen zwischen 350 und 360 Grad Celsius heiß, kann jedoch wegen des hohen Wasserdruckes am Meeresboden nicht kochen; außerdem ist es mit mineralischen Inhaltsstoffen übersättigt. Beim Kontakt mit dem Meerwasser kühlt das Thermalwasser rasch ab, so daß Mineralstoffe ausgefällt werden. Mit der Zeit entwickelt sich dann ein ständig wachsender Schornstein, aus dem Mineralwasser unter hoher Hitze und großem Druck austritt. In der Nachbarschaft dieser Schornsteine leben Milliarden und Billiarden von hitzestabilen Archaebakterien, deren Lebensgrundlage die zahlreichen Schwefelverbindungen aus der heißen Quelle bilden. Die Masse der Lebensformen ist bei diesen heißen Quellen größer als in den nährstoffreichen Küstengewässern.

Die riesige Anzahl der Archaebakterien macht allerdings nur einen Teil der Sensation der Lebensoasen in der Tiefseewüste aus. Wie dichte Wälder sind in der Umgebung der Schornsteine Ansammlungen von bis zu 3 Meter langen Röhrenwürmern im Boden verankert. Diese Röhrenwürmer mit dem zoologischen Namen Riftia besitzen eine ungewöhnliche Anatomie und bestehen hauptsächlich aus einem geschlossenen Sack ohne einen Inhalt von Organen. Am Vorderende jedes Wurms ragen kiemenartige Büschel aus dem Sack, mit deren Hilfe Sauerstoff, Schwefelverbindungen und Kohlendioxid aufgenommen werden. Ein einfacher aber wirkungsvoller Blutkreislauf transportiert die gelösten Stoffe in den Sack, wo sie von dichten Bakterienkolonien aufgenommen werden. Der Anteil der Bakterien an der Körpermasse eines Röhrenwurms liegt bei etwa 60 Prozent. Die Bakterien verarbeiten die Schwefelverbindungen in einer Chemosynthese, während der transportierte Sauerstoff für den Wurm selbst bestimmt ist. Der Röhrenwurm lebt von Nährstoffen aus diesen Bakterien und versorgt sie als Gegenleistung mit den aufgenommenen anorganischen Verbindungen; es herrscht also eine Symbiose, aus der nach der Definition jeder Partner seine Vorteile zieht. Zur gesicherten eigenen Versorgung und der Versorgung seiner Partner kann der Röhrenwurm auf raffiniert konstruierte rote Blutkörperchen zurückgreifen. Zahlreiche

Abb. 26 Riftia-Würmer auf dem Meeresboden; die Würmer sind ein Beispiel für exotisches Leben auf der Erde. Die Energie zum Erhalt der Lebensgemeinschaften auf dem Meeresboden kommt ausschließlich aus dem Erdinneren.

Schwefelverbindungen sind giftig, weil sie mit dem roten Blutfarbstoff Hämoglobin reagieren und dadurch den Sauerstofftransport blockieren. Das Hämoglobin des Röhrenwurms Riftia hat diese Giftwirkung entschärft, denn es besitzt sowohl Bindungsstellen zum Transport von Sauerstoff als auch Bindungsstellen zum Transport von Schwefelverbindungen. Somit werden gegenseitige Blockaden aufgehoben, und Ausfallerscheinungen bleiben aus.

Neben Riftia bilden in der Nachbarschaft der Schornsteine auch Muscheln eine Symbiose mit den schwefelverarbeitenden

Bakterien. Dabei leben die Bakterien in den Kiemen und werden von den Muscheln, die immerhin etwa 32 Zentimeter lang sind, mit Schwefelverbindungen versorgt. Das Blut der Muscheln enthält ein spezielles Transportprotein für die Schwefelverbindungen, so daß am Hämoglobin keine Konkurrenz zum Sauerstofftransport entsteht. Häufig graben sich die Muscheln noch mit ihrem Fußmuskel in den Meeresboden ein und können dann zusätzliche Schwefelverbindungen aufnehmen.

In dem reichen Ökosystem an den Thermalquellen der Tiefsee ist das Leben allerdings auch gefährlich, denn es gibt dort Raubtiere. Bestimmte Krabbenarten sichern ihren Lebensunterhalt, indem sie Riftia abweiden. Vor den für vielzellige Lebensformen gefährlichen Schwefelverbindungen schützen sie sich durch besondere Entgiftungsmechanismen in ihren Darmdrüsen.

Lebensoasen in der Tiefseewüste sind das einzige Ökosystem auf der Erde, das unabhängig von der Sonne funktioniert. Die Lebensoasen beziehen ihre Energie ausschließlich aus dem heißen Erdinneren und sind somit terrestisch und nicht solar wie die grünen Pflanzen orientiert. Von der Sonne unabhängige Ökosysteme gibt es auf der Erdoberfläche nicht. Grüne Pflanzen verwerten die Sonnenenergie, und der Mensch, die Tiere und alle anderen Lebensformen ohne Photosynthese oder Chemosynthese haben die grünen Pflanzen auf direkten oder indirekten Wegen als ihre Existenzgrundlage.

Die seltsame Welt der Lebensoasen in der Tiefseewüste vermittelt ein Bild über Lebenssituationen auf einem warmen Planeten und zeigt, daß hohe Temperaturen von den Lebensfunktionen, wie sie auf der Erde vorherrschen, gemeistert werden können. Vorausgesetzt, die Energiezufuhr hält kontinuierlich an, spielt es keine Rolle, von wo die Energie zum Lebenserhalt kommt. Leben könnte deshalb auch in den Tiefen eines Planeten entstehen. Planeten mit einem großen und flüssig-heißen inneren Kern könnten einen langfristigen Lebenserhalt auch ohne Sonne garantieren.

Ein Modell für denkbare Lebenssituationen auf einem kalten Planeten kann die Antarktis verdeutlichen. Die mörderische Kälte der Antarktis läßt im Landesinneren nur einfache und robuste Lebensformen zu. Leben klammert sich in der Antarktis an Felsritzen und an den Boden von Seen aus Schmelzwasser, die erstaunlicherweise meist nur an der Oberfläche zufrieren. Felsen sind an ihrer Oberfläche am Südpol steril, doch sie sind gleichzeitig auch porös und von zahlreichen kleinen Gängen durchsetzt. In den eisfreien Felsen des McMurdo-Hochlandes konnte sich zum Beispiel in feinen Ritzen eine reiche Lebensgemeinschaft aus Mikroorganismen festsetzen. Die hauchdünnen Felsschichten über ihnen wirken in dieser unwirtlichen Gegend wie ein Schutzschild, der die wenige Wärme der Sonne sammelt und das Schmelzwasser festhält. In den Felsritzen herrscht deshalb ein Mikroklima, das sich lebensfreundlicher verhält als das Gesamtklima der Antarktis mit seiner mörderischen Kälte, seiner Trockenheit und seiner scharfen Stürme. Robuste Mikroorganismen können gut in den Felsritzen überleben, und ihr Ökosystem wird von manchen Forschern als ein exobiologisches Modell für den Planeten Mars angesehen.

Auf dem Grund von Schmelzwasserseen in eisfreien Gegenden der Antarktis konnten Lebensgemeinschaften von Mikroorganismen sogar ausgedehnte Bewuchsmatten bilden. In Schmelzwasserseen am Fuß des Hatherton-Gletschers unterhalb des Berges Mount Ash verleihen Cyanobakterien dem Wasser sogar einen rosaroten Farbton. Cyanobakterien sind wahre Überlebenskünstler und echte Pioniere, ihre Ahnen haben einst die Photosynthese erfunden und damit die Lebensfülle auf dem Planeten Erde erst möglich gemacht. Früher hießen die Cyanobakterien auch »Blaualgen«, allerdings sind sie keine höheren Lebensformen, denn in ihren Zellen fehlt der Zellkern. Der rosarote Farbstoff übernimmt für die Cyanobakterien eine Schutzfunktion und ist Teil der Überlebenskunst. Er vermindert die schädliche Wirkung des ultravioletten Anteils im Sonnenlicht für die Zelle und reduziert gleichzeitig die Reflektion des Sonnenlichts wie beim Schnee oder beim Eis. Durch die verminderte Reflektion des Sonnenlichts erwärmt sich der direkte Lebensraum stärker als die vereiste Umgebung. Die Cyanobakterien am Mount Ash in der antarktischen Kältewüste sind sicherlich die südlichsten und wahrscheinlich die widerstandsfähigsten Lebensformen der Erde.

Sogar die Sedimente im Erdinneren können die Heimat von unterschiedlichen Lebensformen sein. In Bohrkernen aus 300 Meter Tiefe können nicht nur Bakterien, sondern auch Pilze oder Einzeller wie Amöben und Pantoffeltierchen gefunden werden. Wie die Lebensformen so tief in das Gestein eindringen konnten, ist noch wenig geklärt. Es überwiegen die Lebensformen, die zum Lebenserhalt Sauerstoff benötigen. Durch feinste Bodenrisse kann somit die Luft in beträchtliche Tiefen vordringen. Das Leben in der Tiefe zeigt an, wie anpassungsfähig doch die Mikroorganismen der Erdoberfläche sind. Lebensformen, die bei einer Sedimentbildung verschüttet werden, müssen wahrscheinlich nicht alle in ihrer neuen Umwelt untergehen. Sie können eigene Welten entwickeln, wenn das Regenwasser genügend Aufbau- und Energiestoffe zuführt.

Grenzen des irdischen Lebens

Das Leben in Extrembereichen zeigt die breite Skala der Anpassungsmöglichkeiten des Lebens auf der Erde an. Lebensformen können auch an Orten nachgewiesen werden, wo sie spontan niemand vermuten würde. Kochend heiße Quellen sind zwar für den Menschen, aber noch lange nicht für das Leben schädlich. Es gilt die Faustregel, daß bei hochentwickelten Lebensformen die Grenzen der Lebensfunktionen stets enger gezogen sind als bei den scheinbar einfachen Lebensformen. Bakterien können zum Beispiel unter Umweltbedingungen leben, vor denen der Mensch schon lange vorher kapitulieren mußte. Entscheidend für die Grenzen der Lebensfunktionen ist der Zustand der Lebensmoleküle bei den unterschiedlichen Umweltsituationen. Dabei zeigen die Aktivitäten des genetischen Informationsspeichers (DNS) und die Funktionsfähigkeit der Syntheseapparate einer Zelle als letzte Instanz die Endpunkte für das Leben an. Lebensmoleküle können ihre Aktivitäten nur entfalten, wenn ihre eigenen Strukturen und ihre kleine Umwelt innerhalb der Zelle stabil sind. Während seiner Evolution hat das Leben zahlreiche Tricks gefunden, um die innere Stabilität einer Zelle auch in extremen Umweltsituationen zu erhalten. Aufwendige Funktionssysteme haben zum Beispiel in der Zelle nur die Aufgabe, die DNS zu überwachen und mögliche Schäden zu reparieren. Dennoch kennen auch diese innere Stabilität und ihre raffinierten Erhaltungsmechanismen ihre Grenzen, und diese Grenzen weisen auf das absolute Ende von Lebensfunktionen hin.

Wasser ist eines der wichtigsten Lebensmoleküle, denn alle biologisch aktiven Makromoleküle und Strukturen können nur in einem gelösten Zustand innerhalb ihrer speziellen zellulären Räume funktionieren. Sie müssen in ihren Aktivitätsräumen schwimmen, um stetig und schnell in eine Wechselbeziehung treten zu können. Leben in einem festen Körper wie etwa Kristalle ist nicht möglich, weil notwendige Wechselbeziehungen zuviel Zeit beanspruchen würden oder überhaupt nicht durchführbar wären. Für die Aufgabe, die Lebensmoleküle »schwimmen« zu lassen, ist allerdings ein bestimmter Aggregatzustand des Wassers eine absolute Voraussetzung: Wasser muß zum Lebenserhalt immer flüssig sein. Dabei wird die Temperatur des flüssigen Wassers von den einzelnen Lebensformen unterschiedlich toleriert. Archaebakterien vertragen sehr heißes zelluläres Wasser recht gut, und bei Lebensformen in den Polargebieten helfen Frostschutzmittel, das Wasser der Zellen auch unterhalb des Gefrierpunktes flüssig zu halten. Nicht mehr mit dem Leben vereinbar ist der dampfförmige und der eisförmige Zustand des Wassers innerhalb einer Zelle. Wasserdampf erfordert einen wesentlich größeren Raum als flüssiges Wasser und würde die Zelle sprengen. Eis zeichnet sich wiederum durch Kristallbildungen aus, die zur Zerstörung von Feinstrukturen innerhalb der Zelle führen. Allein Anzeichen von Wasserdampf und Anzeichen einer Eisbildung können in Zellen Schäden hervorrufen, die nicht mehr umkehrbar sind und zum Zelltod führen. Hitze von weit über 100 Grad Celsius und ein Außendruck, der Wasserdampf nicht wieder in den flüssigen Aggregatzustand zurückführen kann, sind für das Leben absolut tödlich, ebenso wie sehr tiefe Temperaturen unterhalb von 0 Grad Celsius, die sogar biologische Frostschutzmittel unwirksam machen.

Die Oberfläche des Planeten Mars ist für die Ausprägung von Leben, das dem irdischen Leben ähnelt, zu kalt, denn das Wasser innerhalb der Zellen würde immer Eis bleiben. Die niedrigste Oberflächentemperatur des Mars beträgt −85 Grad Celsius und die höchste Oberflächentemperatur −28 Grad Celsius; an den Polen sinkt die Temperatur sogar bis auf −123 Grad Celsius und tiefer ab. Auf dem Planeten Venus gleicht dagegen die Oberfläche einem Höllenofen, und Wasser könnte dort in einer Zelle niemals flüssig sein. Der Luftdruck ist auf der Venusoberfläche etwa 100mal so hoch wie auf der Erdoberfläche, könnte also stabilisierend wirken, die mittlere Temperatur aber beträgt etwa +480 Grad Celsius. Auf der Oberfläche von Mars und Venus ist ein dauerhaftes Leben, das nach einer irdischen Biochemie funktioniert, nicht vorstellbar.

Bei einzelnen Zellen aus einem Organismus, bei einzelligen Lebensformen und auch bei kleinen Tieren und Pflanzen können allerdings mit Hilfe von technischen Tricks Abkühlungen bis zum Temperaturbereich von flüssiger Luft durchgeführt werden, ohne daß die Zellen einen dauerhaften Schaden erleiden. Die Zellen bilden bei dieser Gefriertechnik keine Eiskristalle im zellulären Wasser und erleiden deshalb auch keine Schädigungen der zellulären Strukturen. Das Leben wird bei dieser Gefriertechnik schlagartig angehalten und geht in einen latenten Zustand über; Lebensäußerungen finden dann nicht mehr statt. Nach dem Auftauen läuft die Lebensuhr wieder weiter, als wäre nichts geschehen. Diese Gefriertechnik gelingt nur bei kleinen Volumina, was für einzelne Zellen oder relativ kleine Lebensformen zutrifft. Manche Menschen haben sich inzwischen nach ihrem Tod einfrieren lassen und hofften dabei, daß sie bei einem Fortschritt der medizinischen Erkenntnisse wieder aufgetaut werden könnten und sich ihre tödliche Erkrankung dann heilen lassen würde. Diese Vorstellung ist eine Illusion: Das Volumen eines Menschen ist viel zu groß, um wirklich alle Zellen in kürzester Zeit gleichzeitig einzufrieren.

Ebenfalls mit dem Leben nicht mehr zu vereinbaren ist eine mangelhafte Konzentration des Wassers innerhalb der Zelle. Die Lebensformen benötigen deshalb in ihrem Lebensraum stets eine bestimmte Luftfeuchtigkeit, um das Austrocknen ihrer Zellen zu verhindern. Verschiedene Pflanzen und Tiere haben hier phantastische Tricks gefunden, um das Austrocknen zumindest zu verlangsamen. Bei Lungenfischen und manchen Kriechtieren gibt es einen Sommerschlaf, um den Stoffwechsel zu reduzieren und den Wasserverbrauch zu vermindern. Pilze und Bakterien sind Meister in der Anpassung an eine geringe Feuchtigkeit ihres Lebensraumes. Der Pilz Xeromyces bisporus wächst noch bei einer relativen Feuchte von 60 bis 65 Prozent. Werte, die tiefer liegen, können vermutlich von keiner Lebensform ertragen werden. Ein Überleben ohne aktuelle Lebensaktivitäten ist dagegen auch bei extremer Trockenheit für Mikroorganismen möglich. Bakterien und Sporen von Pilzen können in der Trockenheit des Weltraums für einige Zeit in einen latenten Lebenszustand verfallen, und manche Sporen ertragen auch für einen gewissen Zeitraum das Vakuum des Weltraums. Aus dieser Widerstandsfähigkeit wurde auch, wie bereits erwähnt, die Überlegung abgeleitet, Leben könnte vielleicht einmal aus dem Weltraum zufällig auf die Erde vorgedrungen sein. Wegen der wahrhaft gigantischen Entfernungen des Weltraums ist diese Überlegung unwahrscheinlich; mögliche Lebensformen wären unter den tödlichen Weltraumbedingungen wahrscheinlich Jahrmillionen unterwegs, was auch die besten Überlebenskünstler nicht aushalten.

Zum Erhalt der Lebensfunktionen müssen die Werkzeuge der Zellen in einem optimalen Gebrauchszustand sein und dürfen keine Abnutzungserscheinungen zeigen. Insbesondere Enzyme, die zu den Proteinen gehören und die wichtigsten zellulären Werkzeuge bilden, erhalten ihre hohe Funktionsspezifität durch eine besondere Raumstruktur, die sich während ihres Gebrauchs nicht verändern darf. Stabilisiert wird die Raumstruktur durch Wasserstoffbrückenbindungen zwischen den Aminosäuren der Proteine. Wasserstoffatome der unterschiedlichen Aminosäuren treten dabei innerhalb der Aminosäurenkette eines Proteins mit spezifischen Partnern in eine Wechselbeziehung und garantieren, ähnlich wie bei Verstrebungen in der Architektur, eine besondere Raumstruktur. Das räumliche Gebilde ist dann so stabil, daß es wie ein Werkzeug eingesetzt werden kann und im bildlichen Sinn sogar in der Lage ist, die Funktion eines Hammers zu übernehmen.

Die Stärke einer Wasserstoffbrückenbindung ist von der Temperatur abhängig und wird in hohen Temperaturbereichen immer schwächer. Im bildlichen Sinn wird der Hammer zur Butter und verliert seine Schlagwirkung. Ab einer kritischen Temperatur sind Wasserstoffbrückenbindungen schließlich völlig aufgelöst, und das Protein verliert seine spezifische Raumstruktur; es denaturiert und kann innerhalb der zellulären Funktionen nicht mehr eingesetzt werden. Die Zelle hat nun zum Lebenserhalt keine Werkzeuge mehr, Stoffwechselkreisläufe brechen jetzt zusammen, und die Zelle stirbt ab. Bei niedrigen Temperaturen laufen dagegen chemische Reaktionen zum Lebenserhalt zu langsam ab, und das Leben erlischt, weil die zellulären Stoffwechselkreisläufe zu langsam werden. Chemische Reaktionen sind nach den Naturgesetzen in ihrer Geschwindigkeit temperaturabhängig, und die Naturgesetze gelten auch für die Biochemie der lebenden Zellen.

Säugetiere und Vögel haben eine gleichbleibende Körpertemperatur, die ihnen stets eine optimale Stoffwechselleistung garantiert. Auf diese Weise können sie sofort und ohne Verzögerungen reagieren. Zum Erhalt der gleichbleibenden Körpertemperatur ist jedoch ein beachtlicher Energieeinsatz notwendig. Ohne Kleidung fühlt sich zum Beispiel der Mensch nur in dem Temperaturbereich zwischen 27 Grad und 31 Grad Celsius körperlich wohl und verändert nicht seine Körpertemperatur, weil die Wärme des normalen Stoffwechsels ausreicht, um die Körpertemperatur zu halten. Ist es kälter als 27 Grad Celsius, verliert der Mensch mehr Wärme, als er mit seinem Stoffwechsel produziert; er aktiviert seinen Stoffwechsel und beginnt unbewußt zu zittern, um Wärme zu erzeugen. Liegt der Temperaturbereich seiner Umgebung oberhalb von 31 Grad Celsius, kann die Wärme seines Stoffwechsels nicht sofort abgeleitet werden, und er beginnt zu schwitzen, um Verdunstungskälte zu produzieren. Wechselwarme Lebensformen wie etwa Reptilien haben dagegen ihre Körpertemperatur an die Temperatur ihrer Umgebung angepaßt. Bei großer Kälte sind sie träge und wenig aktiv, da ihr Stoffwechsel nicht mobilisiert werden kann; in solchen Situationen können sie leicht ihren Feinden zum Opfer fallen. Große fliegende Insekten benötigen an kühlen Tagen für den Körper eine regelrechte Vorwärmzeit, in der sie mit den Muskeln zittern. Erst wenn der Körper aufgewärmt ist, können sie dann zum Flug starten und aus der Flugmuskulatur die optimale Leistung herausholen. Bei großer Kälte können Insekten durchaus im Flug abstürzen, weil der Stoffwechsel nicht auf voller Leistung gehalten werden kann.

Große Schäden entstehen in einer Zelle durch energiereiche Strahlungen, deren Intensität für das Leben eine scharfe Grenze vorzeichnet. Leben konnte sich auf der Erde nur stabilisieren und fortentwickeln, weil die Ozonschicht der Stratosphäre energiereiche Weltraumstrahlungen abschirmt. Energiereiche Strahlungen zerreißen durch ihren hohen Energieanteil Makromoleküle, so daß insbesondere die sehr große Nucleinsäure gefährdet ist. Dem Menschen fehlen die Sinnesorgane für energiereiche Strahlungen. Unsere Augen können nur das sichtbare Licht empfangen, aber nicht die Radioaktivität, die massiv unsere Zellen schädigt. Auch bei den energiereichen Strahlungen sind Mikroorganismen wieder wesentlich robuster als der Mensch oder die Säugetiere. Das Bakterium Mikrococcus radiodurans verträgt zum Beispiel eine 10 000mal höhere Strahlenbelastung als der Mensch und wird sicherlich jeden Atomkrieg überstehen. In einem vielzelligen Organismus wie etwa dem Menschen kann eine hohe Strahlenbelastung auch zur Entwicklung von Krebserkrankungen führen.

Hitze von weit über 100 Grad Celsius oder große Kälte von weit unter 0 Grad Celsius sowie extreme Trockenheit und vor allen Dingen eine hohe Belastung mit energiereichen Strahlungen zeichnen die Grenzen der Lebensfunktionen vor. Es ist deshalb bereits von der Erde aus möglich zu schätzen, ob ein Planet Träger von Leben sein könnte oder nicht. Der Planet Venus scheidet wegen seiner hohen Temperaturen als potentieller Träger von Leben aus, und auf dem Mars ist ebenfalls in der aktuellen Umweltsituation kein Leben vorstellbar. Es wird allerdings diskutiert, daß der Mars vielleicht doch einmal vor Jahrmilliarden primitive Formen von Leben besaß, die heute fossil nachweisbar sein könnten. Alle anderen Planeten im Sonnensystem liegen außerhalb der lebensfreundlichen Temperaturzone der Sonne und scheiden schon aus diesem Grund als mögliche Träger von Leben aus. Zumindest in seinem Sonnensystem ist der Mensch als intelligente Lebensform auf dem wasserreichen Planeten Erde allein. Auf dem Mond gab es noch nicht einmal den Ansatz einer Lebensentwicklung, denn es fehlte dort der Kohlenstoff. Nach neueren Erkenntnissen haben Mond und Erde wahrscheinlich sogar einen unterschiedlichen Ursprung. Möglicherweise wurde der Mond vor Jahrmilliarden vom Schwerefeld der Erde eingefangen und dann in eine Umlaufbahn gezwungen. Durch die regelmäßige Ebbe und Flut wurde anschließend die Ursuppe permanent durchgerührt.

Ausblick

Nach Jahrmilliarden der Lebensentwicklung hat die Evolution auf der Erde im molekularen Bereich eine gewisse Endstufe gefunden. Das Bauprinzip Zelle hat sich so gut bewährt, daß nicht mehr neuartige molekulare Strukturen entwickelt werden, sondern bereits vorhandene Strukturen immer wieder eine Modifikation erfahren. Inzwischen läuft die Evolution mehr auf der Ebene der Zellen und Organismen und weniger auf der Ebene der Moleküle. Umweltsituationen, die für das irdische Leben erschließbar waren, sind dabei erschlossen worden; heute gibt es auf der Erde kaum einen Ort ohne Lebensformen. Über den zukünftigen Weg der Evolution kann dennoch keine Aussage gemacht werden, da der Evolution prinzipiell viele Entwicklungswege zur Verfügung stehen und immer nur einer ausgewählt wird. Unvorhersehbare Wege sind möglich; ein Riesenmeteorit könnte beispielsweise die gesamte Menschheit ausrotten. Die Umweltbelastungen der Gegenwart werden wahrscheinlich zu einer Lebensverarmung führen, die solange anhält, bis sich die Lebensformen an die geänderten Umweltbedingungen anpassen konnten. Ironischerweise ist gerade der Mensch als Verursacher der Umweltbelastungen mit am stärksten gefährdet. Er ist in seinen Überlebensstrategien wenig variabel, und es ist nicht unwahrscheinlich, daß der Mensch in Zukunft vielleicht einmal an den von ihm selbst ausgelösten Umweltveränderungen zugrunde gehen wird. Das Leben und die Lebensentwicklung werden durch ein solches Ereignis unbeeinträchtigt bleiben; die

Evolution wird dann einfach über die Spezies Mensch hinweggehen. Nach einem ganz allgemeinen Erfahrungswert existiert auf der Erde eine Art etwa 3 Millionen Jahre, danach geht sie unter oder in anderen Arten auf. Manche Fachleute spekulieren, daß in Jahrmillionen vielleicht einmal die Insekten die Erde dominieren. Sie erscheinen in ihren Entwicklungsstrategien vitaler und flexibler als der Mensch und die Säugetiere.

Leben nach den Baustrukturen und Funktionsprinzipien des Lebens auf der Erde wird in einem fremden Sonnensystem nur auf erdähnlichen Planeten existieren können. Es ist allerdings auch denkbar, daß auf erdähnlichen Planeten die chemische Evolution zur Lebensentwicklung zu anderen Ergebnissen kommt als auf der Erde. Das Bauprinzip Zelle wird mit großer Wahrscheinlichkeit auch in einer fremden Umwelt erhalten bleiben, nur, es kann nach anderen Mechanismen arbeiten als auf der Erde. Zumindest theoretisch gibt es auch die Möglichkeit, daß sich Leben auf einer anderen stofflichen Grundlage als auf der Erde entwickeln könnte; Kohlenstoff wäre dann nicht mehr die zentrale Bausubstanz der Lebensmoleküle und Wasser nicht mehr das zentrale Lösungsmittel für Lebensfunktionen. Bei einer abgeänderten stofflichen Grundlage könnte dann das Leben auch Planeten erobern, die sich von der Erde unterscheiden und vielleicht ein wenig wärmer oder ein wenig kälter als der blaue Planet sind. Die universelle Gültigkeit der Naturgesetze wird allerdings auch hier die Grenzen vorgeben. Die folgenden Kapitel beschäftigen sich mit dem vielleicht faszinierendsten Bereich der Exobiologie, dem spekulativen Leben, Leben, wie es zwar nicht existiert, aber dennoch möglicherweise existieren könnte. Bei dem Erfindungsreichtum der Natur halten die Weiten des Weltraums vielleicht Überraschungen bereit, die jede menschliche Phantasie übersteigen.

Spekulatives Leben

Erste Lebenslinien

Das Leben auf dem Planeten Erde zeichnet sich trotz der zahllosen Variationsmöglichkeiten seiner Strukturen und Funktionen durch eine bemerkenswerte Einheitlichkeit aus. Der genetische Code und die Apparate zur Proteinsynthese sind zum Beispiel bei allen Lebensformen gleich. Auf subzellulärer Ebene sind die Lebensformen trotz ihrer sonstigen Vielfalt weitgehend einheitlich. Zwischen den Bakterien und dem Blauwal sowie zwischen einfachen Algen und den riesigen Mammutbäumen gibt es in den Funktionen, die über den genetischen Code gesteuert werden, kaum nennenswerte Unterschiede. Jede Aminosäure ist im genetischen Code durch drei DNS-Bausteine repräsentiert, und in der Informationsverarbeitung nimmt sich keine einzige Lebensform eine Sonderstellung heraus. Alle Zellen verwenden für die Synthese ihrer Proteine ausschließlich linksdrehende Aminosäuren (L-Aminosäuren) und für die Synthese ihrer Nucleinsäuren ausschließlich rechtsdrehende Zucker (D-Zucker). Es scheint, daß sich die Evolution des Lebens heute hauptsächlich damit beschäftigt, bewährte Grundstrukturen zu variieren und ihre Wirkung in einer jeweils neuen Zusammensetzung auszuprobieren. Die Molekularbiologie der Zelle hat dagegen in ihrem Entwicklungsstand heute eine gewisse Endstufe erreicht.

Vor der abschließenden Erfindung der Molekularbiologie des heutigen Lebensbausteines Zelle gab es mit großer Wahrscheinlichkeit auf der Erde eine Fülle von verwandten Lebensbausteinen mit einer eigenen Molekularbiologie. Die Lebensbausteine lagen untereinander in einem strengen Wettbewerb und machten sich gegenseitig bei der Jagd nach verwertbaren Energiestoffen und Aufbausubstanzen das Leben schwer. An unumkehrbaren Kreuzungspunkten der Lebensentwicklung entschied dann die effektivste Molekularbiologie das Rennen; auf diese Weise setzten sich vielleicht die linksdrehenden Aminosäuren in den Proteinen und die rechtsdrehenden Zucker in den Nucleinsäuren durch. Andere Arten einer Molekularbiologie als die gegenwärtige konnten sich nicht erhalten und gingen unter. Sie haben mit großer Wahrscheinlichkeit existiert und würden bestimmt auch die heutige Wissenschaft faszinieren, da sie alternative Modelle zu den gegenwärtigen Lebensvorgängen bieten könnten. Aber es ist müßig, über sie zu spekulieren, denn der Erfindungsreichtum der Natur übersteigt die menschliche Vorstellungskraft und läßt Entwicklungswege zu, die sich der Mensch nicht vorstellen und ausdenken kann. Der Mensch ist nun einmal selbst ein Produkt der Evolution, und seine Denkschemata stellen ebenfalls eine Stufe in der Evolution des Denkens dar; der Mensch ist in seiner Evolution gefangen, und seine Konstruktionsprinzipien sind exakt in seine Evolution eingepaßt. Die Gesetze der Physik und Chemie, denen die Moleküle des Lebens unterliegen, lassen allerdings im Prinzip auch biologische Gesetzmäßigkeiten zu, die sich von den tatsächlich existierenden biologischen Gesetzmäßigkeiten unterscheiden.

Der Weg zur heute gültigen Molekularbiologie wurde während der Frühzeit des Lebens auf der Stufe der Eobionten eingeschlagen; Eobionten sind die unmittelbaren Vorfahren der gegenwärtigen Zellen in der Evolution gewesen. Die Eobionten selbst können wieder von den Protobionten abgeleitet werden. Protobionten waren nach der Theorie die ersten zellulären Lebensformen überhaupt und sicherlich noch voller Konstruktionsmängel. Ihr Aufbau wurde vermutlich stark vom Zufall bestimmt, und es konnte passieren, daß eine Protobiontenzelle viele funktionslose oder sogar störende Bestandteile enthielt. Eobionten bildeten im Vergleich zu den Protobionten eine weit fortgeschrittene Stufe in der Lebensentwicklung, denn sie waren in ihren Funktionen beständig, und funktionslose zelluläre Bestandteile kamen bei ihnen sicherlich nur in Ausnahmefällen vor. Alle Eobiontenstämme besaßen möglicherweise einen funktionsfähigen genetischen Code und einen Syntheseapparat zur Umsetzung der genetischen Informationen in diesem Code. Vor allen Dingen mußten Eobionten in der Lage gewesen sein, sich selbst identisch zu reproduzieren. Sie kannten die Zellteilung und waren damit bereits höher entwickelt als die besten Computer in unserer Zeit. Kein Computer ist fähig, sich sozusagen unabhängig vom Menschen zu »vermehren«, stets muß er vom

Menschen gebaut werden. Bei Protobiontenzellen hat vermutlich die Zellteilung noch nicht richtig funktioniert, und es könnte denkbar gewesen sein, daß Tochterzellen plötzlich nicht mehr lebensfähig waren, weil wichtige Strukturen und Informationen der Mutterzelle im Verlauf der Zellteilung abhanden kamen. Auf der Stufe der Protobionten war die Natur mit dem heutigen technischen Standard vergleichbar; sie produzierte Ausschuß. Heute ist die Natur mit ihren Lebensformen so perfekt durchkonstruiert, daß es in den Abläufen der Lebensfunktionen keinen Ausschuß mehr gibt.

Als auf der frühen Erde die Entwicklungsstufe der Protobionten ihr Ende fand, gab es vermutlich viele parallele Eobiontenstämme, mit deren Molekularbiologie die Evolution damals noch eifrig experimentierte. Möglicherweise zeichnete sich sogar jeder einzelne Eobiontenstamm durch eigene molekulare Strukturen und Gesetzmäßigkeiten aus. Aber die Eobiontenstämme gingen alle mit der Zeit unter, bis auf einen. Aus einer wahrscheinlich recht großen Zahl von Eobiontenstämmen überlebte nur ein einziger Stamm: Er besaß den genetischen Code und die Syntheseapparate der gegenwärtigen Lebensformen und war somit supermodern. Alle heutigen Lebensformen stammen, glaubt man nicht an eine Lebensübertragung durch intelligente Außerirdische, von diesem einen Eobiontenstamm ab, denn heute ist die Molekularbiologie bei den Lebensformen weitgehend einheitlich. Mit diesem Eobiontenstamm begann die eigentliche Evolution des Lebens auf dem Planeten Erde. Warum gerade dieser und kein anderer Eobiontenstamm zum Urahnen der heutigen Lebensformen wurde, läßt sich nicht nachvollziehen. Vielleicht gab es einst sogar noch »bessere« Eobiontenstämme als der Urahne des gegenwärtigen Lebens, und nur der Zufall wollte es, daß der genetische Code heute so konstruiert ist, wie er sich nun einmal der Wissenschaft darbietet. Die chemische Evolution und das Zeitalter der Protobionten sowie der Eobionten mußten weit weniger als eine Milliarde Jahre in Anspruch genommen haben. Manche Wissenschaftler empfinden diese Zeit als unglaublich kurz, um so komplexe Strukturen wie Zellen zu entwickeln, aber es gilt zu bedenken, daß viele Entwicklungswege parallel verlaufen konnten und sich immer nur geeignete Partner finden mußten. Der Zeitaufwand ist ein Unsicherheitsfaktor in der Interpretation der frühen Lebensentwicklung.

Sollten sich tatsächlich auf einem fremden Planeten mit lebensfreundlichen Umweltbedingungen einmal Eobionten oder Eobionten-ähnliche Zellen entwickeln, dann ist nicht ausgeschlossen, daß völlig andere Eobiontenstämme als auf der Erde die Oberhand gewinnen könnten. Bei außerirdischen Lebensformen muß der genetische Code nicht zwangsläufig so funktionieren wie auf der Erde, und auch die Syntheseapparate zur Umsetzung von genetischen Informationen könnten prinzipiell anders arbeiten. Im Doppelstrang-Molekül der irdischen DNS verlaufen die beiden Einzelstränge antiparallel; sie kommen sich also entgegen. Sie könnten auch parallel verlaufen, was ein einfacheres Konstruktionsprinzip wäre, auf der Erde allerdings nicht eingesetzt wurde.

Science-fiction-Autoren erfinden meist außerirdische Lebensformen, die mehr irdischen Mißgeburten als hochentwickelten lebendigen Wesen gleichen. Ist der Autor zusätzlich besonders phantasiebegabt, dann setzt er manchmal seine Außerirdischen aus kombinierten anatomischen Elementen von Insekten, Reptilien, Vögeln oder sogar Pflanzen zusammen, aber niemand garantiert ihm, ein realistisches Lebensmodell gefunden zu haben. Wahrscheinlich würden seine erfundenen Lebewesen noch nicht einmal biologisch funktionieren, geschweige denn, in der Lage sein, technische Apparate zu entwickeln und zu bedienen. Eine große Mehrheit von Science-fiction-Autoren besitzt keine soliden wissenschaftlichen Vorkenntnisse, so daß bei der Beschreibung der denkbaren Außerirdischen viel Unsinn produziert wird; es wird wacker gegen Naturgesetze verstoßen, was auch im entferntesten Weltraum unmöglich ist. Natürlich gibt es auch Ausnahmen und wissenschaftlich fundierte Beschreibungen, wie etwa durch den amerikanischen Autor Isaak Asimov, der neben seiner Autorentätigkeit noch Professor der Biochemie gewesen ist. Die menschliche Phantasie wird an den irdischen Lebensformen geschult, und es fehlt dem Menschen wahrscheinlich die Vorstellungskraft, denkbare Lebensformen außerhalb der irdischen Norm realistisch zu ersinnen. Für menschliche

Vorstellungen mag ein Autor phantasievoll sein, vom Standpunkt der Natur aus gesehen, ist er völlig phantasielos. Vage Hinweise auf das Aussehen einer möglichen außerirdischen Intelligenz mit einem technischen Talent ergeben sich allein aus funktionellen Eigenarten: Eine technische Intelligenz wird Körperteile besitzen, um Werkzeuge herzustellen und zu bedienen, daneben wird sie räumlich sehen und denken können. Delphine sind beispielsweise sehr kluge Tiere, technische Aktivitäten werden sie allerdings niemals entfalten können, denn es fehlen ihnen die Hände. Eigenschaften einer technischen Intelligenz können im Prinzip über eine Vielzahl von anatomischen und physiologischen Voraussetzungen entwickelt werden, die sich durchaus von den einst vorgegebenen irdischen Voraussetzungen zur Entwicklung des Menschen unterscheiden. Huldigt ein Science-fiction-Autor noch dem irdischen Ideal von Schönheit oder Häßlichkeit, dann wären seine Figuren weniger Bewohner von fremden Planeten, sondern würden mehr das Innenleben des Autors reflektieren.

Fremdartige Lebensfunktionen

Eine fremdartige Biochemie auf der Basis von irdischen molekularen Bauprinzipien ist für einen Wissenschaftler sehr reizvoll, denn er kann dabei so richtig in seinen Hypothesen schwelgen und sich über ein »was wäre wenn«-Gefühl zum Lebensschöpfer aufschwingen. Unter einer Berücksichtigung der Naturgesetze könnten sich in solchen Fällen durchaus Modelle ergeben, die »funktionieren« würden. Eine letzte Bestätigung für eine tatsächliche Funktionsbereitschaft wäre allerdings niemals zu erreichen. Denkmodelle können mit Voraussetzungen arbeiten, die in einem irdischen Labor experimentell nicht zu belegen sind.

Lange Ketten aus Kohlenstoffatomen sind das Rückgrat der irdischen Lebensmoleküle. Diese Ketten falten sich zu Raumstrukturen und erhalten dann wie Werkzeuge und Bauelemente die Lebensfunktionen. Kohlenstoffatome können nach einer Entdeckung aus dem Jahre 1985 nicht nur lange Ketten, sondern auch perfekte Kugeln bilden; die kugelförmigen Moleküle werden »Fullerene« genannt. In unterschiedlich großen, kugelförmigen Molekülen aus Kohlenstoffatomen können durchaus Informationen verschlüsselt werden. Daneben lassen sich aus verschiedenen Kohlenstoffkugeln durch Vernetzungen auch denkbare Lebensmoleküle mit einer Werkzeugfunktion konstruieren. Lebensmoleküle mit einem Rückgrat aus Kohlenstoffkugeln statt Kohlenstoffketten wären zwar komplizierter als die irdischen Lebensmoleküle, könnten allerdings durchaus stabil und funktionsfähig sein. Zur Herstellung der Fullerene müssen in einem irdischen Labor erhebliche Temperaturen aufgebracht werden. Lebensmoleküle mit einem Fulleren-Rückgrat müßten deshalb andere Konstruktionswege beschreiten als die irdischen Kohlenstoffketten.

Auf der Erde herrscht in den Zellen ein Dualismus zwischen Information und Funktion. Es gibt deshalb Moleküle, die allein Informationen tragen, und es gibt Moleküle, die ausschließlich Funktionen erfüllen. Leben wird auf der Erde nur durch die Kombination der Eigenschaften aus diesen beiden Molekülklassen möglich. Zur Ausprägung von Leben könnten aber auch Moleküle diskutiert werden, die sowohl Informationen tragen als auch Funktionen erfüllen (gilt auf der Erde für einige RNS-Arten); das »entweder oder« des irdischen Lebens würde bei ihnen durch ein »sowohl als auch« abgelöst werden. Die hypothetischen Lebensmoleküle würden eine gegenseitige Vorlage für eine Neusynthese bilden und gleichzeitig so stabil sein, daß sie als Werkzeuge in zellulären Funktionen dienen könnten; ein und dasselbe Molekül wäre auf diese Weise »DNS« und »Enzym«. Eine solche Einheit von molekularen Funktionen wäre sogar für das Leben recht »rationell«, auf jeden Fall rationeller als die Situation beim irdischen Leben. Alle komplizierten Koordinationsprobleme wie in den irdischen Zellen würden in solchen Fällen entfallen. Im einfachsten Fall würde dieses hypothetische Leben aus zwei Lebensmolekülen und ihren zugehörigen Synthesebausteinen in einem zellulären Raum bestehen.

Schließlich könnte auch bei Außerirdischen in den Molekülklassen einer Zelle eine weit höhere Komplexität als der irdische Dualismus von Information und Funktion möglich sein. Neben Nucleinsäuren und Proteinen könnten vielleicht noch weitere informationstragende Molekülklassen die Lebensfunktionen wahrnehmen. Dabei müßten jedoch auch zwangsläufig weit komplexere Koordinationsprobleme als in den irdischen Zellen gelöst werden. Diesem hohen Grad an Komplexität steht das prinzipielle Bestreben der Evolution entgegen, jeweils die einfachste Problemlösung durchzusetzen. Dem Prinzip der einfachsten Problemlösung läuft deshalb eine weitere hypothetische Vorstellung zuwider. Bei Außerirdischen könnten genetische Informationen nicht nur in Nucleinsäuren, sondern gleichzeitig auch in Molekülen aus anderen Molekülklassen gespeichert sein; es könnten also parallele genetische Informationssysteme vorliegen. Ein solches zelluläres Prinzip hätte zum Beispiel auch Vorteile. Informationstragende Moleküle müßten nicht so groß sein wie die DNS auf der Erde und wären demnach auch weniger schadensempfindlich, so daß die Lebensformen vielleicht in einer strahlenbelasteten Umwelt leben könnten. Nucleinsäuren könnten zum Beispiel die Information für das Aussehen eines Außerirdischen tragen und andere Molekülklassen in einer Art Arbeitsteilung die Information zur Ausübung von Lebensfunktionen oder von anderen lebenswichtigen Eigenschaften.

Das erlernte Wissen des Menschen wird beispielsweise in Schaltkreisen des Nervensystems und nicht in Nucleinsäuren gespeichert. Für genetische Informationen sind deshalb im Prinzip auch andere Speichersysteme als Nucleinsäuren denkbar. Das Problem zum Lebenserhalt würde dabei in der Vererbung dieser Speichersysteme liegen, die fehlerfrei erfolgen muß, so daß das Speichersystem nicht übermäßig kompliziert sein darf. Das menschliche Gehirn kann etwa 10^{14} Bits an Informationen speichern und überragt damit bei weitem die Informationskapazität der menschlichen Nucleinsäure; 10^{14} Bits entsprechen etwa der Information von gut 20 Millionen dickbauchiger Bücher, die jeder Mensch im übertragenen Sinn mit sich herumschleppt und doch nur zu einem geringen Grad nutzt. Leider stirbt jedes hochgeschulte Gehirn mit seinem Träger, und jeder Mensch muß die Mühsal des Lernens nach der Geburt neu beginnen. Außerirdische könnten einen gewaltigen Evolutionssprung erzielen, wenn sie in der Lage wären, ihr erlerntes Wissen in Molekülen niederzulegen und diese weiterzuvererben. Jede neue

Generation müßte dann nicht mehr neu lernen, sondern bräuchte einfach nur weiterzulernen, um die Kapazität der Informationsmoleküle stetig zu vergrößern. Die Erbsubstanz dieser Außerirdischen würde allerdings von Generation zu Generation komplizierter werden. Der Menschheit weit überlegen wären auch Außerirdische, die in ihren Gehirnen eine dreifach oder vierfach höhere Schaltkapazität als die Menschen besitzen. In den Nervenzellen müßte dann nur die Anzahl der Synapsen, der möglichen Schaltverbindungen, erhöht werden. Die Nervenzellen von Außerirdischen könnten auch eine supraleitende Funktion erfüllen, so daß unerhört schnell gedacht werden könnte; bis der Mensch ein Problem überhaupt begriffen hätte, hätte es der Außerirdische dann bereits gelöst.

Das irdische Leben kann nur ganz bestimmte Energiequellen zum Lebenserhalt ausnutzen. Im Zentrum der Energiegewinnung steht die grüne Pflanze mit ihrer Fähigkeit, Lichtenergie in organisch-chemische Verbindungen zu übertragen. Mit Ausnahme von wenigen Mikroorganismen, die zu einer Chemosynthese fähig sind, beziehen alle restlichen Lebensformen ihre Energie aus organisch-chemischen Verbindungen wie etwa Kohlenhydrate, Fette oder Eiweiße. Außerirdische Organismen könnten nun Mechanismen entwickelt haben, um zusätzlich noch Energie direkt aus Wärmequellen zu gewinnen oder auch um unterschiedliche elektromagnetische Strahlungen anzuzapfen. Sie könnten vielleicht ein Stückchen Uran geschützt im Körper deponieren und anschließend eine Zeitlang davon leben. Mit einem solchen hohen Energieangebot könnten auch sehr komplexe chemische Verbindungen in körpereigene Substanzen überführt werden.

Geht es ohne Kohlenstoff?

Für die irdischen Lebensformen ist Kohlenstoff die zentrale Bausubstanz der Moleküle und Wasser das zentrale Lösungsmittel der Lebensmoleküle. Die Mehrheit der Spekulationen über außerirdische Lebensformen geht davon aus, daß auch bei ihnen Kohlenstoff die zentrale Bausubstanz und Wasser das zentrale

Lösungsmittel sein müßten. Für diese Vermutungen sprechen zahlreiche Argumente: Einmal kommen sowohl Kohlenstoff als auch Wasser in geeigneten Konzentrationen im gesamten Weltraum vor, so daß auch fremde Planeten häufig ausreichend versorgt sein dürften. Daneben kann Kohlenstoff chemisch sehr stabile Makromoleküle in einer unterschiedlichen Ausprägung bilden, und Wasser besitzt in den lebensverträglichen Temperaturbereichen der Ökosphäre einer Sonne ideale Lösungseigenschaften. Unter solchen günstigen Voraussetzungen wird sich eine mögliche Lebensentwicklung stets für die zentrale Bausubstanz Kohlenstoff entscheiden, zumal Meteorite und Kometen Planeten regelmäßig mit Kohlenstoff impfen können.

Unter exotischen Umweltbedingungen könnte allerdings für Planeten, die in ihrer Materialzusammensetzung von der Norm abweichen, eine etwas abgeänderte Lebensentwicklung diskutiert werden, die als zentrale Bausubstanz nicht den Kohlenstoff verarbeitet. Eigentlich gibt es neben dem Kohlenstoff als zentrale Bausubstanz der Lebensmoleküle kaum eine Alternative, so daß exotische Bausubstanzen nur in Frage kommen, wenn auf einem hypothetischen Planeten tatsächlich Kohlenstoff weitgehend fehlen sollte.

Der Weltraum besteht vermutlich, wie die Erde, aus 90 bis 92 stabilen chemischen Elementen, weitere Elemente sind chemisch instabil und zerfallen mit der Zeit. Als zentrale Bausubstanz für Lebensmoleküle kommen nur chemisch stabile Atomarten in Frage. Aufgrund von chemischen Bindungsgesetzen müssen alle Metalle als Grundgerüst von Lebensmolekülen ausgeschlossen werden. Den Mann aus Eisen gibt es somit nur im übertragenen Sinn. Auch die Elemente Fluor, Chlor, Brom und Jod sind wegen ihrer großen Reaktionsfreude als Bausubstanz für Lebensmoleküle nicht geeignet, ebenso wie die Edelgase, die keinerlei chemische Reaktionen eingehen können. Als Bausubstanzen für Lebensmoleküle bleiben nur folgende Atomarten übrig: Wasserstoff, Kohlenstoff, Stickstoff, Sauerstoff, Silizium, Phosphor, Schwefel, Bor und Arsen.

Da sich Leben in einer chemischen Evolution aus der anorganischen Materie eines Planeten entwickelt, müssen alle denkbaren chemischen Bausubstanzen für Lebensmoleküle von vornherein in einer ausreichenden Häufigkeit im Planetenmaterial vorkommen. Nach dem Wasserstoff (H) und dem Edelgas Helium (He) sind vor allen Dingen Sauerstoff (O), Stickstoff (N) und Kohlenstoff (C) die häufigsten Nichtmetalle im Weltraum, und aus den Elementen C, O, N und H werden auf der Erde hauptsächlich die Lebensmoleküle zusammengesetzt. Silizium und Schwefel kommen auf der Erde etwa 10mal seltener vor als C, O, N; Bor und Phosphor sind noch einmal etwa 100mal seltener, und äußerst selten ist schließlich Arsen in der Erdkruste anzutreffen. Irdische Lebensmoleküle (etwa die Nucleinsäuren) sind nur so üppig mit Phosphor ausgestattet, weil Phosphor in der Erdkruste wesentlich häufiger nachweisbar ist als im Weltraumdurchschnitt. Schwefel tritt in einigen Aminosäuren auf, ist jedoch insgesamt in irdischen Lebensmolekülen selten. Einige Enzyme benötigen für ihre Funktion Metallatome. Hier gibt es bei den Vorstellungen zur Entwicklung dieser Enzyme noch ungelöste Rätsel. Das Metall Molybdän kommt in speziellen Enzymen vor, obwohl es in der Erdkruste äußerst selten nachweisbar ist. Wieso die Wahl auf Molybdän fiel, ist ungeklärt. In anderen Fällen wurden Metallatome ausgewählt, für die es in der Natur häufigere Alternativen gibt. Silizium fehlt in den irdischen Lebensmolekülen vollkommen, und gerade Silizium wird als zentrale Bausubstanz für spekulatives Leben mit exotischen Lebensmolekülen regelmäßig diskutiert.

Der Science-fiction-Autor Isaak Asimov beschrieb in einer seiner Geschichten einen »Silicony«, ein exotisches Wesen auf der Basis von Siliziumverbindungen, das sich aus der Energie des radioaktiven Zerfalls »ernährte«. Silicony war aus Silikonen und nicht aus Proteinen aufgebaut, und zu seinen Funktionen hatte Asimov eine eigene und logische Biochemie erfunden. Da Silicony radioaktive Mineralien aufspüren konnte, hatten es Astronauten von der Erde aus seiner heimatlichen Umgebung mitgenommen und setzten es als Spürhund für Uranlager auf Planeten ein. Doch der Organismus von Silicony vertrug die Umwelt der Astronauten nicht, und das seltsame Wesen, das wie ein lebender Stein aussah, starb (vgl. Isaak Asimov, The Talking Stone).

Das chemische Element Silizium kann wie Kohlenstoff Wasserstoffatome binden und Ketten von Siliziumatomen bilden. Allerdings ist die Bindung zwischen zwei Siliziumatomen nur halb so stark wie zwischen zwei Kohlenstoffatomen, so daß Makromoleküle auf der Basis von Silizium leicht zerbrechen würden. Daneben stellt Silizium mit Wasserstoff oder Sauerstoff eine stabilere Verbindung her als zwischen Siliziumatomen untereinander; Makromoleküle aus einer Kette von Siliziumatomen sind deshalb instabil. Schließlich ist Silizium gegenüber Sauerstoff sehr reaktionsempfindlich und bildet dann bevorzugt Siliziumdioxid, also den gewöhnlichen Sand. Sand ist in lebensverträglichen Temperaturbereichen fest und wird erst bei Temperaturen von über 800 Grad Celsius gasförmig. Ein Lebewesen auf Siliziumbasis würde in einer sauerstoffhaltigen Atmosphäre Sand ausatmen, und ein intelligentes Lebewesen auf Siliziumbasis müßte sich am Ende eines arbeitsreichen Tages am Schreibtisch regelmäßig aus einem Sandhaufen freischaufeln, der im Tagesverlauf ausgeatmet worden ist. Kohlendioxid, das irdische Lebensformen ausatmen, bleibt dagegen bis zu Temperaturen von −75 Grad Celsius gasförmig. Stabile Makromoleküle aus der zentralen Bausubstanz Silizium, die auch als strapazierfähige zelluläre Werkzeuge dienen könnten, sind insgesamt nur unter ganz wenigen Voraussetzungen wahrscheinlich. Leben auf einer Siliziumbasis ist eher unwahrscheinlich als wahrscheinlich. Ein siliziumhaltiges Lebewesen würde vermutlich sogar auf der Erde Feuer speien, da Silan (eine Verbindung aus Silizium und Wasserstoff) in Gegenwart von Sauerstoff sofort brennt. Freunde der Außerirdischen könnten deshalb sofort bei den feuerspeienden Drachen aus uralten Sagen zu spekulieren beginnen: Es waren Außerirdische auf Siliziumbasis, deren Atem in der sauerstoffhaltigen Erdatmosphäre zu einem Flammenwerfer wurde.

Reine Molekülketten aus Siliziumatomen sind wenig stabil, eine größere Stabilität erreichen dagegen Molekülketten aus Mischungen von Silizium und anderen Atomarten. Bei den Siloxanen wechseln sich in den Molekülketten Siliziumatome und Sauerstoffatome nacheinander ab, und bei Silazenen tritt der regelmäßige Wechsel zwischen Siliziumatomen und Stickstoffatomen ein. Siloxane und Silazene sind hitzestabiler als reine Kohlenstoffketten und stimulieren deshalb enorm die

Phantasie von Exobiologen, die gerne auch auf sehr heißen Planeten nach Leben suchen würden. Leben auf der Basis von Silizium könnte tatsächlich noch bei einigen Hundert Grad Celsius funktionieren. Dennoch ist es äußerst unwahrscheinlich, daß auch auf exotischen Planeten eine chemische Evolution auf der Basis von Siliziumverbindungen ablaufen könnte. Untersuchungen an Meteoriten und Analysen der interstellaren Molekülwolken geben keinerlei Hinweise auf komplizierte Siliziumverbindungen im Weltraum, und die theoretisch interessanten Siloxane und Silazene wurden bisher noch nie nachgewiesen. Kohlenstoff dürfte im gesamten Universum die zentrale Bausubstanz für eine Lebensentwicklung sein.

Sollte ein Planet allerdings während seiner Entstehung mit einem überdurchschnittlichen Anteil von Silizium ausgestattet worden sein und sollte seine Atmosphäre gleichzeitig so gut wie kein Wasser enthalten, dann könnte das gasförmige Siliziumhydrid (SiH_4) in einer Atmosphäre ohne Sauerstoff das Ausgangsmaterial für Makromoleküle auf Siliziumbasis darstellen. Die chemischen Reaktionsmechanismen wären dabei durchaus vergleichbar mit den Reaktionen von Methan (CH_4) in der Atmosphäre des Planeten Jupiter oder des Mondes Titan. Auf dem hypothetischen Planeten müßte es allerdings heiß sein, und es dürften keine Kometen einschlagen. Kometen enthalten recht viel Wasser, das nach dem Einschlag frei wird und das für einen Zerfall der hochmolekularen Siliziumverbindungen sorgen würde. In Gegenwart von Wasser entstehen niedermolekulare Siliziumverbindungen, und für Lebewesen auf Siliziumbasis wäre eine ausgeprägte »Wasserangst« lebenserhaltend. Sollte die Atmosphäre des hypothetischen Planeten zusätzlich größere Konzentrationen von Stickstoff besitzen, dann könnten sich möglicherweise auch die bereits erwähnten Silazene entwickeln. Diese Verbindungen sind bei großer Hitze stabil, so daß auf einem sonnennahen Planeten durchaus eine chemische Evolution starten könnte. Komplizierte Strukturen könnten dabei wahrscheinlich nicht sehr zahlreich entstehen, denn chemisch bleibt Silizium für eine Lebensentwicklung immer nur die zweite Wahl. In der Erdkruste beträgt das Verhältnis zwischen Silizium und Kohlenstoff etwa 135 zu 1, dennoch machte Kohlenstoff bei der Entwicklung der Lebensmoleküle das Rennen, und Silizium landete in den Gesteinen.

Die chemische Zusammensetzung der Kruste eines Planeten wird sicherlich über das Wechselspiel von Angebot und Nachfrage die Entwicklung von Lebensmolekülen beeinträchtigen. Sollte eine Planetenatmosphäre beispielsweise recht viele gasförmige Schwefelverbindungen enthalten, dann könnte im Gegensatz zur Erde in den dortigen Lebensmolekülen mehr Schwefel als Sauerstoff eingebaut werden, was funktionelle Konsequenzen haben dürfte. In einer sehr stickstoffreichen Umwelt könnte schließlich Stickstoff einen Teil des Kohlenstoffs in den Lebensmolekülen verdrängen. Die Dominanz von Kohlenstoff würde zwar erhalten bleiben, aber Kohlenstoff und Stickstoff könnten sich möglicherweise in den Ketten der Makromoleküle abwechseln. Ebenso könnten Atome von Bor oder Arsen in die Ketten aus Kohlenstoffatomen eingebaut werden, was sich sicherlich in den Funktionen auswirken würde. Durch fremde Atomarten in den Makromolekülen könnte das Leben vielleicht eine weit extremere Umwelt als auf der Erde erschließen. Wird in Kohlenstoffketten etwa sehr viel Stickstoff eingebaut, dann erhöht sich die molekulare Stabilität bei großer Kälte. Zellen könnten in diesem Fall möglicherweise flüssigen Ammoniak statt Wasser als Lösungsmittel verwenden.

Leben ohne Wasser

Lebensmoleküle müssen zur Ausübung ihrer Aktivitäten in einem flüssigen Lösungsmittel gelöst werden können. Ohne ein Lösungsmittel wären die einzelnen Lebensmoleküle so dicht wie Kristallatome zusammengepackt, sie würden unbeweglich werden und könnten für ihre vielfältigen Reaktionen keinen Raum mehr finden. Bei Gasen ist dagegen der Abstand zwischen den Atomen so groß, daß viel Zeit verstreichen müßte, bis sich die einzelnen Reaktionspartner für eine Lebensfunktion finden könnten. Erst ein flüssiges Lösungsmittel garantiert eine gewisse Beweglichkeit von Atomen und Molekülen, so daß die einzelnen Partner von komplizierten Reaktionsabläufen jeweils schnell ihre Kontakte finden können. Sicherlich war die Notwendigkeit, das Lösungsmittel zu schützen, ein wichtiger Impuls für die Entwicklung von Zellen als Bausteine des irdischen Lebens. Zumindest theoretisch könnten Zellen auch mit Gas gefüllt sein und unter einem Überdruck stehen. Die Lebensmoleküle könnten dann ebenfalls recht schnell miteinander agieren. Eine solche Zelle mit Gasfüllung wäre allerdings sehr schadensanfällig und könnte leicht wie ein Ballon platzen.

Wasser hat als Lösungsmittel ideale Eigenschaften, und die Zellen der irdischen Lebensformen bestehen hauptsächlich aus dem Lösungsmittel Wasser. Das Lebenselexier Wasser hat eine sehr breite Flüssigkeitsspanne und bleibt in Meereshöhe zwischen 0 Grad und 100 Grad Celsius flüssig; in dieser breiten Flüssigkeitsspanne sind Lebensfunktionen möglich. Daneben ist Wasser in einem günstigen Temperaturbereich flüssig, so daß chemische Reaktionen relativ schnell ablaufen können und sich nicht durch eine große Kälte verlangsamen. Wasser ist als Molekül recht klein und stört nicht die Lebensmoleküle; gleichzeitig entwickelt es an seiner Oberfläche eine große Spannung, die ebenfalls von der Zelle für funktionelle Zwecke ausgenutzt werden kann. Außerdem schützt Wasser noch vor ultravioletten Strahlungen. Da die Erde als ein Wasserplanet angesehen werden kann, hatte das Leben durch den Wasserreichtum optimale Startbedingungen und erhielt ein ideales Lösungsmittel im Überfluß serviert. In der Chemie gibt es kein besseres Lösungsmittel als Wasser.

Andere Lösungsmittel für potentielle Lebensmoleküle sind Ammoniak und Methylalkohol; die Flüssigkeitsspanne von Ammoniak liegt im Temperaturbereich von − 78 Grad bis − 35 Grad Celsius und von Methylalkohol bei − 94 Grad bis + 65 Grad Celsius. Bei Ammoniak ist die Flüssigkeitsspanne somit kleiner und bei Methylalkohol größer als bei Wasser. Andere Lösungsmittel fallen durch eine weit geringere Flüssigkeitsspanne auf; Methan hat eine Flüssigkeitsspanne von nur 20 Grad und Schwefelwasserstoff von nur 25 Grad Celsius. Bei Ammoniak und Methylalkohol sind die Löslichkeitseigenschaften für Fremdstoffe schlechter als bei Wasser, und Lebensmoleküle würden sich in ihnen schlechter lösen lassen als in Wasser.

Ammoniak ist für Kälteplaneten ein denkbares biologisches Lösungsmittel, wenn dort die Meere aus flüssigem Ammoniak statt aus Wasser bestehen sollten. Ammoniak hat bei großer Kälte gegenüber dem Wasser Vorteile. Wasser dehnt sich beim Gefrieren aus und sprengt dadurch zelluläre Strukturen. Ammoniak dagegen verändert beim Gefrieren sein Volumen nicht, so daß Lebensformen mit Ammoniak als biologisches Lösungsmittel ohne Schaden eingefroren werden könnten. Außerirdische Astronauten mit einer Biochemie auf dem Lösungsmittel Ammoniak könnten für interstellare Reisen ohne Bedenken eingefroren und kurz vor dem Ziel wieder automatisch aufgetaut werden. Menschliche Astronauten würden solche Prozeduren wegen ihres Wassergehaltes nicht überstehen. »Weltraumrassen« von außerirdischen Intelligenzen haben möglicherweise Ammoniak im Blut.

Auf Planeten, die bei ihrer Entstehung reichlich mit Kohlenstoff ausgestattet wurden und die so groß sind, daß sich in ihrer Atmosphäre der Wasserstoff hält, könnten sich Meere von flüssigen Kohlenwasserstoff-Verbindungen bilden, die auf der Erde als Erdöl bezeichnet werden. Erdöl ist ebenfalls als Lösungsmittel geeignet und könnte sogar das Ausgangsmaterial zur Evolution von Makromolekülen liefern. Zellen mit dem Lösungsmittel Erdöl hätten in vielen Fällen genau entgegengesetzte Eigenschaften wie die irdischen Zellen. Die Lebensmoleküle der irdischen Zellen sind darauf angelegt, sich im Wasser zu lösen; Lebensmoleküle aus der Erdöl-Welt müssen genau umgekehrt konstruiert sein, sie müssen sich im Öl lösen.

Lebenschimären

Chimären sind Kombinationen zwischen unterschiedlichen Arten, die sich zu einer neuen und übergeordneten Einheit zusammenschließen. Bei Wappen kommen Chimären häufig vor und erfüllen eine Symbolfunktion. Das Phantasiewesen kann sich beispielsweise aus einem Löwen, einem Adler und einer Schlange zusammensetzen. Chimären aus Wappen oder uralten Sagen sind nicht lebensfähig, dennoch zeigen sie ein Prinzip an, das in der Natur weitverbreitet ist. Bei einer Symbiose schließen sich Partner aus unterschiedlichen Arten zusammen und gewinnen Eigenschaften, die jeder Partner isoliert nicht besitzt. Flechten sind zum Beispiel eine Symbiose zwischen Algen und Pilzen. Durch das Zusammenleben dieser völlig unterschiedlichen Lebensformen gewinnt die Flechte mehr Funktionsqualitäten als eine einzelne Alge oder ein einzelner Pilz. Algen garantieren der Flechte die Photosynthese und Pilze die Fähigkeiten, auch in einer extremen Umwelt zu leben. Flechten werden durch diese Kombinationen zu Lebenspionieren. Es gibt in der Natur zahlreiche Formen von Symbiosen. Manche Symbiose ist so eng, daß die Partner nicht mehr isoliert leben können und auf Gedeih und Verderb voneinander abhängig sind.

Zu einem spekulativen Leben könnten auch Erweiterungen in den Symbiosen zwischen unterschiedlichen Lebensformen gehören. Symbiosen sind in der irdischen Natur sehr vielfältig, doch das Prinzip ihrer Funktion läßt noch Erweiterungen zu. Bei den hochentwickelten Lebensformen der Erde sind enge Symbiosen recht selten, und für den Menschen gelten im biologischen Sinn keine Symbiosen mit Säugetieren oder anderen höheren Lebensformen. Andere Situationen könnten bei außerirdischen Lebensformen vorherrschen. Ähnlich wie beim irdischen Insektenstaat könnten sich dort Intelligenzen zu einer höheren Einheit verbinden. Durch symbiotische Einheiten könnten beispielsweise extreme Umwelten erschlossen werden. Die Partner der Symbiose könnten sogar räumlich getrennt agieren und wären vielleicht durch Radiowellen zu einem synchronen Verhalten gezwungen. Denkbar wären auch zeitlich begrenzte Symbiosen, die aktiviert werden, um besondere Probleme zu lösen. Eine Lebenschimäre könnte sich zwischen einem alten und einem jungen Individuum vorübergehend ausbilden, um etwa Wissen direkt von Gehirn zu Gehirn zu vermitteln. Schließlich könnten Lebenschimären zwischen gesunden und kranken Individuen helfen, eine Erkrankung zu heilen, indem Lebensfunktionen des Partners vorübergehend übernommen werden. Kommunikationen zwischen Partnern könnten auf der Ebene der Biochemie und Physiologie erfolgen und müßten nicht wie beim Menschen etwa auf die Ebene der Sprache beschränkt bleiben. Über Radiowellen zwischen Individuen könnten Außerirdische ganze Ketten von Symbiosen aufbauen und aus Individuen eine neue Einheit erschaffen. Allerdings würde die individuelle Persönlichkeit bei diesen Strategien zu kurz kommen.

Hochentwickelte Lebensformen könnten zuletzt auch eine Lebenschimäre für Weltraumreisen künstlich erschaffen. Beim Menschen verbieten ethische Gründe solche Überlegungen. Bei außerirdischen Intelligenzen könnte dagegen die Ethik einen völlig anderen Stellenwert erfahren. Denkbar wären Kombinationen zwischen einer intelligenten Lebensform und Maschinen dieser intelligenten Lebensform. Der Begriff der Symbiose würde eine Erweiterung in Richtung Technik erfahren, und die Gemeinschaft zwischen dem natürlichen und dem künstlichen Partner wäre dabei ähnlich eng wie zwischen einem behinderten Menschen und seinen Prothesen. In manchen Weltraumgeschichten geht allein das Gehirn eines Menschen auf Reisen. Der Körper bleibt zurück, denn er wäre den Weltraumbedingungen nicht perfekt gewachsen. Das Gehirn steuert Maschinen, die den Körper ersetzen, denn die Technik könnte den Weltraumbedingungen besser widerstehen als die Biologie. Bei aller Euphorie für die interstellaren Weltraumfahrten, eine Horrorvision, wenn das Gehirn und nicht der Körper auf Reisen gehen würde.

Leben ohne Chemie

Vollends spekulativ wird es schließlich bei einem »Leben ohne Chemie«. Vom biologischen Standpunkt aus betrachtet, ist eine solche Vorstellung absurd, denn Leben läßt sich erst durch chemische Wechselwirkungen zwischen Lebensmolekülen definieren. Science-fiction-Autoren haben sich bereits dieser spannenden Thematik angenommen und über ein »Leben ohne Chemie« nachgedacht. Der englische Astronom Fred Hoyle schuf in einem Roman eine schwarze interstellare Wolke mit intelligenten Eigenschaften. Diese Wolke besteht wie andere interstellare Wolken aus Gasen und Staub, nur fließen bei dieser schwarzen Wolke zwischen Materiepartikeln elektrische Ströme hin und her. Die Wolke kann auf diese Weise wie ein menschliches Gehirn funktionieren und komplizierte Schaltkreise aufbauen. Dabei bilden sich wie bei einem menschlichen Gehirn komplexe Netzwerke, die der Wolke Intelligenz und ein Gedächtnis vermitteln. Die »Schwarze Wolke« des Fred Hoyle ist nichts anderes als ein Supergehirn, bei dem die Nervenzellen durch Staub- und Gaspartikel ersetzt sind und elektrische Ströme nicht über Nervenbahnen, sondern über interstellare Materie fließen.

Benötigt die »Schwarze Wolke« für ihre Funktionen neue Energie, dann nähert sie sich nach Hoyle einem Stern, um aus der abgestrahlten Lichtenergie zu tanken und verbrauchte Vorräte aufzufrischen. Auf diese Weise kam bei Hoyle die »Schwarze Wolke« auch mit der Sonne in Kontakt und entdeckte auf einem ihrer Planeten intelligentes Leben, das Radiowellen abstrahlte. Die »Schwarze Wolke« funkte zurück, doch die Menschheit geriet in Panik.

»Leben ohne Chemie« sieht nicht die Moleküle und Strukturen des Lebens, sondern allein die Wechselwirkungen zwischen diesen Molekülen und Strukturen. Bei einer solchen Sicht können natürlich die Lebensmoleküle auch durch andere Komponenten ersetzt werden, denn Wechselwirkungen sind prinzipiell zwischen den unterschiedlichsten Körpern möglich. Ein solcher Standpunkt führt allerdings zu einer Inflation des Begriffs »Leben«, die für die biologische Forschung keinen Sinn ergibt. »Leben ohne Chemie« könnte immer dann entstehen, wenn Wechselwirkungen einen hohen Grad von Komplexität erreicht hätten und sich eine Ordnungskraft entsprechend den biologischen Gesetzen durchsetzen würde. »Leben ohne Chemie« würde sich immer nur entwickeln, und es wäre schwierig, einen Mechanismus zu definieren, wie sich das »Leben ohne Chemie« vermehren könnte. Gerade die Fähigkeit zur Vermehrung gehört allerdings zu den Grundkriterien in der Definition von Leben.

»Leben ohne Chemie« könnte sogar auf einem Neutronenstern definiert werden, wo sicherlich kein Exobiologe auf die Idee kommen würde, nach Leben zu suchen. Auf der Oberfläche eines Neutronensterns liegt die Temperatur etwa 1 Million Grad über dem absoluten Nullpunkt, und die Schwerkraft ist mehr als 1 Billion mal stärker als auf der Erde. In dieser extremen physikalischen Welt werden Atomkerne durch starke Wechselwirkungen zusammengehalten. Elementarteilchen in Atomkernen könnten jedoch in einem Minimum beweglich bleiben, und aus dieser Beweglichkeit könnte sich eine Ordnung ergeben, die an ein »Leben ohne Chemie« denken läßt. »Leben ohne Chemie« auf einem Neutronenstern wäre allerdings unvorstellbar kurz und würde weit weniger als den billionsten Teil einer Sekunde dauern. Danach wäre die Ordnung wieder zerstört und müßte neu aufgebaut werden. Durch stetige Zusammenstöße könnten Atomkerne auf Neutronensternen immer komplizierter werden, so daß das »Leben ohne Chemie« sogar die Chance für eine Art Evolution erhalten würde. Beim Zeitbegriff der Neutronensterne würden alle diese Mechanismen in weniger als dem Bruchteil einer Sekunde ablaufen.

Auf einem Neutronenstern bewegt sich das »Leben ohne Chemie« auf der Ebene der Elementarteilchen im Atomkern und somit in einer der kleinsten denkbaren Dimensionen. Am anderen Ende der Skala würde sich dagegen das »Leben ohne Chemie« auf der Ebene einer Galaxis einordnen lassen. »Leben ohne Chemie« könnte somit in den kleinsten und in den größten vorstellbaren Größenordnungen ablaufen. Zwischen den einzelnen Sternen einer Galaxis könnten so komplizierte Wechselwirkungen auftreten, daß der Ordnungsgrad für ein »Leben ohne Chemie« erreicht werden würde. Motor dieser Ordnungskraft in der größten vorstellbaren Größenordnung wären die Schwerkraftfelder zwischen den Sternen und den kompletten Galaxien. »Leben ohne Chemie« wäre auf das gesamte Universum bezogen unvorstellbar lang, denn Wechselwirkungen zwischen Sternen bewegen sich im Normalfall in Zeiträumen, die in Jahrmillionen und Jahrmilliarden gerechnet werden. Kosmologische Untersuchungen können inzwischen im Weltraum eine gewisse Ordnung finden, die das Chaos des Urknalls überwunden hat. Es gibt riesige Zonen, in denen sich die Galaxien häufen, während andere Zonen kaum von Galaxien gefüllt sind. Das Universum ist jedoch nicht alt genug, um von einer solchen Ordnung zu sprechen, die ein »Leben ohne Chemie« definiert. Bei einer Fortentwicklung dieses Gedankenmodells wäre das Universum ein Super-Superorganismus, dem der Superorganismus Erde zugeordnet ist. Gaia würde somit nicht nur über die Erde ihre schützende Hand halten, sondern hätte auch eine Vertreterin, die für das gesamte Universum zuständig wäre. Die Gedankenmodelle für ein »Leben ohne Chemie« sind für prinzipielle theoretische Überlegungen von Interesse, für die Exobiologie und eine angestrebte Kommunikation mit denkbaren Außerirdischen sind sie allerdings ohne Bedeutung. Wie soll der Mensch mit einem »Leben ohne Chemie« in Kontakt treten und es begreifen?

Ausblick

Denkbares Leben auf einem fremden Planeten wird mit großer Wahrscheinlichkeit in seinem biochemischen Aufbau dem irdischen Leben sehr ähnlich sein. Wie auf der Erde wird vermutlich das Grundgerüst der Lebensmoleküle aus Kohlenstoff bestehen, und gleichzeitig werden vermutlich diese Lebensmoleküle innerhalb eines zellähnlichen Gebildes in Wasser gelöst sein. Leben auf der Basis von Silizium und dem Lösungsmittel Ammoniak bietet nur zweitbeste Lösungen an und könnte sich höchstens unter genau definierten Umweltbedingungen durchsetzen. Die allgemeine Verbreitung von Kohlenstoff und der häufige Nachweis von Wasser lassen vermuten, daß auch in den unerreichbaren Weiten des Weltraums eine denkbare Lebensentwicklung über Kohlenstoff und Wasser starten wird. Analytische Messungen von der Erde aus bestätigen immer wieder: Die kompliziertesten Moleküle der interstellaren Wolken und der Atmosphären von Planeten oder Monden sind stets Kohlenstoffverbindungen. Das Element Kohlenstoff und das Lösungsmittel Wasser stehen im Zentrum einer möglichen Lebensentwicklung, und denkbare Außerirdische könnten sich in ihrem chemischen Fundament recht ähnlich sein.

Mit Kohlenstoff kann eine nahezu unbegrenzte Vielfalt von chemischen Verbindungen hergestellt werden. Die Kohlenstoffchemie der Erde und der irdischen Chemiker ist sicherlich nur ein Teil der tatsächlich möglichen Kohlenstoffchemie; Kohlenstoff ist immer für Überraschungen gut. Eine Lebensentwicklung auf der Basis von Kohlenstoff und Wasser könnte unvorhersehbare Dimensionen erschließen, denn das Leben auf der Erde ist nur ein winziges Bild in dem riesigen Mosaik von denkbaren Lebensentwicklungen. Wenn auch auf geeigneten Planeten die denkbare Lebensentwicklung stets eine jeweils spezifische Richtung einschlagen wird, so zeichnen sich alle diese unterschiedlichen Evolutionen doch durch eine Gemeinsamkeit aus: Es entwickeln sich zeitabhängig immer komplexere Strukturen, die neue Umwelten und neue Dimensionen zu erschließen versuchen. Von unterschiedlichen Richtungen aus könnten die verschiedenen Evolutionen den Sprung zu Lebensformen schaffen, die als eine Gemeinsamkeit die Intelligenz kennen und auf diese Weise Zivilisationen gründen. Die unterschiedlichen Zivilisationen könnten dann das neugierige Feld der Forschung betreten und versuchen, andere Zivilisationen außerhalb ihres Planeten zu finden. Die Frage: »Sind wir allein im Universum?« stellt sich möglicherweise nicht nur der Mensch.

Außerirdische Zivilisationen

Die technische Kultur des Abendlandes

Die Entwicklung einer Zivilisation muß nicht zwangsläufig in einer technisch-naturwissenschaftlich orientierten Hochkultur enden. Eine Zivilisation kann durchaus allein in sich selbst ruhen und keine wissenschaftliche Neugier entwickeln. Sie kann aber auch der Menschheit fremde Schwerpunkte setzen und trotz hoher intellektueller Voraussetzungen den Standard ihrer Technik völlig vernachlässigen, um etwa soziale oder musische Aspekte in den Vordergrund zu rücken. In der europäischen Antike waren beispielsweise Philosophie und Geisteswissenschaft hoch entwickelt, während die Technik trotz guter theoretischer Voraussetzungen nur ein vergleichsweise mäßiges Niveau erreichte. Die gesellschaftliche Wirklichkeit erzwang nicht die Entwicklung eines breiten Angebotes an Maschinen, denn für alle körperlichen Arbeiten stand stets eine Vielzahl von Sklaven zur Verfügung. Welch eine wissenschaftliche Potenz in der Antike vorhanden war und mit ihr unterging, zeigt das Beispiel von Eratosthenes, ein Universalgenie aus Alexandria in Ägypten. Eratosthenes hatte genau in der Mittagszeit Stöcke in den Boden gesteckt und in verschiedenen Gegenden den Schattenwurf der Sonne exakt vermessen. Aus dieser Schattenlänge konnte er berechnen, daß die Erde eine Kugel ist; bei der Bestimmung des Erdumfangs irrte er sich nur um wenige Prozent. Hätte sich die Forschungslust der Antike lückenlos fortgesetzt und wäre sie nicht in Europa durch das Mittelalter unterbrochen worden, dann wäre der technisch-naturwissenschaftliche Standard unserer Zeit vielleicht noch höher, als er tatsächlich ist.

Die indianischen Hochkulturen in Mittel- und Südamerika kannten nicht das Rad für technische Geräte, sondern setzten es für einfaches Kinderspielzeug ein. Das Rad war für sie ein Symbol der Sonne, die eine göttliche Verehrung genoß, und ein heiliges Symbol durfte nicht für eine triviale Technik verwendet werden. Anders war die Situation im alten Ägypten, wo die

Sonne ebenfalls einen göttlichen Status hatte und sogar die höchste Gottheit verkörperte. Das Rad war dort ebenfalls ein Symbol der Sonne, doch durfte es in der Technik verwendet werden, wenn der Pharao als ein Sohn der Sonne den Einsatz für notwendig hielt. Die ägyptische Hochkultur war deshalb schon frühzeitig technisch orientiert, und der ägyptischen Armee standen durch den Einsatz des Rades militärisch höchst wirkungsvolle Streitwagen zur Verfügung, die wie eine moderne Panzerwaffe jeden Angriff dominierten und auf diese Weise die Macht des Reiches stetig vergrößerten. Von der chinesischen Hochkultur wurden zahlreiche Erfindungen, auf die später Europa stolz war, vorweggenommen. Aber die chinesische Hochkultur suchte stets Harmonie zwischen Mensch und Natur und wertete epochale Erfindungen, die nicht dem Harmoniekonzept entsprachen, als Spielereien.

In den letzten 10 000 Jahren entwickelte die Menschheit etwa 20 Hochkulturen, die alle unterschiedliche Schwerpunkte kannten, doch nur eine einzige Hochkultur, die aus der Antike kommende Kultur des Abendlandes, fand den Durchbruch zu einer technischen Hochkultur, die inzwischen die Erde dominiert. Eine Kommunikation mit Außerirdischen ist nur bei einer technisch-naturwissenschaftlichen Hochkultur denkbar; andere Kulturen mögen zwar über ein Leben außerhalb ihres Planeten nachdenken, doch eine tatsächliche Kommunikation interessiert sie vielleicht überhaupt nicht, zumal ihnen die technischen Mittel fehlen.

Hypothetische Kulturen

Das äußere Bild der Lebewesen eines Planeten wird vermutlich entscheidend von der Beschaffenheit und der Umwelt des Heimatplaneten geprägt. Auf diesem Planeten haben sich die Lebewesen entwickelt, und ihre Evolution ist das Produkt von Wechselbeziehungen mit dem Planeten. Auf kleinen Planeten, die gerade noch in der Lage sind, eine lebensfreundliche Atmosphäre zu halten, könnten Lebewesen recht groß werden, weil der Einfluß der Schwerkraft gering bleibt. Insbesondere Pflanzen könnten große Höhen erschließen und dabei filigrane Astkonstruktionen entwickeln; massive Stützvorrichtungen wie bei irdischen Bäumen wären wegen der geringen Schwerkraft nicht notwendig. Bei Tieren könnten sich zahlreiche giraffenähnliche Baupläne durchsetzen. Für die Tiere wäre es dann möglich, aus großen Höhen die Umwelt zu überblicken, und gleichzeitig wären Skelett und Kreislauf durch die Schwerkraft nur minimal belastet.

Ganz anders wäre dagegen die Situation auf einem großen Planeten mit einer hohen Schwerkraft. Hohe Anziehungskräfte würden das Größenwachstum einschränken, und auch größere Pflanzen oder Tiere würden sehr gedrungen und abgerundet aussehen. Tierische Baupläne, die an die Schildkröten auf der Erde erinnern, hätten eine große Chance, sich durchzusetzen. Ein Mensch von 70 Kilogramm Gewicht wiegt zum Beispiel auf einem Planeten mit der fünffachen Schwerkraft der Erde 350 Kilogramm. Eine solche Belastung geht natürlich stark auf die Gelenke, und die Füße eines Außerirdischen von diesem Planeten müßten denen eines Elefanten ähneln. Außerdem müßte das Herz sehr stark sein, denn es müßte das Blut gegen diese enorme Schwerkraft pumpen können. Daneben würden wahrscheinlich Lebewesen auf großen Planeten viele Beine entwickeln, um das Körpergewicht besser verteilen zu können. Große Planeten begünstigen allein durch den Faktor Schwerkraft die Entwicklung von Zwergen und kleine Planeten die Entwicklung von Riesen.

Es sind außerirdische Zivilisationen denkbar, die sich so sehr von den menschlichen Zivilisationen unterscheiden, daß uns sogar die Sinnesorgane für eine Kommunikation fehlen könnten. Hat eine außerirdische Zivilisation keine technisch-naturwissenschaftliche Hochkultur entwickelt, dann fehlen ihr selbst die Grundlagen, um zu erforschen, was außerhalb ihres Heimatplaneten im Weltraum passiert. Trotz größter Mühe wird die Menschheit mit einer solchen Zivilisation niemals Funkkontakt aufnehmen können, sondern müßte sich direkt zu einem Besuch auf dem betreffenden Planeten entschließen. Bei solchen Unternehmen könnten die Astronauten der Erde wahrhaftig unglaubliche Überraschungen erleben.

»*Luftzivilisationen*«

Auf Planeten mit einer sehr dichten Atmosphäre könnten sich bei lebensverträglichen Temperaturen und einem entsprechenden Wasserreichtum Lebensformen während ihres gesamten Lebens regelrecht in der Luft halten. Die unterschiedlichen Lebensformen könnten optisch den irdischen Quallen ähneln und würden, wie bei den Luftblasen der Fische, durch spezielle Schwebevorrichtungen energiesparend in der Luft gehalten werden. Wegen der dichten Atmosphäre wären die akkustischen Sinne gut entwickelt, und Schallwellen aller Art könnten besser als auf der Erde zur Verständigung eingesetzt werden. Tierische Lebensformen könnten regelrecht durch die Luft rudern oder sich vergleichbar einem Düsenflugzeug durch Luftausstoß fortbewegen. Pflanzliche Lebensformen könnten dagegen durch riesige nabelschnurartige Fortsätze im Boden verankert sein, um mineralische Nährstoffe aufzunehmen. Am Boden des Planeten wäre der Luftdruck so hoch, daß sich nur einfache und bakterienähnliche Lebensformen halten könnten. Für größere Lebensformen wäre nur der Luftraum lebensfreundlich, und das hochentwickelte Leben müßte in einem Luftmeer schwimmen wie die irdischen Fischschwärme im Wasser.

»*Geruchszivilisationen*«

Besitzen Planeten eine sehr trübe Atmosphäre, könnte es denkbar sein, daß die Entwicklung von guten optischen Sinnen keine Vorteile bringt, da in der Umwelt ein ausgeprägter Lichteinfall fehlt. Pflanzen könnten sich in dieser Umwelt ohne Lichteinfall auf die Auswertung der Wärmeenergie von der zentralen Sonne eingestellt haben. Zu großen Überlebensvorteilen würde in einer solchen Umwelt die Evolution von leistungsfähigen Geruchssinnen führen. Es wäre sogar möglich, daß bei einem hohen Entwicklungsstand eine Zivilisation eine chemische Kommunikation aufbauen könnte. Solche Lebensformen könnten funktionell dem Menschen ähneln, hätten allerdings sehr große und bewegliche Nasen sowie ein hochentwickeltes Riechhirn. Auf der Erde können zahlreiche Tiere wie etwa der Hund oder viele Insektenarten sehr gut riechen; Lachse finden beispielsweise in den Weiten der Meere ihren heimatlichen Fluß am Geruch, und manche Schmetterlinge riechen sich untereinander über eine Entfernung von vielen Kilometern. In einer außerirdischen Zivilisation könnten Geruchswesen noch feinere Nasen als die leistungsfähigsten irdischen Lebensformen besitzen. Sie könnten individuelle Duftstoffe ausstoßen und auch empfangen und gleichzeitig diese Duftstoffe entsprechend ihrem Kommunikationsbedürfnis modifizieren; ihre Sprache wäre die Chemie. Attraktive Geruchswesen würden über besonders ausgeprägte Duftstoffe verfügen, und ein Schönheitswettbewerb könnte bereits über große Entfernungen wahrgenommen werden. In der Disco würden sich schließlich Geruchswesen vergnügen, die sich besonders gut riechen könnten. Über Geruchssymbole könnte sogar eine »Schrift« entwickelt werden, und die Geruchswesen könnten ihr Wissen aufzeichnen. In Bibliotheken würden lange Regale mit Riechfläschchen stehen, und der Literaturfreund wäre in der Lage, den neuesten Roman zu erschnüffeln. Eindrucksvolle Malereien könnten sich in einer Geruchszivilisation nicht entwickeln, dafür aber würden die Künstler ausgefallene »Riech-Kreationen« zusammenstellen, um die Geruchswesen zu erfreuen.

»Wasserzivilisationen«

Planeten, die völlig von Wasser bedeckt sind, könnten Voraussetzungen zur Entwicklung von Wasserzivilisationen bieten. Hier liefern die Meere auf der Erde sogleich zahlreiche Modellvorstellungen. Zwischen Lebewesen sind im Wasser Kommunikationen mit Hilfe von elektrischen Feldern, aber auch von Druckschwankungen möglich, schließlich können Wasserwesen auch bei Dunkelheit über selbstproduzierte Lichtsignale kommunizieren oder sich wie Wale über einen Gesang in bestimmten Tonfrequenzen verständigen. Im Meer kann der Gesang der Wale von Artgenossen über Entfernungen von vielen Hundert Kilometern wahrgenommen werden. Kraken besitzen trotz ihres einfachen Baues hochentwickelte Nerven und feine Sinnesorgane, die einen Evolutionsweg zu einem leistungsfähigen Gehirn andeuten könnten. Außerdem könnten ihre Fangarme durchaus auch zu einem Werkzeuggebrauch eingesetzt werden. Der französische Meeresforscher Jaques-Yves Cousteau fand Kraken, die sich als Ersatz für Höhlen eigene Behausungen bauten. Krakenähnliche Wesen könnten auf einem Wasserplaneten die Spitze der Evolution übernehmen und eine vielfältige Zivilisation aufbauen. Auf der Erde gab es bei Landwesen und bei Wasserwesen eine ausgeprägte Gehirnentwicklung; im Verhältnis zum Körpergewicht haben der Mensch und der Delphin das größte Gehirn. Das Gehirn des Pottwals verfügt über die sechseinhalbfache Masse des Gehirns eines durchschnittlichen Menschen. Haben Wale vielleicht Einsichten, erzählen sie sich Geschichten? – Dem Menschen fehlen zur Beurteilung die Sinnesorgane.

»*Wüstenzivilisationen*«

Sollte die zentrale Sonne in einem Planetensystem einmal ihre Strahlungsaktivitäten verändern, dann würde das mögliche Leben auf den Planeten der Ökosphäre in größte Schwierigkeiten kommen. Durch einen kontinuierlichen Strahlungsanstieg würden große Teile des Lebens vernichtet werden, und nur besonders widerstandsfähige Lebensformen könnten in Rückzugsgebieten noch eine Zeitlang überleben. Wüstenzivilisationen wären Endzeitzivilisationen; dennoch wäre nach der Verdunstung der Ozeane soviel Wasserdampf in der Atmosphäre, daß sich eine Wüstenzivilisation stabilisieren könnte. Die letzten höheren Lebensformen könnten direkt im Sand unter der Wüstenoberfläche leben und wären durch einen dicken Körperpanzer vor einer Verdunstung geschützt. Sie würden kein Wasser mehr abgeben, und ihr Wasserbedarf würde über interne Kreisläufe gedeckt werden. Optisch könnten sie riesigen gepanzerten Insekten gleichen, und ihre Kommunikation könnte über feinste Bodenerschütterungen erfolgen, die sie mit Sensoren an ihren zahlreichen Beinen aufnehmen würden. Pflanzen könnten sich in dieser

Endzeitwelt wie endlos lange Telefonkabel unter einer dünnen Sandschicht dahinschlängeln und ihre Energie aus der Wärme des Sandes beziehen. Bei Tag wäre die Bestrahlung erbarmungslos, und nur in der Nacht könnten sich die Lebewesen an die Oberfläche wagen. Pflanzen könnten dann riesige Fächer ausfahren, um die Feuchtigkeit, die sich jetzt aus der Atmosphäre niederschlagen würde, aufzufangen. Tiere könnten Körperfortsätze wie Segel aufblähen und sich im Wind dahintreiben lassen. Nur in der Nacht könnten neue Lebensräume und neue Nahrungsquellen erschlossen werden. Das Abkühlen der Körperpanzer könnte die Tiere gesellig machen, und sie könnten sich jetzt akkustisch verständigen, ein Relikt aus längst vergangenen Zeiten. Bei einem hohen technischen Standard könnte sich eine Wüstenzivilisation auch tief in den Planeten eingraben und in einer künstlichen Umwelt mit geschlossenen Naturkreisläufen darüber nachsinnen, daß zum Zivilisationserhalt das Sonnensystem verlassen werden muß.

»Höhlen- und Tiefenzivilisationen«

Weitere Endzeitzivilisationen könnten versuchen, in Höhlensystemen im Felsgestein oder am Boden der Meere zu einer neuen Blüte zu gelangen. Innerhalb von Höhlen oder auf dem Meeresboden müßten neuartige Sinnesorgane dominieren, denn bei einer nichttechnischen Zivilisation würde das Licht fehlen. In Höhlen könnten sich die Lebensformen nach einer Art Radarsystem wie bei Fledermäusen oder durch körpereigene Lichtsignale verständigen. Ebenso müßten Tast- und Erschütterungssinne gut entwickelt sein. Zur Energiegewinnung könnten vielleicht die Chemosynthese oder die Ausbeutung von energiereichen Strahlungen aus Mineralien nützlich sein. Eine technische Zivilisation könnte die Hitze der Planetenoberfläche über Kabelsysteme als Energiequelle anzapfen. Sogar die Wärme aus dem noch flüssigen Planetenkern könnte für spezialisierte Lebensformen eine energetische Existenzgrundlage bilden. Kulturen in Höhlensystemen müßten zwangsläufig klein bleiben und mit ihrem Energievorrat sparsam wirtschaften. Ihre Blüte wäre meist recht bescheiden, aber dennoch könnte es ihnen gelingen, ein langanhaltendes Gleichgewicht zu finden, um ein Fortbestehen der Höhlenzivilisation zu sichern. Große wissenschaftliche Projekte würden intelligente Höhlenzivilisationen überfordern; an den Weltraum würden sie vermutlich kaum einen Gedanken verschwenden.

Bei einer hohen UV-Bestrahlung der Planetenoberfläche wäre der Meeresgrund ein sicheres Rückzugsgebiet für Lebensformen. Zur Orientierung, aber auch zur Kommunikation könnten diese Lebensformen unterschiedliche elektrische Felder einsetzen. Für Verkehrswege könnten die magnetischen Kraftlinien des Planeten die Richtung weisen. In ihrem Erscheinungsbild würden die Wesen am Meeresgrund vielleicht an Fische erinnern, die bei Bedarf auch auf Beinen laufen könnten. Ernährungsgrundlage könnte ein Regen von kleinen Lebensformen sein, die unterhalb der Meeresoberfläche noch zur Photosynthese fähig sind, im Alter aber in die Tiefe absinken.

Weitere Modellvorstellungen für eine denkbare außerirdische Zivilisation bietet die reiche Welt der Insekten auf der Erde. In einem Insektenstaat verliert beispielsweise das Individuum vollkommen seine Eigenständigkeit und funktioniert wie eine vorprogrammierte Zelle in einem Organismus. Eine außerirdische Zivilisation mit den sozialen Strukturen und der fehlenden Individualität eines Insektenstaates könnte sehr durchsetzungsfähig sein. Bei hoher technischer Intelligenz könnten sich die Mitglieder zu Eroberern entwickeln und versuchen, die Galaxis zu beherrschen. Die Zivilisation könnte Kriegerkasten, Gelehrtenkasten oder Arbeiterkasten hervorbringen; das Individuum wäre ohne Bedeutung, und der Fortschritt würde sich aus der Gruppenintelligenz und der Gruppenkreativität ergeben.

Schließlich könnte es auch »Zivilisationen ohne Nacht« geben. Wenn in einem Doppelsternsystem ein Planet um die Hauptsonne kreist, dann ist diese Sonne für den Tag verantwortlich und die Schwestersonne für die Nacht. Im Endergebnis würde es niemals dunkel werden; die Photosynthese könnte überschießen und eine gewaltige Pflanzenwelt aufbauen. Vielleicht würde es eine Trennung in Pflanzen und Tiere nicht geben, und intelligente Pflanzen mit tierischen Eigenschaften könnten eine Zivilisation begründen.

Auch der Art der Kommunikation zwischen Mitgliedern von denkbaren außerirdischen Zivilisationen sind kaum Grenzen gesetzt. Kommunikationen sind nicht nur optisch und akkustisch, sondern auch über Wärmestrahlungen, magnetische Feldlinien, polarisiertes Licht, elektromagnetische Wellen, Duftstoffe, eine Art Radar mit Echoortung sowie über Druckänderungen oder Erschütterungen möglich. Schließlich gibt es auf der Erde auch Menschen, die behaupten, über telepathische Fähigkeiten zu verfügen. Bei einer fortgeschrittenen Zivilisation könnte auch eine direkte Kommunikation von Gehirn zu Gehirn ohne zwischengeschaltete Sinnesorgane diskutiert werden. Ähnlich wie bei den Möglichkeiten und Wegen zur denkbaren Lebensentwicklung auf fremden Planeten sind auch bei den Vorstellungen zur Gestaltung einer denkbaren außerirdischen Zivilisation kaum Grenzen vorgegeben. Prinzipiell können sich mögliche außerirdische Zivilisationen sehr vielfältig entfalten und, wenn es notwendig ist, auch völlig anders als auf der Erde.

Zivilisationsgefährdungen

Fortschritt ist oft ein sehr empfindliches Pflänzchen, und keine Hochkultur kann sicher sein, sich auf ewig fortzuentwickeln und eine Art Überkultur zu bilden. Zivilisationen können nicht nur am Egoismus ihrer Mitglieder oder an biologischen Fehlentwicklungen zerbrechen, sondern auch die Natur selbst kann auf einem Planeten die Zivilisationen in Trümmer legen. Die Erde ist auch in der Gegenwart von Meteoriten und Kometen gefährdet. Zwar sind Gefährdungen seltener als in der Frühzeit der Erde, dennoch sind sie immer präsent. Glücklicherweise bedrohen himmlische Geschosse ganz selten die Erde, so daß die Gefahren kaum in das menschliche Bewußtsein vordringen. Im Sommer 1994 zeigten Einschläge von Kometentrümmern auf dem Planeten Jupiter, mit welcher Wucht die Geschosse aus dem Weltraum treffen. Es bildeten sich Feuerbälle von der Größe der Erde, und bei einem Aufschlag auf dem blauen Planeten hätte sicherlich für die Menschheit das letzte Stündchen geschlagen. Der Mensch wird wohl immer gegenüber diesen Geschossen machtlos bleiben. Sollte er sie lange vor einer Bedrohung der Erde entdecken, könnte er höchstens versuchen, durch Explosionen von Wasserstoffbomben in ihrer Nachbarschaft, ihren Weg zu beeinflussen. Wären die Explosionen erfolgreich, könnte sich der Kurs verschieben, und die Geschosse würden an der Erde vorbeirasen. Sollte der Erfolg versagt bleiben, würde auf der Erde die Hölle ausbrechen. Ein Teil der himmlischen Geschosse stammt aus dem Asteroidengürtel zwischen den Planeten Mars und Jupiter, ein anderer Teil dagegen kommt vermutlich aus der Oortschen Wolke am Rande des Sonnensystems. Die Oortsche Wolke besteht aus einigen Billionen mehr oder weniger großen Objekten und gilt als die Geburtsstätte der Kometen. Hin und wieder werden Objekte der Oortschen Wolke aus ihrer Bahn gedrängt und rasen dann in das Innere des Sonnensystems, wobei aus statistischen Gründen auch auf der Erde Treffer möglich sind. Hinter dem »hin und wieder« scheint sogar ein Rhythmus zu stehen, denn besonders große Brocken sollen die Erde in bestimmten Zeitabständen treffen. Als Ursache für diesen Rhythmus werden verschiedene Vorstellungen diskutiert, zu denen auch die umstrittene Nemesis-Theorie gehört. Die Sonne soll nach dieser völlig spekulativen Vermutung einen kleinen und bereits erkalteten Begleitstern besitzen, der sich etwa alle 30 Millionen Jahre dem Sonnensystem annähert und durch Schwerkraftstörungen Objekte der Oortschen Wolke aus ihrer Bahn wirft. Auf ihrem neuen Weg sollen die Objekte dann auch die Erde gefährden. Nemesis ist der Name der griechischen Göttin des Unglücks, sie würde über der Erde ständig ein Damokles-Schwert schwingen.

Auch in der jüngsten Vergangenheit haben himmlische Geschosse die Erde nur knapp verfehlt. Am 10. August 1972 raste ein Meteor mit einem Durchmesser von etwa 4 Meter und einer Geschwindigkeit von 15 Kilometer pro Sekunde (!) hell leuchtend in einer Höhe von nur 58 Kilometer an der Erde vorbei. Das Objekt wurde im US-Staat Wyoming durch Zufall fotographiert und hätte vermutlich bei einem Aufschlag die Energie einer

Atombombe freigesetzt. Ein noch größerer Brocken mit einem Durchmesser von etwa 10 Meter passierte die Erde im Januar 1991 im Abstand von 170 000 Kilometer. Die Angelegenheit war damals dramatisch geworden, weil der Meteor erst 12 Stunden vor der Passage entdeckt worden war und bei einem Kollisionskurs kaum Zeit für eine Vorwarnung geblieben wäre.

Riesenmeteorite auf Kollisionskurs können auf der Erde, aber auch auf anderen bewohnten Planeten die Evolution in neue Bahnen lenken. Mit sehr großer Wahrscheinlichkeit ist der Untergang der Saurier auf den Treffer eines Riesenmeteoriten mit einem Durchmesser von etwa 10 Kilometer vor 65 Millionen Jahren zurückzuführen. Saurier waren nach heutigen Erkenntnissen keineswegs Fehlkonstruktionen und Sackgassenentwicklungen der Natur; es gab unter ihnen hochentwickelte Formen. Während der Kreidezeit lagen zum Beispiel große Teile Australiens in der Region des Südpolarkreises; zumindest die Saurier Australiens mußten deshalb in der Lage gewesen sein, ihre Körpertemperatur wie bei den Säugetieren konstant zu halten. Der kanadische Paläontologe Dale Russell sieht sogar in der Gruppe der Stenonychosaurier eine Prädisposition für eine höhere Intelligenz mit der Fähigkeit zum Werkzeuggebrauch. Unter einer Prädisposition versteht der Genetiker Merkmale, die eine Entwicklung zu bestimmten Eigenschaften zulassen. Die betroffenen Saurier konnten aufrecht gehen, die Vorderbeine unabhängig von der Fortbewegung benutzen und verfügten über ein für Saurier recht großes Gehirn. In der Relation von Gehirnmasse und Körpergewicht waren sie etwa mit dem heutigen Vogel Strauß vergleichbar. Russell nannte die Menschen-analoge Lebensform, die sich allerdings nie entwickelt hat, Dinosauroide. Menschenähnliche Lebensformen sind seit etwa 4 Millionen Jahren bekannt, und der Entwicklungsschritt zu den echten Menschen vollzog sich vor ungefähr 2 Millionen Jahren. Da alle Saurier vor 65 Millionen Jahren ausgestorben sind, läßt sich ein interessanter Gedankengang konstruieren: Hätten sich tatsächlich Dinosauroide entwickeln können, dann würde es möglicherweise bereits auf der Erde eine viele Millionen Jahre alte technische Intelligenz geben. Der Standard dieser technischen Intelligenz könnte nach einer solchen langen Entwicklungsphase

Abb. 27 Dinosauroide (links) und Stenonychosaurier (rechts); Dinosauroide haben sich in der Evolution nie entwickelt und sind das Ergebnis von Spekulationen. Der kanadische Paläontologe Dale Russell glaubt, daß sich aus Stenonychosauriern intelligente Dinosauroide hätten entwickeln können, wenn die Saurier nicht ausgestorben wären.

natürlich ein beachtliches Niveau erreicht haben. Wenn man bedenkt, daß die ersten menschlichen Hochkulturen erst vor einigen Tausend Jahren entstanden sind, dann hätten die Kulturen der Dinosauroiden über einen Zeitraum von Jahrmillionen bei einem vergleichbaren Entwicklungstempo heute wahrhaft phantastische Dimensionen erschlossen; sie wären vielleicht dabei, die Milchstraße zu besiedeln. Dinosauroide hätten bei ihrer Evolution wahrscheinlich sogar auf bessere Entwicklungsvoraussetzungen als der Mensch zurückgreifen können. Beim menschlichen Säugling darf vermutlich der Kopf und damit das Gehirn in der Evolution nicht mehr größer werden, weil sonst die Mütter aus anatomischen Gründen ihre Kinder nicht mehr auf natürliche Weise zur Welt bringen könnten. Saurier dagegen schlüpften aus Eiern, und die Weibchen waren beim Legen der Eier weniger gefährdet als die Weibchen der Säugetiere bei der Geburt. Bei einem Schlüpfen aus dem Ei könnte die Evolution noch eine weitere Vergrößerung des Kopfes und damit des Gehirns durchaus zugelassen haben.

Andere Probleme einer außerirdischen Zivilisation könnten hausgemacht und mit den Problemen der Menschen auf der Erde vergleichbar sein. Bei einer hochentwickelten und stabilen Zivilisation wird das Problem der Überbevölkerung des Planeten vermutlich einen hohen Stellenwert einnehmen. Aus der Überbevölkerung könnten sich zahlreiche Konsequenzen ergeben: Die Produktionskapazität für Nahrungsmittel und der Vorrat an Rohstoffen könnten sich auf dem Heimatplaneten zu erschöpfen beginnen. Daneben könnten sich auch durch Übernutzungen von Ressourcen Umweltkatastrophen ergeben, und ein intensiver Gebrauch von künstlichen Kernverschmelzungen zur Energiegewinnung könnte zusätzlich zu einer Art »Wärmeverschmutzung« führen; Abfallwärme aus Kernverschmelzungen könnte nicht vollständig abgeleitet werden und würde die Atmosphäre überhitzen. Schließlich könnten wie bei der Menschheit zwischen einzelnen Bevölkerungsgruppen immer wieder Kriege ausbrechen und die Zivilisationen in ihrem Entwicklungsniveau zurückwerfen oder sogar auslöschen (etwa Atomkrieg, biologischer Krieg, etc.).

Eine terminale Zivilisationsgefährdung geht schließlich von der zentralen Sonne eines Planetensystems aus, wenn sich die Wasserstoffvorräte zu erschöpfen beginnen. Die zentrale Sonne wird dabei ständig heißer und beendet das lebensfreundliche Umfeld der Planeten ihrer Ökosphäre. Eine terminale Zivilisationsgefährdung wird wahrscheinlich überwiegend für sehr alte und damit vielleicht auch hochentwickelte Zivilisationen gelten. Die Zivilisationen werden gezwungen sein, fremde Sonnensysteme zu besiedeln oder unterzugehen. Für die Erde ergibt sich die terminale Zivilisationsgefährdung erst in einigen Milliarden Jahren; einige Fachleute vermuten jedoch auch bereits in etwa 1,5 Milliarden Jahren, wenn die Temperatur des Meerwassers die lebensfreundliche Grenze überschreitet. Die Sonne wird dann mindestens 10 Prozent mehr Energie abstrahlen als heute.

»Terraforming«

Bei einer Überbevölkerung des Heimatplaneten müßten Zivilisationen ernsthaft diskutieren, mögliche Nachbarplaneten zu besiedeln. Liegen solche Planeten in der Ökosphäre der zentralen Sonne und stellen Geschwister des Heimatplaneten dar, dann könnte ein Besiedlungswunsch für eine fortgeschrittene Zivilisation realistisch sein. Für viele Gebiete der Erde wird in den nächsten Jahrhunderten eine starke Überbevölkerung erwartet, während sich gleichzeitig die landwirtschaftlich nutzbaren Flächen verknappen und Wüstengebiete zunehmen. Es ist zu befürchten, daß die Erde einmal die ständig wachsende Menschheit nicht mehr ernähren kann und sich Zivilisationsgefährdungen durch Hungerkatastrophen ergeben. Von einigen Wissenschaftlern wird deshalb bereits heute über ein »Terraforming« des Planeten Mars und vielleicht auch des Planeten Venus nachgedacht; beide Planeten liegen jeweils am Rand der Ökosphäre um unsere Sonne. »Terraforming« bedeutet die Anpassung eines Planeten an die Umweltsituation der Erde, damit er für den Menschen bewohnbar wird; der Planet wird nach der Erde geformt. Durch »Terraforming« könnte zunächst der Mars helfen, das Problem der Überbevölkerung auf der Erde zu lösen. Für ein erfolgreiches »Terraforming« müßte allerdings ein Zeitraum von einigen Hunderttausend Jahren eingeplant werden.

Für den Planeten Mars ist nach hypothetischen Überlegungen in einer ersten Phase des »Terraforming« vorgesehen, riesige Mengen der berüchtigten Ozon-Killer FCKW (Fluor-Chlor-Kohlenwasserstoffe) auf seiner Oberfläche zu lagern und nach und nach in die dünne Atmosphäre abzublasen. Das FCKW soll auf dem Mars einen Treibhauseffekt auslösen und den Planeten erwärmen. Das im Marsboden gebundene Kohlendioxid könnte dann in die Gasphase übergehen und sowohl die Atmosphäre verdichten als auch den Treibhaus-Effekt verstärken. Bei einem Erfolg wären die Temperaturen später hoch genug, um das Eis unter den Polkappen zu verflüssigen, und es könnte zu regnen beginnen. Erstmals nach Jahrmilliarden könnten sich dann die ausgetrockneten Flußtäler des Mars wieder mit Wasser füllen. In einer zweiten Phase des »Terraforming« würden speziell gezüchtete und robuste grüne Pflanzen (etwa Algen) zum Mars gebracht und dort ausgesetzt werden. Sie würden ideale Lebensbedingungen vorfinden und könnten sich dann explosionsartig vermehren; ihre zentrale Aufgabe wäre, über die Photosynthese Sauerstoff zu produzieren und freizusetzen. Im Laufe der Jahrtausende könnte dann die Atmosphäre des Mars immer reicher an Sauerstoff werden. Gleichzeitig müßten aber auch auf dem Mars viele automatische Fabriken installiert werden, um aus den Mineralien des Marsbodens Stickstoff zu gewinnen und in die Atmosphäre abzugeben. Mit geeigneten Mengen von Stickstoff und Sauerstoff könnte zuletzt die Erdatmosphäre kopiert werden, und der Mars wäre für den Menschen lebensfreundlich. Vermutlich wäre für dieses Ziel ein Zeitaufwand von mehr als hunderttausend Jahren notwendig.

Die ersten Siedler würden durch den Treibhaus-Effekt auf dem Mars eine angenehme Durchschnittstemperatur von etwa 20 Grad Celsius vorfinden. Eine aufregende Besiedlungszeit könnte beginnen, und in Filmen würden später vielleicht nicht mehr die Abenteuer im Wilden Westen, sondern auf dem wilden Mars gefeiert werden. Danach müßten die »Erdlinge«, die jetzt Marsmenschen geworden sind, dafür sorgen, daß der Treibhaus-Effekt erhalten bleibt; spezielle Fabrikationsanlagen müßten deshalb regelmäßig FCKW in die Atmosphäre abblasen. Den Damen würde auf dem Mars sogar nahegelegt werden, das Haar öfters intensiv mit einem altmodischen Spray zu frisieren. Ein Problem ist allerdings ungelöst: Wie sollen Millionen von Menschen zum Mars transportiert werden, und werden Millionen von Menschen überhaupt dazu bereit sein; sicherlich wird der »Erdling« zäh an seiner Erde kleben.

Für den Planeten Venus wäre das »Terraforming« sicherlich weit schwieriger als für den Mars. Zunächst müßte der höllische Treibhaus-Effekt der Venus rückgängig gemacht werden. Dazu könnte es sinnvoll sein, am äußeren Rand der Venusatmosphäre hauchdünne Folienstreifen abzusetzen, die das Sonnenlicht reflektieren. Mit der Zeit würde deshalb der Planet etwas auskühlen, und es könnten Temperaturbereiche erreicht werden, bei denen sich Wasserdampf verflüssigt. Auf der Venus gibt es allerdings kaum noch Wasser, so daß während dieser Abkühlphase zahlreiche automatische Fabrikationsanlagen hauptsächlich die Schwefelsäurewolken der Venus abbauen müßten, um Wasser freizusetzen. Der wichtigste Schritt zur Lebensfreundlichkeit wäre dann getan, wenn es auf der Venus zum erstenmal regnen würde. Der Regen würde zwar zunächst immer wieder verdampfen, aber ein Abkühleffekt wäre trotzdem in Gang gekommen. Durch den Regen könnte sich dann auch der hohe Anteil von Kohlendioxid in der Venusatmosphäre auswaschen, und das Gas würde, ähnlich wie in der Frühzeit der Erdentwicklung, in den Gesteinen gebunden werden. Nach und nach würde sich auch der Treibhaus-Effekt abschwächen, und die Venusatmosphäre könnte sich in ihrer Zusammensetzung an die Erdatmosphäre annähern.

Die Venus ist eine Schwester der Erde und stimmt mit ihr sowohl in der Größe als auch in der Masse weitgehend überein. Wenn sich nun nach den Manipulationen die Venusatmosphäre an die Erdatmosphäre angeglichen hätte, könnten ähnlich wie beim »Terraforming« auf dem Mars irdische Pionierpflanzen abgesetzt werden. Mit ihnen könnte die Photosynthese beginnen, und Sauerstoff würde sich in der Atmosphäre ansammeln. Durch ihre Nähe zur Sonne ist die Venus sehr gut mit Energie versorgt, und die Pflanzen könnten leicht den gesamten Planeten erschließen, um ihn für den Menschen vorzubereiten. Sicherlich müßten viele Hunderttausend Jahre vergehen, bis die Venus dem Menschen eine gewisse Lebensfreundlichkeit anbieten könnte. Dann aber könnten die Sonnenreflektoren am Rande der Atmosphäre langsam ausgedünnt werden, um einen stabilen Gleichgewichtszustand in der Versorgung mit Sonnenenergie zu sichern. Aufgrund ihrer Größe kann die Venus genau wie die Erde eine stabile Atmosphäre halten, so daß eine lebensfreundliche Umwelt zuletzt garantiert wäre. Leben auf der Venus wäre wie ein Urlaub in den Tropen, denn die reiche Versorgung mit Sonnenenergie bietet insbesondere den grünen Pflanzen ungeahnte Entwicklungsmöglichkeiten. Für die »Erdlinge«, die sich auf der Venus niederlassen würden, wären vermutlich Eis und Schnee fremdartige Begriffe. Sie könnten sich an den Stränden der warmen Meere vergnügen und die Nähe zur Göttin der Schönheit genießen; die Venus wäre der Urlaubsplanet der »Erdlinge«.

Soweit die Theorie des »Terraforming« von Nachbarplaneten der Erde, die sicherlich in der Praxis beachtliche Hürden zu überwinden hätte. Außerdem muß sicherlich beim »Terraforming« mit einem Zeitaufwand von einigen Hunderttausend Jahren gerechnet werden, so daß mögliche Erfolge immer erst von späteren Generationen beurteilt werden können. Einer aktuellen Überbevölkerung könnte das »Terraforming« deshalb nicht entgegenwirken. Riesigen Raumstationen als neue Wohnorte für Menschen wird eine größere Erfolgsaussicht als dem »Terraforming« zugebilligt, Konstruktionsvorstellungen für solche Raumstationen liegen bereits in den Schubladen.

Gerard O'Neill von der Princeton-Universität stellt sich eine für Menschen bewohnbare Raumstation als ein riesiges Rad mit einem zylinderförmigen Reifen vor, in dem die Menschen leben könnten. Der Reifen würde rotieren, und die Zentrifugalkraft würde der irdischen Schwerkraft gleichen, so daß sich die Bewohner normal bewegen könnten. Im Inneren des Reifens wäre nach irdischen Vorbildern und ästhetischen Gesichtspunkten eine Landschaft mit Pflanzen modelliert worden, wo die Menschen wie auf der Erde in Häusern wohnen könnten. Der Hohlraum im Reifen wäre etwa 35 Kilometer lang und würde wegen der Ringstruktur kein Anfang und kein Ende besitzen; innerhalb des Hohlraumes würde sich sogar wegen der Größe ein Wettergeschehen etablieren können. Riesige Spiegel würden vom Weltraum aus die Sonnenenergie durch transparente Wände in die Raumstation lenken und einen Tag- und Nachtrhythmus erzeugen sowie für die Heizung garantieren. Getrennt von den Wohnbereichen wären in eigenen Zylindern Pflanzenkulturen vorhanden, um die Ernährung und Sauerstoffversorgung der Menschen zu sichern. Die größten Raumstationen sollen etwa 10 Millionen Menschen dauerhaft beherbergen. Gewisse Probleme würden allerdings Abschirmvorrichtungen für schädliche Weltraumstrahlungen und Meteoritenschutzvorrichtungen mit sich bringen. Wenig Probleme würden sich aus Industrieanlagen ergeben, denn giftige Abfallstoffe könnten einfach in den Weltraum verdriftet werden. Sicherlich wäre der Erde viel geholfen, wenn umweltbelastende Industrieproduktionen in den Weltraum verlagert werden könnten; Giftstoffe könnten dann die Erde nicht erreichen.

Das Material zum Bau einer Raumstation sollte nach ersten Plänen vom Mond entnommen werden, dessen Oberflächenzusammensetzung inzwischen bekannt ist. Wegen der geringen Schwerkraft des Mondes wäre es möglich, handliche Gesteinsbrocken zur Weiterverarbeitung direkt zur Baustelle einer

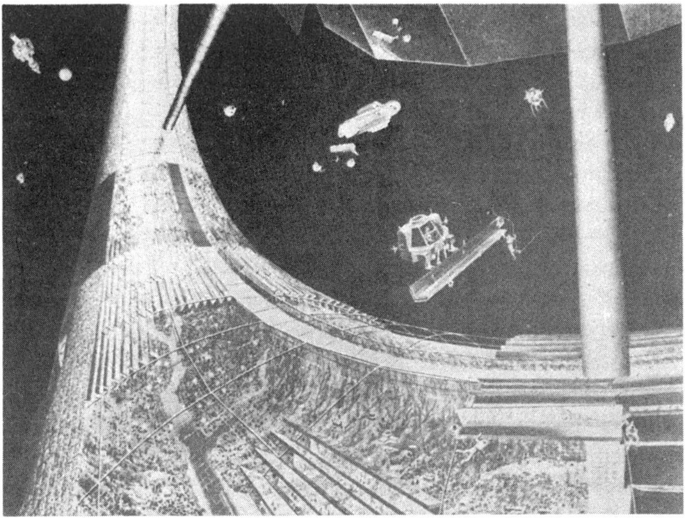

Abb. 28 Blick auf eine bewohnbare radförmige Raumstation; im Inneren sind Landschaftsstrukturen zu erkennen.

Raumstation zu schießen. Sauerstoff für die Wasserproduktion könnte aus Mondmineralien gewonnen werden, und nur der Wasserstoff müßte von der Erde eingeführt werden. Die Raumstation würde nach ihrer Vollendung über geschlossene biologische Kreisläufe verfügen und von außen praktisch nur eine Energiezufuhr über Sonnenspiegel benötigen. Standorte der Raumstationen könnten jene Himmelspunkte sein, wo sich die Schwerkraftfelder der Erde und des Mondes gegenseitig aufheben, so daß die Positionen nicht regelmäßig unter Energieaufwand korrigiert werden müßten. Die Bewohner der Raumstationen könnten ein reiches Arbeitspensum erfüllen; sie könnten Kometen abbauen, die alle wichtigen chemischen Elemente und auch Kohlenstoff und Wasser enthalten; aber auch Asteroide könnten wichtige Rohstoffquellen bieten, ein Asteroid mit einem Durchmesser von etwa 10 Kilometer enthält allein ungefähr $6{,}0 \times 10^7$ Tonnen Gold und $1{,}5 \times 10^{11}$ Tonnen Aluminium.

Superzivilisationen

Eine große Faszination üben Vorstellungen über mögliche außerirdische Zivilisationen aus, die die menschlichen Zivilisationen auf der Erde in ihrem Entwicklungsstand schon lange hinter sich gelassen haben. Insbesondere im Zentrum der Milchstraße gibt es wesentlich ältere Sterne als die Sonne, und auf lebensfreundlichen Planeten dieser Sterne könnte der Lebensevolution wesentlich mehr Zeit als auf der Erde zur Verfügung gestanden haben; entsprechend hoch könnte deshalb auch der Entwicklungsstand sein. Die Sonne ist ein Stern der zweiten Generation, für deren Aufbau bereits Trümmer von älteren Sternen verarbeitet wurden. Sie besteht zu etwa 2 Prozent aus schweren chemischen Elementen, während die Sonnen der ersten Generation zu 100 Prozent aus Wasserstoff bestanden; Sterne, die in unserer Zeit gebildet werden, setzen sich bereits zu etwa 4 Prozent aus schweren chemischen Elementen zusammen. Prinzipiell konnte sich Leben bereits wenige Milliarden Jahre nach dem Urknall entwickelt haben. Damals waren bereits die chemischen Elemente zum Aufbau der Lebensmoleküle durch Supernovaexplosionen entstanden. Der Wasserstoff in unserem Körper stammt noch vom Urknall, und die restlichen chemischen Elemente gehen auf den Sternenstaub nach der Explosion einer Supernova zurück. Leben könnte möglicherweise mehr als doppelt so alt sein wie auf der Erde.

Der Amerikaner Freeman Dyson und der Russe Nikolai Kardashev haben einen denkbaren unterschiedlichen Entwicklungsstand von außerirdischen Zivilisationen sogar katalogisiert. Nach Dyson könnten besonders hoch entwickelte Zivilisationen die Energie ihrer zentralen Sonne total ausnutzen, indem sie einzelne Planeten zerlegen und mit dem Material um die zentrale Sonne und den verbliebenen Planeten eine riesige Hohlkugel legen. Die abgestrahlte Energie der Sonne würde dann innerhalb der Hohlkugel verbleiben, und die Superzivilisation könnte zuletzt alle restlichen Planeten besiedeln, da sich durch die stark reduzierte Energieabgabe in den Weltraum die Ökosphäre des Zentralgestirns extrem vergrößern würde. Vom fernen Weltraum aus wäre die zentrale Sonne einer Superzivilisation nicht

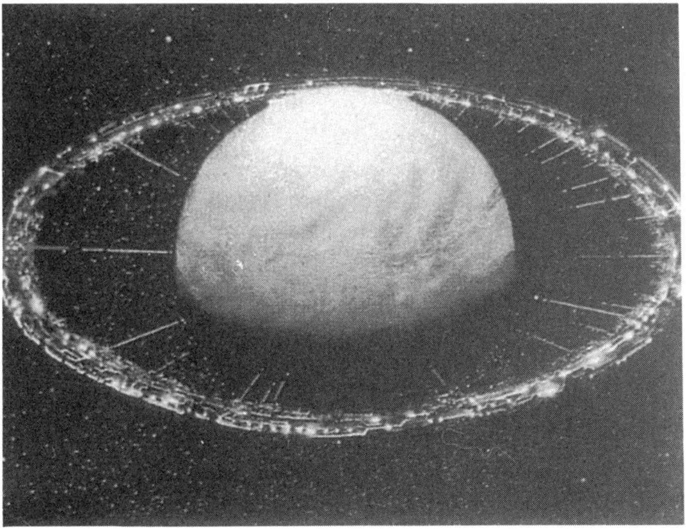

Abb. 29 Sehr weit fortgeschrittene außerirdische Zivilisation, die ihren Lebensraum durch einen bewohnbaren künstlichen Ring um den Planeten erweitern konnte; die hypothetische Zivilisation hat einen höheren technischen Standard als die Menschheit.

mehr sichtbar, weil keine Energie nach außen dringen würde. Höchstens Infrarotstrahlungen wären von außen zu erkennen. Über die sogenannten Dyson-Sphären wird nicht nur in Science-fiction-Romanen berichtet, sondern auch ernsthafte Abhandlungen beschäftigen sich mit diesen wahrhaft utopischen Planungen. Die Erde empfängt nach groben Schätzungen etwa den milliardsten Teil der gesamten abgestrahlten Sonnenenergie. In einer Dyson-Sphäre um die Sonne, aus der keine Energie mehr austreten würde, könnte somit die Erde in 1 Milliarde Exemplaren existieren, ohne daß es zu einem Energienotstand kommt.

Kardashev geht noch weiter und untergliedert außerirdische Zivilisationen nach dem Grad ihrer Energieverwertung. Die menschlichen Zivilisationen gehören zum Beispiel zum Kardashev-Typ I, da sie die Grundgesetze der Physik beherrschen und Energie für eine interstellare Kommunikation aufbringen könnten. Eine Zivilisation vom Kardashev-Typ II ist wesentlich weiter fortgeschritten und kann über die gesamte Energie des Zentralgestirns verfügen; sie könnte zum Beispiel Dyson-Sphären errichten. Eine absolute Superzivilisation ist zuletzt mit dem Kardashev-Typ III erreicht, denn diese Superzivilisation vermag die gesamte Energie ihrer Galaxis zu manipulieren. Eine solche Superzivilisation könnte nicht nur Planeten, sondern auch Sterne umbauen und an eigene Bedürfnisse anpassen. Auf den Menschen bezogen, würde Kardashev-Typ III bedeuten, wir wären in der Lage, mit der gesamten Energie der Milchstraße umzuspringen wie mit einem Kohlenofen im Wohnzimmer. Nach Kardashev müßten die Aktivitäten einer Superzivilisation vom Typ III über eine Entfernung von einigen Hundert Lichtjahren beobachtet werden können. Eine Superzivilisation dieses Formats könnte aus einer Mischung von Lebewesen und automatischen selbstreproduzierten Computern bestehen. Die automatischen Computer- und Maschinenkulturen würden die für Lebewesen tödlichen Strahlungszonen der Sterne beherrschen.

Außerirdische Zivilisationen sind nur in einer sehr großen Entfernung von der Erde überhaupt vorstellbar, da die Sterne in der direkten Nachbarschaft unseres Sonnensystems wahrscheinlich nicht über geeignete Ökosphären mitsamt dem zugehörigen Planeten verfügen. Carl Sagan von der Cornell-Universität in den USA hat berechnet, daß eine Superzivilisation von einem Sonnensystem etwa 200 Lichtjahre von der Erde entfernt ungefähr eine Milliarde Jahre benötigen würde, um nach schrittweisen Kolonisierungen von Planeten im jeweils benachbarten Sonnensystem bis zu unserem Sonnensystem vorzudringen. Das gesamte Universum hat ein geschätztes Alter von 15 bis 20 Milliarden Jahre, eine Superzivilisation müßte demnach aus einem sehr alten Sonnensystem stammen, denn auf der Erde benötigte das Leben etwa 4 Milliarden Jahre bis zum heutigen Entwicklungsstand.

Im Radius von 200 Lichtjahren liegen um unsere Sonne etwa 200 000 Sterne, von denen eine bestimmte Zahl wahrscheinlich über lebensfreundliche Planeten verfügen wird. Eine Superzivilisation, die dabei ist, bis zur Erde vorzudringen, müßte über einen unglaublich hohen technisch-wissenschaftlichen Standard ver-

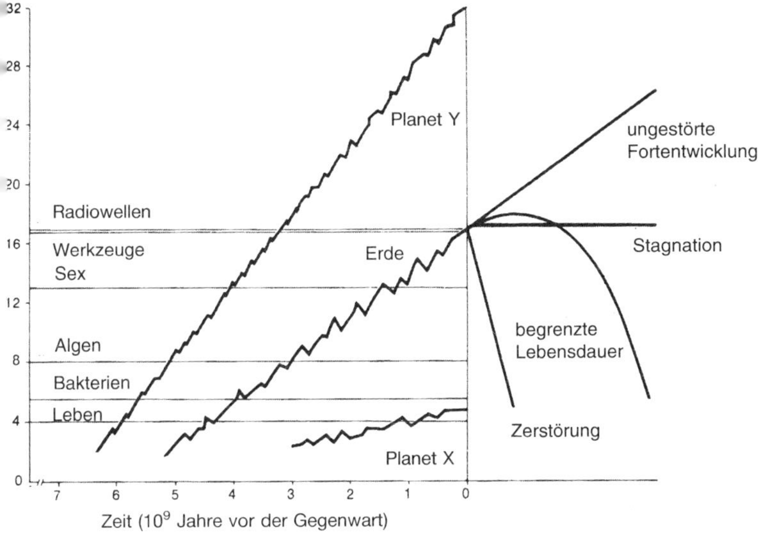

Abb. 30 Die Lebensentwicklung kann auf Planeten unterschiedlich schnell verlaufen, und das Leben selbst kann auch unterschiedlich alt sein; auf dem Planeten Y ist das Leben älter als auf der Erde und entwickelte sich auch schneller, hier ist eine Superzivilisation möglich; auf dem Planeten X ist dagegen das Leben jünger als auf der Erde, und es entwickelte sich auch langsamer.

fügen und der Menschheit völlig überlegen sein. Das Problem einer Superzivilisation wäre nicht, wie sie mit der Menschheit zurechtkommt, sondern wie die Menschheit mit ihr zurechtkommt. Über mögliche Kontaktwünsche einer denkbaren außerirdischen Superzivilisation wird nicht nur in Science-fiction-Romanen diskutiert, und es konnten verschiedene Argumente vorgebracht werden. Für weitere Spekulationen soll nun folgender Standpunkt angenommen werden: Erste Forschungssonden einer Superzivilisation haben von ihren äußersten Besiedlungspunkten aus das Sonnensystem erreicht und wissen, daß der Planet Erde Leben trägt. Es ist nicht bekannt, nach welchen Denkschemata die angenommene Superzivilisation Probleme angeht, dennoch soll weiterspekuliert werden:

– Die Superzivilisation besiedelt keine Sonnensysteme, die bereits Leben tragen, sondern ist nur an einer Besiedlung von Sonnensystemen ohne Lebensformen interessiert; sie sucht lebensfreundliche Planeten ohne Leben. Unter diesen Voraussetzungen wäre eine Kontaktaufnahme mit der Menschheit nicht vorgesehen, und wir würden keine direkten Hinweise auf außerirdische Besucher erhalten.
– Die Superzivilisation wertet noch ihre Erkenntnisse über den Planeten Erde aus und hat über eine mögliche Kontaktaufnahme zur Menschheit noch keine Entscheidung getroffen.
– Die Superzivilisation ist nur an einem Kontakt mit einer gleichwertigen Superzivilisation interessiert. Die Menschheit ist ihr für eine Kontaktaufnahme zu primitiv; so wie der Mensch nicht an Beziehungen zu einem Insektenstaat interessiert ist, interessiert sie sich nicht für Beziehungen zu einem Menschenstaat.
– Die Superzivilisation betrachtet die Erde mit ihren zahlreichen Lebensformen als eine Art Zoo oder Naturschutzgebiet. Sie will nur die Entwicklung dieses Zoos verfolgen, ohne in Entwicklungsvorgänge einzugreifen.
– Die Superzivilisation fürchtet sich vor negativen Auswirkungen der Umweltsituation der Erde auf ihre Mitglieder, denn für ihre Biochemie wäre die Umweltsituation der Erde giftig. Die Menschheit würde aus diesem Grund nur aus der Entfernung beobachtet und studiert werden.
– Das Leben auf der Erde ist das Ergebnis eines biologischen Experimentes einer Superzivilisation (z. B.: Übertragung von Nucleinsäure als Anschub zur Lebensentstehung). Es ist nur vorgesehen, den Verlauf des Experimentes zu verfolgen.

Sollte es tatsächlich eine außerirdische Superzivilisation geben, die über die Existenz von intelligentem Leben auf der Erde informiert ist, dann wäre es für ihre Mitglieder kein Problem, mit der Menschheit Kontakt aufzunehmen. Sie könnte sich zum Beispiel völlig gefahrlos direkt in die Fernsehprogramme der Erde einschalten und Nachrichten übermitteln. Anscheinend besteht an einer Kontaktaufnahme kein Interesse. Angst vor der Menschheit dürfte nicht der Grund für die Zurückhaltung sein.

Einer Superzivilisation mit ihren enormen Möglichkeiten könnte die Menschheit nicht gefährlich werden, eher müßte sich der Mensch fürchten, wenn eine Superzivilisation am blauen Planeten Gefallen finden sollte.

Der Nachweis von möglichen außerirdischen Besuchern könnte dem Menschen nur gelingen, wenn diese Besucher auf der Erde Spuren hinterlassen hätten. Über dieses Gebiet gibt es Berge von Informationen und Bibliotheken voller Bücher. Doch zwingende Beweise sind nicht darunter. Anscheinend hat eine Superzivilisation weder einen Kontaktwunsch vorgetragen noch Besucherspuren hinterlassen. Außerirdische Besucher gibt es nur in der Literatur oder im Film, auch wenn einige Argumente zu ihrem Nachweis zum Nachdenken anregen können. Dennoch hätte keiner der möglichen Nachweise von außerirdischen Besuchern wegen letzter Zweifel vor Gericht Beweiskraft; zumindest in unserer Zeit und in der nachweisbaren Geschichte hat sich kein Außerirdischer auf der Erde blicken lassen. Die Wissenschaft darf deshalb noch spekulieren.

Vielleicht wollen Außerirdische aber auch vor einer Kontaktaufnahme mit der Menschheit verschiedene Intelligenztests durchführen. Die Japaner Hiromitsu Yokoo und Tairo Oshima haben hierzu eine abenteuerliche Vorstellung entwickelt und veröffentlicht: Eine Virusform der menschlichen Darmbakterien (Bakteriophage Phi X-174) besitzt in ihren 5375 DNS-Bausteinen außergewöhnliche genetische Informationen, die keinen Sinn ergeben und nach Meinung der Autoren möglicherweise künstlich sind. Diese genetischen Informationen können über drei verschiedene Wege gelesen werden, so daß für den zellulären Syntheseapparat keine eindeutigen Anordnungen gemacht werden. Nach Meinung der beiden japanischen Wissenschaftler könnte diese DNS eine außerirdische Information enthalten. Durch die drei verschiedenen Lesearten der DNS ergeben sich Nucleinsäureketten aus 121, 91 oder 533 DNS-Bausteinen. Jede dieser Zahlen ist das Produkt aus 2 Primzahlen, so daß drei verschiedene Pictogramme erstellt werden können; ein Pictogramm (121) besteht zum Beispiel aus 11 mal 11 Zeilen. Überträgt man nun die beiden möglichen Paarungen der DNS-Bausteine in die Farben schwarz oder weiß, dann ergibt sich zwar ein

Bild, doch das Bild macht keinen Sinn und läßt keine Interpretation zu.

Die Erklärung ist recht trivial und läuft in eine ganz andere Richtung. Die beiden japanischen Wissenschaftler sind über ihr eigenes Wissen gestolpert, weil sie unbedingt etwas entdecken wollten. Phi X-174 besitzt überlappende Gene, was ein irdisches Phänomen ist und bei Virusformen manchmal vorkommt. Spekulationen, daß Viren für eine außerirdische Informationsübertragung geeignet sein könnten, sind somit hinfällig. Bei einer außerirdischen Radiobotschaft muß nämlich auf der Erde zufällig zur richtigen Zeit ein geeigneter Empfänger eingeschaltet sein, was bei Viren nicht notwendig ist. Viren, die mit dem Menschen in Wechselbeziehungen stehen, werden irgendwann einmal Ziel der menschlichen Forschung und könnten dann auch Botschaften übermitteln. Zur Virusübertragung müßten die denkbaren Außerirdischen allerdings selbst oder über Forschungssonden auf der Erde gewesen sein. In diesem Fall hätten sie sicher nicht so komplizierte Wege wählen müssen, um auf sich aufmerksam zu machen.

Möglicherweise ist der Mensch innerhalb der Milchstraße als intelligentes Wesen allein, oder andere intelligente Wesen haben noch nicht seinen Entwicklungsstand erreicht. Sogar für eine Superzivilisation ist, wenn sie von einer fernen Galaxis kommt, die Entfernung zu einer benachbarten Galaxis vermutlich zu groß. Die Nachbargalaxis der Milchstraße, der Andromeda-Nebel, liegt über 2 Millionen Lichtjahre von der Erde entfernt. Die gewaltigen Entfernungen zwischen Galaxien können noch nicht einmal mit Raumschiffen nahe der Lichtgeschwindigkeit in einem vernünftigen Zeitraum durchflogen werden. Aus physikalischen Gründen sind Geschwindigkeiten oberhalb der Lichtgeschwindigkeit nicht möglich. Geschwindigkeiten knapp unterhalb der Lichtgeschwindigkeit benötigen einen unvorstellbar großen Energieaufwand, und es gibt noch nicht einmal ernsthafte Überlegungen, wie dieses Problem technisch angegangen werden könnte. Für Reisen über die Entfernungen von Lichtjahren wäre die gegenseitige Vernichtung von Materie und Antimaterie der sinnvollste Weg der Energiegewinnung. Um allerdings 99 Prozent der Lichtgeschwindigkeit zu erreichen, muß für jedes

Abb. 31 Andromeda-Nebel, die Nachbargalaxis der Milchstraße; die Galaxis ist von der Erde mehr als zwei Millionen Lichtjahre entfernt.

Gramm Nutzlast die 40 000fache Masse an Antriebsmaterie eingesetzt werden. Technisch sind solche Probleme auch in der fernen Zukunft nicht lösbar. Eine Superzivilisation müßte wirklich super sein, um solche Antriebsarten zu erfinden. Die schnellsten Raumschiffe des Menschen erreichen gerade etwa 0,005 Prozent der Lichtgeschwindigkeit.

Raumschiffe mit einem chemischen Antrieb sind für lange Reisen zwischen Sternen mit Planetensystemen wenig geeignet, denn sie müssen im Verhältnis zur Nutzlast sehr viel Treibstoff mit sich führen. Auch ist ihre Endgeschwindigkeit nicht sehr hoch, so daß bis zum Ziel ein großer Zeitaufwand notwendig ist. In den Planungsprojekten Orion und Daedalus werden deshalb für interstellare Raumfahrten explodierende Wasserstoffbomben als Antriebssystem vorgeschlagen. Die Reise dieser Raumschiffe müßte im Weltraum beginnen. Die Raumschiffe würden an ihrem Ende eine riesige Schüssel mit einem Durchmesser von etwa 2 Kilometer tragen. Zum Start würde eine Wasserstoffbombe ausgestoßen werden, deren Explosionsdruck zu einem großen Teil von der Schüssel aufgefangen wird und das Raumschiff antreibt. Über eine Serie von Explosionen könnte dann eine Geschwindigkeit von etwa 30 000 Kilometer pro Sekunde (!) erreicht werden, was ungefähr einem Zehntel der Lichtgeschwindigkeit entspricht. Im Zielgebiet müßte die gleiche Energie noch einmal aufgewendet werden, um das Raumschiff abzubremsen. Als Mutterschiff könnte das Raumschiff in einem fremden Sonnensystem kreisen und Forschungssonden mit einem chemischen Antrieb für weitere Untersuchungen aussetzen. Das Raumschiff nach Bussard würde durch die Energie aus Kernverschmelzungen angetrieben werden und würde seinen Treibstoff direkt aus den interstellaren Wolken zwischen den Sternen beziehen. Wasserstoff ist das häufigste Element der interstellaren Wolken und würde im Flug durch einen Trichter von etwa 20 Kilometer Durchmesser am Vorderende des Raumschiffes gesammelt und dann der Kernverschmelzung zugeführt werden. Die Energie der Kernverschmelzung würde das Raumschiff antreiben. In einer anderen Planungsvariante führt das Raumschiff viele Millionen Tonnen Wasserstoff mit sich, der bei Bedarf durch hochkonzentrierte Laserenergie zur Kernver-

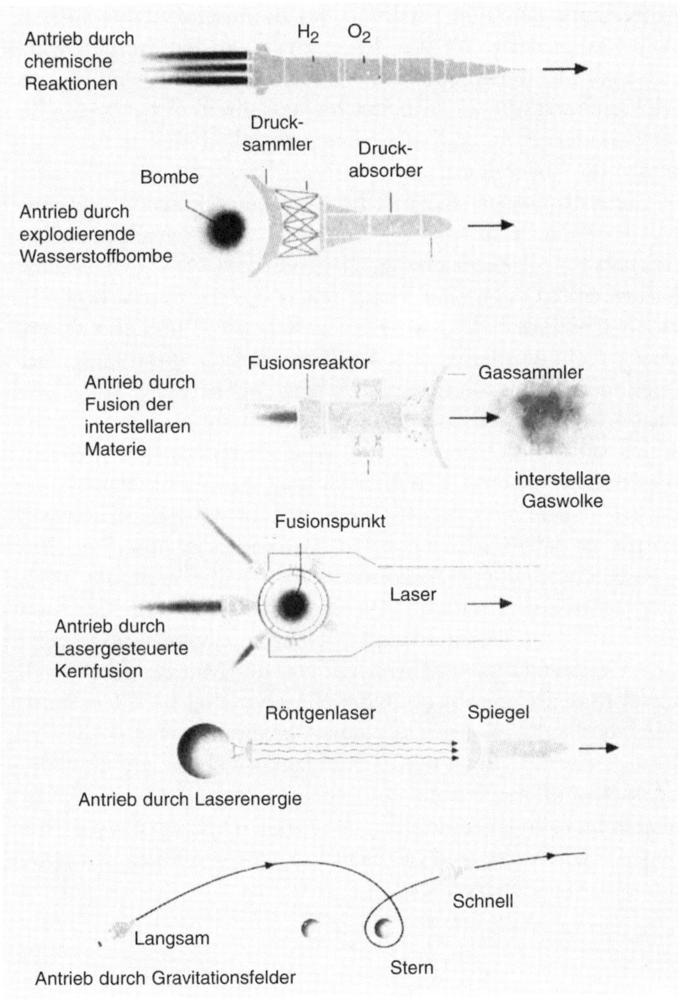

Abb. 32 Vorstellungen zum Antrieb von Raumschiffen für interstellare Reisen; am wenigsten ist der bisher eingesetzte Antrieb durch chemische Reaktionen geeignet, größere Erfolge lassen sich durch einen Antrieb mit Hilfe von Kernfusionen erreichen, etwa explodierende Wasserstoffbomben. Daneben kann ein Raumschiff durch einen starken Laser abgeschossen werden oder die Gravitationsfelder der Sterne zum Antrieb ausnützen.

schmelzung gebracht wird und das Raumschiff dabei antreibt. Alle Raumschiffe für eine Reise zwischen den Sternen wären ungewöhnlich groß und würden sogar einen Flugzeugträger an Masse überragen. Sie könnten niemals direkt auf Planeten landen, sondern müßten in der Schwerelosigkeit bleiben und Tochterschiffe aussenden.

Die Astronomen suchen schon seit Jahrzehnten den Himmel mit besonders leistungsfähigen optischen Geräten ab, und es war deshalb eine Überraschung, als 1977 zwischen den Planeten Saturn und Uranus ein völlig neuartiger Himmelskörper mit einem geschätzten Durchmesser zwischen 300 und 400 Kilometer entdeckt wurde. Weil die Entdeckung so spät erfolgte, tauchten zunächst Spekulationen auf, eine außerirdische Superzivilisation hätte ein Raumschiff zur Untersuchung des Sonnensystems stationiert. Der Mythos vom Raumschiff ist allerdings inzwischen zerplatzt, denn der Himmelskörper hat einen natürlichen Ursprung; es handelt sich um Chiron, der einzige Kleinkörper zwischen Saturn und Uranus; und es ist immer noch ein Rätsel, warum ihn die Astronomen nicht früher gefunden haben. Der russische Astronom Shklovskii hielt sogar den Marsmond Phobos für ein Riesenraumschiff einer Superzivilisation, weil er sich Geschwindigkeitsschwankungen des Mondes nicht erklären konnte und glaubte, daß der Marsbegleiter hohl sein müsse. Die Überlegungen des russischen Astronomen waren 1966 publiziert worden, doch inzwischen lassen sich die Geschwindigkeitsschwankungen auf eine natürliche Weise erklären. Phobos ist höchstwahrscheinlich ein Asteroid, der einmal vom Mars eingefangen wurde und vielleicht in 10 bis 100 Millionen Jahren auf den Mars stürzen wird.

Teil III: ET, EBE und andere Außerirdische – Sind sie da, waren sie da?

Furcht und Neugier vor den Fremden

Meinungen und Statistik

Glaubt man Meinungsumfragen, dann hat die Existenz von außerirdischen Lebensformen gerade bei gebildeten Leuten eine große Popularität. Bei einer Umfrage unter Studenten der Universität von Washington waren nur 8 Prozent der Studenten und 12 Prozent der Studentinnen der Meinung, daß die Erde im gesamten Universum der einzige Träger von Leben sei; für die große Mehrheit war außerirdisches Leben denkbar. Weitere Nachfragen klärten jedoch, daß die Überzeugung von einem außerirdischen Leben meist nur eine theoretische Natur hatte, denn nur noch 50 Prozent der Studenten und 35 Prozent der Studentinnen wollten nach dieser Umfrage auch mit einer außerirdischen Zivilisation Kontakt aufnehmen. Interessant war in der Umfrage auch eine Wechselbeziehung zwischen dem Wunsch nach einer Kontaktaufnahme zu einer außerirdischen Zivilisation und der Religionszugehörigkeit: 38 Prozent der befragten Protestanten, 42 Prozent der Juden, 44 Prozent der Katholiken und 50 Prozent der Personen ohne Religionszugehörigkeit waren für eine Suche nach den Außerirdischen. Vor einigen Jahrhunderten hätten diese Anhänger von außerirdischen Lebensformen höchst gefährlich gelebt, denn die Inquisition hätte sie alle sofort verbrennen lassen. Religionsgruppen, für die die Aussagen der Bibel eine weitgehend wörtliche Bedeutung haben, lehnen eine Suche nach außerirdischen Lebensformen am entschiedensten ab.

Bei einer französischen Umfrage aus dem Jahre 1985, die einen breiten Bevölkerungsquerschnitt von 18 Jahren und darüber erfaßte, waren 21 Prozent der Befragten der Meinung, die Außerirdischen wären bereits auf der Erde gewesen, 68 Prozent verneinten diese Behauptung, und 11 Prozent hatten zu dem Thema keine Meinung. Wurden ausschließlich die Aussagen der 18–24jährigen bewertet, dann glaubten 34 Prozent der Befragten, daß Außerirdische schon einmal auf der Erde gewesen waren.

Der Psychoanalytiker Carl Jung beleuchtete den Glauben an die Außerirdischen von der psychologischen Seite und kam zu der Ansicht, daß den Außerirdischen eine Art Religionsersatz zukommen würde. Im Wesen des Menschen sei ein ausgeprägter Hang zur Irrationalität verankert, der in vergangenen Zeiten durch die Religion kanalisiert worden wäre. In unserer Zeit würde jedoch die Bedeutung der Religion abnehmen, und zahlreiche Menschen würden ihren Hang zur Irrationalität auf die Außerirdischen mitsamt ihren UFOs projizieren. Die Unidentifizierbaren Fliegenden Objekte (UFO) wären somit weitgehend keine äußeren sondern innere Bilder, die sich der Mensch durch Visionen selbst vorgeben würde. In vergangenen Zeiten hätten die Menschen Heilige gesehen und in unserer Zeit UFOs.

Damit zielte Jung genau in das Herz des UFO-Spiritismus, der eine ernsthafte Auseinandersetzung mit den Vorstellungen über Außerirdische erschwert. Manche spiritistischen Kreise sprechen von »Planetenbrüdern«, und es gibt menschliche Medien, die in Trance sonderbare Laute von sich geben und gleichzeitig behaupten, es sei eine Sprache vom Mars. Mitglieder von UFO-Kirchen verehren das gesamte Universum und sind zutiefst davon überzeugt, willentlich und auf Anhieb mit Außerirdischen Kontakt aufnehmen zu können. Die britische Hausfrau Phyllis Henderson behauptete, Christus sei der Pilot eines UFOs gewesen. Sie gründete deshalb in ihrer Garage eine eigene Kirche, bekam allerdings wegen Ruhestörung Ärger mit der Nachbarschaft. In Spanien und Frankreich kam es 1965 zur Ummo-Affäre, die sich rasch ausweitete. In einer Flut von anonymen Briefen behaupteten Menschen aus aller Welt, vom Planeten Ummo zu kommen. Im Juni 1971 wurde in Madrid über 30 Stunden lang eine Botschaft vom Planeten Ummo über Tonband abgespielt, und im Mai 1973 fand in Barcelona sogar die 2. Ummo-Konferenz statt. Angebliche Beweise über die Besuche von Außerirdischen auf der Erde waren schon immer ein lohnen-

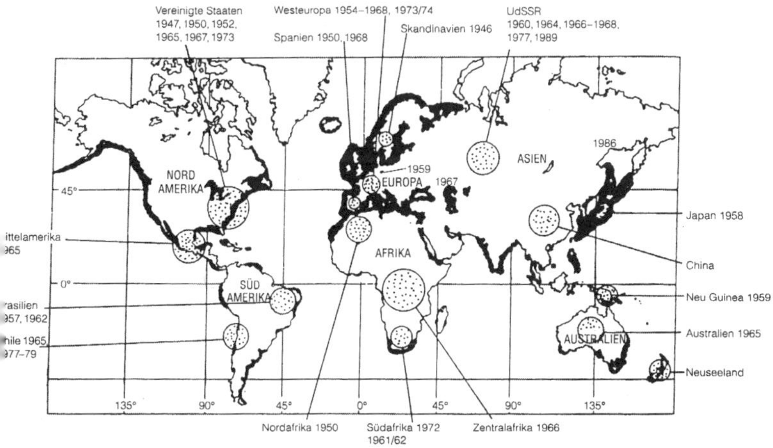

Abb. 33 Verteilung der UFO-Beobachtungen auf der Erde; in den schwarzen und eingekreisten Gebieten kommen die Beobachtungen besonders häufig vor. Die UFO-Beobachtungen können sich auch in bestimmten Zeiträumen konzentrieren.

des Geschäft und haben zahlreichen Beobachtern eine unerwartete Aufmerksamkeit beschert. Mancher Autor und Filmproduzent ist durch Außerirdische sogar reich geworden. Ähnlich wie in der Parapsychologie werden Untersuchungen über UFOs oft in einer Flut von Manipulationen ertränkt. Aufgrund dieser Unsicherheiten und Manipulationen wagen sich kaum Wissenschaftler an das Phänomen der UFOs, und keine ernsthafte wissenschaftliche Zeitschrift kann es sich leisten, einen Artikel über sie zu bringen. In den USA bezieht die Presse 35 Prozent ihrer Informationen über UFOs von der Polizei oder dem Militär, während Astronomen und Meteorologen 11 Prozent beisteuern. Nach einer Gallup-Umfrage von 1987 sind 9 Prozent der erwachsenen Amerikaner überzeugt, schon einmal ein UFO gesehen zu haben. In Deutschland glauben nach Umfragen 21 Prozent der Erwachsenen an UFOs und in Österreich 20 Prozent. Von Besuchern öffentlicher UFO-Vorträge behaupten in Deutschland 6 Prozent, bereits ein UFO gesehen zu haben. UFOs wurden bisher von Personen aus allen Bevölkerungsgruppen und Altersklassen gesichtet. Sie sind völlig unabhängig von den denkbaren Außerirdischen zunächst nur als »Unidentifizierbare Fliegende Objekte« zu sehen, denn die weitaus erdrückende Mehrheit aller UFO-Sichtungen kann auf eine natürliche Weise erklärt werden. Dennoch muß auch der UFO-Skeptiker zugeben, daß es äußerst rätselhafte und mysteriöse Beobachtungsfälle gibt.

Natürliche Erklärungen für UFO-Beobachtungen sind manchmal völlig überraschend und dann auf einmal sehr einleuchtend. Als ein Beispiel sollen die Lichter von Lubbock gelten: Drei Professoren der Technischen Universität von Texas wollten in einer Nacht im August 1951 am Himmel Meteorite zählen, als sie plötzlich 15 bis 20 schwache Lichter sahen, die hoch am Himmel in Formation flogen. Sie schätzten die Höhe dieser Lichter auf etwa 18 Kilometer und vermuteten eine Geschwindigkeit von etwa 8 Kilometer pro Sekunde. Zuerst waren sich alle drei Professoren in ihren Schätzungen einig, so daß ihre Beobachtung bald auf ein landesweites Interesse stieß. Doch später ging der vermeintlichen UFO-Beobachtung regelrecht die Luft aus, denn Recherchen ergaben, daß eine neu installierte Straßenbeleuchtung von Vögeln überflogen worden war und die Flügelschläge dieser Vögel das Licht der Quecksilberdampflampen reflektiert hatten. Lichteffekte wurden dabei nach oben projiziert und führten zu Fehleinschätzungen in der Höhe. Gleichzeitig stolperten die Professoren als Fachleute über ihr eigenes Wissen, denn sie folgerten messerscharf: Wenn schon eine so große Höhe vorlag, dann mußte natürlich die schnelle Bewegung der Objekte auf eine ungewöhnliche Geschwindigkeit zurückgeführt werden können. In der Realität waren die Vögel in einer normalen Fluggeschwindigkeit in einer Höhe von etwa 300 Meter über der nächtlichen Straßenbeleuchtung der Stadt Lubbock geflogen.

In einem anderen Fall hatten im Herbst 1967 Bewohner aus mehr als 10 Orten im US-Staat Georgia fast zum gleichen Zeitpunkt das Erscheinen des Planeten Venus am Himmel als ein anfliegendes UFO bei der Polizei gemeldet. Leuchterscheinungen, die im März 1968 in den USA von unterschiedlichen Perso-

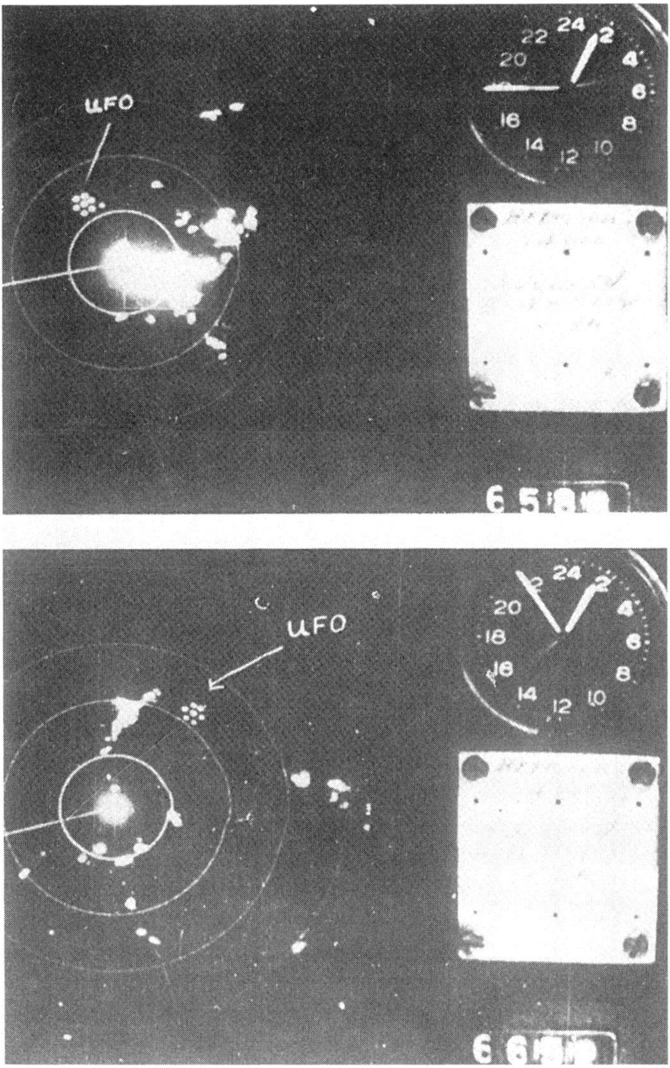

Abb. 34 UFOs können auf einem Radarschirm erscheinen; die beiden Abbildungen stammen aus den fünfziger Jahren und zeigen, wie sich ein Verband von UFOs über den Radarschirm bewegte.

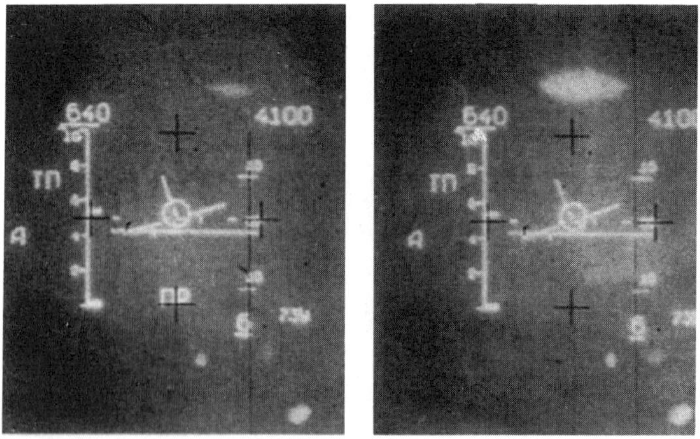

Abb. 35 UFO auf dem Radarschirm einer russischen Mig 21;

nen unabhängig voneinander am Himmel wahrgenommen wurden und ein UFO-Fieber auslösten, konnten später als die verglühenden Reste einer sowjetischen Trägerrakete gedeutet werden, die vorher einen Satelliten in einer Erdumlaufbahn abgesetzt hatte.

Zahlreiche Fachleute stehen dem Phänomen der UFOs nicht direkt ablehnend gegenüber. Mehr als die Hälfte aller amerikanischen Astronomen sprachen sich nach einer Umfrage für eine Untersuchung von UFO-Beobachtungen aus, und 62 Astronomen der Amerikanischen Gesellschaft für Astronomie teilten dem Astrophysiker Peter Sturrock von der Stanford-Universität mit, daß sie schon einmal rätselhafte und nicht identifizierbare Phänomene registriert hatten. Der Amerikaner J. Allen Hynek klassifizierte UFO-Beobachtungen schon in den fünfziger Jahren nach insgesamt 6 Kategorien, wobei ein UFO im direkten Sinn als ein unidentifizierbares fliegendes Objekt und als sonst nichts zu deuten ist.

1. Am nächtlichen Himmel werden unidentifizierbare Lichter oder Lichtbewegungen wahrgenommen.
2. Bei Tageslicht können am Himmel unidentifizierbare Flugobjekte beobachtet werden; meist handelt es sich bei ihnen um

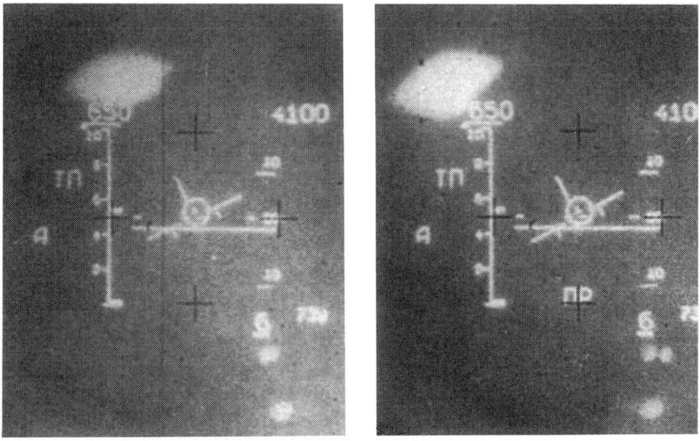

die Begegnung fand 1991 nahe der Stadt Woronesch statt.

scheibenartige Flugobjekte, sogenannte »Fliegende Untertassen«.

3. Unidentifizierbare Flugobjekte tauchen auf einem Radarschirm auf. Ein Nachweis durch Radar gilt als ein gutes Pro-Argument, da menschliche Halluzinationen ausgeschlossen werden können. Radarspezialisten sehen manchmal allerdings auch auf dem Schirm »Engel«; sie treten immer auf, wenn eine bestimmte Wettersituation den Radarstrahl reflektiert, ohne daß ein Flugobjekt vorhanden ist.
4. Direkte Begegnung der ersten Art: Ein unidentifizierbares Flugobjekt kann direkt beobachtet, beschrieben oder sogar fotographiert werden.
5. Direkte Begegnung der zweiten Art: Ein unidentifizierbares Flugobjekt ist auf der Erde gelandet und hat am Landeplatz Spuren hinterlassen, die wissenschaftlich untersucht werden können.
6. Direkte Begegnung der dritten Art: Es gelingt einem Menschen, einen Außerirdischen in einem UFO oder in der Nähe eines UFOs zu beobachten. Begegnungen der dritten Art fordern die menschliche Phantasie geradezu heraus.

Mehr zu den Interessengebieten eines Psychologen als eines

Exobiologen gehören sicherlich die direkten Begegnungen der vierten Art, der direkte Kontakt zwischen Menschen und Außerirdischen. Es gibt Menschen, die behaupten, von Außerirdischen entführt und für medizinische Untersuchungen mißbraucht worden zu sein. Andere haben sich anscheinend mit Außerirdischen bereits angefreundet, denn sie berichten von Ausflügen durch das Sonnensystem und durch die Milchstraße, zu denen sie von freundlichen Außerirdischen eingeladen wurden. Schließlich gibt es auch Personen, die verkünden, mit Außerirdischen einen sexuellen Kontakt gehabt zu haben; dazu gehört ein Bericht von Antonio Villas Boas aus Brasilien, der ausführlich mitteilt, wie er in einem UFO von einer attraktiven außerirdischen Blondine verführt wurde.

Merkwürdige Beobachtungen

In den fünfziger Jahren erhielt der Leiter einer Fernsehstation in Houston, Texas, ein Foto aus England, auf dem das Sendezeichen von Klee-TV in Houston zu sehen war. Das Foto war am 14. September 1953 von einem Fernsehschirm in England aufgenommen worden und erregte große Verwunderung, weil Klee-TV im Juli 1950 aufgekauft und dieses Zeichen seitdem nie mehr gesendet worden war. Im Dezember 1958 berichtete Reader's Digest über das Rätsel, und der Autor vertrat die phantasievolle, aber unbeweisbare These, Außerirdische hätten das Sendezeichen von Klee-TV empfangen und es drei Jahre später auf die Erde zurückgesendet, um auf sich aufmerksam zu machen. Das Rätsel um Klee-TV wurde später von Frank Drake vom National Radio Astronomy Observatory in Green Bank, West Virginia, näher untersucht; eine Erklärung konnte allerdings nicht gefunden werden. Die Untersuchung kam zu dem Ergebnis, daß unmöglich außerirdische Wesen ihre Hand im Spiel gehabt haben konnten. Möglicherweise hatte ein Witzbold versucht, die Radioastronomen aufs Glatteis zu führen.

Künstliche Radiosignale von der Erde können Radioastronomen erhebliche Schwierigkeiten bereiten, was Drake bei seinem Ozma-Projekt (vgl. »Lauschangriffe auf das All«) mit Schrecken erfahren mußte. Kaum war das Teleskop auf den Stern zum Lauschangriff ausgerichtet, als plötzlich acht pulsierende Signale pro Sekunde auftauchten. Zur besseren Ortung wurde das Teleskop danach kurz weggedreht und anschließend wieder auf den untersuchten Stern fixiert, aber das Signal war und blieb verschwunden. Genau zehn Tage später tauchte es dann wieder auf und wurde sogar von einem behelfsmäßigen Teleskop empfangen. Das Signal kam von einem Flugzeug, das regelmäßig in sehr großer Höhe über die Empfangsanlage flog. Drake und seine Mitarbeiter waren auf ein »Birdie« (Vögelchen) hereingefallen; Bezeichnung der Radioastronomen für künstliche irdische Radiosignale. Als ein besonders heimtückisches »Birdie« erwies sich später einmal ein Wetterballon, der am Rande der Erdatmosphäre zufällig die kaum wahrnehmbare Bewegungsgeschwindigkeit der Sterne im Weltraum angenommen hatte. Russische Radioastronomen glaubten in der Vergangenheit wiederholt außerirdische Nachrichten zu empfangen und hatten dabei stets streng geheime amerikanische Spionagesatelliten geortet.

Im Jahre 1965 fand Nikolai Kardashev in der damaligen Sowjetunion ein Radiosignal aus dem Weltraum (Sternobjekt CTA 102), von dem er überzeugt war, daß es einen künstlichen Ursprung hatte. Das Signal wiederholte sich regelmäßig alle hundert Tage und zeigte dabei niemals Abweichungen. Aufregend wurde es auch 1967, als ein rhythmisches Signal nachweislich aus dem Weltraum kam und Astronomen der ehrwürdigen englischen Universität Cambridge vorübergehend an die »kleinen grünen Männchen« glaubten. Die Entdeckung war so brisant, daß sie zunächst geheimgehalten wurde. Spätere Analysen führten dann zum Nachweis des ersten Pulsars; Sterne, die sich sehr schnell drehen und dabei wie ein Leuchtturm Signale aussenden.

Im August 1977 klingelten bei einer Suchaktion mit dem Radioteleskop der Ohio State University die Alarmglocken, und es ist bis heute nicht geklärt, ob ein »Birdie« oder ein Signal von denkbaren Außerirdischen empfangen wurde. In Computeraufzeichnungen tauchte ein besonders auffallendes Radiosignal auf, das sich deutlich von natürlichen Hintergrundstrahlungen unterschied. Leider konnte das Signal später nie mehr wiedergefunden werden, so daß es nicht verwertbar ist. Inzwischen haben sich auch Amateurastronomen auf die Suche nach diesem verdächtigen Signal gemacht und hoffen auf einen Sucherfolg. Ein ungewöhnliches Signal wurde auch 1981 und 1987 von französischen Radioastronomen von dem Stern RGO 243 empfangen. Dieses Signal tauchte jedoch später nie mehr auf und wird inzwischen als ein irdisches Signal interpretiert. Radioastronomie wird auf der Erde wegen der zunehmenden Dichte von künstlichen Sendeanlagen immer schwieriger, denn genau wie Fernrohre durch das Licht der Großstädte gestört werden, können auch benachbarte Radiosender die empfindlichen Meßgeräte der Radioteleskope beeinträchtigen. Radioastronomen halten deshalb die Rückseite des Mondes für den besten Ort für Radiomessungen des Weltraums. Große Aufmerksamkeit erfahren deshalb Messungen in dünn besiedelten Weltgegenden. Im Jahre 1990 wurde es in Parkes in Australien spannend, als für 90 Minuten ein verdächtiges Radiosignal aus dem Weltraum empfangen wurde. Insgesamt sind verdächtige Signale selten, und es scheint, daß die denkbaren Außerirdischen mit ihren UFOs verhindern können, daß die Menschheit ihren Funkverkehr belauscht.

Auf das Glatteis der Spekulationen wagte sich 1979 der russische Astrophysiker Sergej Boschich, als er behauptete, Kollegen von ihm hätten in den sechziger Jahren zehn merkwürdige Trümmer in einer Umlaufbahn um die Erde gefunden. Zwei Trümmerteile wären sogar 30 Meter lang gewesen, und es wäre möglich, mit dem Computer aus allen Trümmern ein Raumschiff zu rekonstruieren. Aus Berechnungen der Umlaufbahnen wurde nun gefolgert, daß das Objekt wahrscheinlich am 18. Dezember 1955 explodiert war. Der Termin ist bemerkenswert, denn erst im Jahre 1957 startete der erste künstliche Erdsatellit der Menschheit, Sputnik I, vorher war es technisch nicht möglich, Raketen so weit in den Weltraum zu schießen. Zu dieser Beobachtung gibt es auch einen Artikel in der amerikanischen Fachzeitschrift »Icarus«, dort wird von zehn kleinen »Möndchen« berichtet, die um die Erde kreisen und vermutlich am 18. Dezember 1955 von einem Mutterkörper abgebrochen sind. Ob die Trümmer einen natürlichen oder künstlichen Ursprung haben, ist ungeklärt. Heute kreisen viele Tausend irdische Raketen- und Satellitentrümmer um die Erde, und genauere Untersuchungen werden deshalb immer schwieriger.

In den sechziger Jahren war die Anzahl der künstlichen Erdsatelliten noch übersichtlich, und die USA und die Sowjetunion registrierten genau, was die Gegenseite absetzte. Im Juli 1960 berichtete die amerikanische Zeitschrift »Newsweek«, daß ein Satellit zuviel die Erde umkreist; der Satellit hatte nach Recherchen weder einen amerikanischen noch einen sowjetischen Ursprung. Merkwürdig ist auch das Schicksal des Kommunikationssatelliten Satcom 3. Der Satellit arbeitete zur vollsten Zufriedenheit und war dann plötzlich verschwunden. Explosionstrümmer, die die Erde umkreisen müßten, wurden niemals registriert.

Satellitensysteme überwachen in unserer Zeit lückenlos die Erdoberfläche. Sie besitzen Fotovorrichtungen, die so empfindlich sind, daß sogar vom Weltraum aus ein einzelnes Auto auf der Erde fotographiert werden kann. Durch die Satellitenüberwachung wird regelmäßig registriert, daß Objekte vom Weltraum aus in die Erdatmosphäre eindringen. Die Beobachtung ist normal, denn es handelt sich um Meteorite, die fast immer am Rande der Erdatmosphäre verglühen und nur in Ausnahmefällen auf der Erde aufschlagen. Im Falle von denkbaren Außerirdischen mit ihren UFOs müßte auch beobachtet werden, daß Objekte die Erdatmosphäre wieder verlassen. Hier dringen keine Informationen aus dem militärischen Bereich nach außen, so daß keine Aussagen gemacht werden können. Hinweise auf besondere Anstrengungen und Aufregungen des Militärs liegen jedoch nicht vor. Von dem UFO-Forscher Joseph Stefula stammt die Behauptung, daß am 19. September 1993 ein Überwachungssatellit ein unbekanntes Flugobjekt mit einer offenbar intelligenten Steuerung für neun Minuten orten konnte, das Objekt sei aus dem Weltraum gekommen. Die Behauptung ist allerdings kein sicherer Hinweis auf ein UFO. Das Militär wird bemüht sein, keinerlei Lücken in der Luftüberwachung aufkommen zu lassen. Im Jahre 1960 experimentierte die amerikanische Luftwaffe mit linsenförmigen Flugbomben, die auf dem Radarschirm den Effekt eines UFOs auslösen sollten. Die Radarüberwachung sollte diesen UFO-Effekt als einen Beobachtungsfehler interpretieren und ignorieren; die Bombe wäre dann durchgekommen. In der Wüste von Arizona wurden über viele Jahre nachts von den Radaranlagen unidentifizierbare Flugobjekte nachgewiesen, ohne daß Flugzeuge gemeldet waren. Das Rätsel konnte erst im Juli 1979 gelöst werden. Rauschgifthändler hatten in der Nacht Drogen mit Raketen von Mexiko in die Vereinigten Staaten geschossen. Da die Raketen noch in der Nacht beseitigt wurden, blieben nie Spuren übrig, und mancher Radarbeobachter glaubte bereits an die Außerirdischen.

Rätselhafte Lichtobjekte

Rätselhafte Lichtobjekte gab es schon immer am nächtlichen Himmel, aber sie haben meist die Bevölkerung nicht sonderlich aufgeregt. Die Planeten Venus und Jupiter können recht intensiv am Himmel leuchten und haben schon wiederholt fliegende Lichtobjekte vorgetäuscht. Meteorite streifen manchmal die Erdatmosphäre, ohne abzustürzen, sie ziehen dann eine leuchtende Bahn. Verblüffende UFO-Kandidaten sind Kugelblitze, die oft in ihren Bewegungen abrupte Kurskorrekturen vornehmen, so daß der Eindruck entsteht, sie würden gesteuert werden.

In den dreißiger Jahren begannen sich rätselhafte Lichtobjekte immer mehr zu häufen, und sie wurden mißtrauisch bewertet, denn die Spannungen der damaligen Weltlage ließen Aufklärungsflüge eines möglichen Gegners vermuten. Insbesondere in Skandinavien gab es merkwürdige Beobachtungen über »Geisterflüge«; in Abhängigkeit zur Interpretationslage waren dann entweder Deutsche, Russen oder Japaner in den Luftraum eingedrungen. Am 25. Februar 1942 täuschten rätselhafte Lichtobjekte im Kreis Los Angeles sogar einen Luftangriff vor. Wenige Monate nach Pearl Harbor herrschte damals an der Westküste der USA eine große Furcht vor einer japanischen Invasion. Es wurde deshalb sofort Luftalarm gegeben, als in der Umgebung von Los Angeles merkwürdige Lichter in einer Formation über den Himmel zogen und nachweislich kein einziges Flugzeug im Luftraum gemeldet war. Die Sirenen heulten um 2.25 Uhr, und

12 000 Luftschutzwarte glaubten an eine Übung, denn sie mußten für eine Verdunkelung der Städte und der Straßen sorgen. Um 3.16 Uhr begann jedoch plötzlich die Flakartillerie mit schweren 12,8 Pfund-Granaten Sperrfeuer zu schießen, das bis 4.14 Uhr anhielt. In der Bevölkerung herrschte helle Aufregung, und einige Menschen starben nach Herzanfällen. Autofahrer aus der Umgebung, die nachts noch unterwegs waren, mußten anhalten und ihre Scheinwerfer ausschalten. Es gibt viele Tausend Zeugen, die beschwören, daß in dieser Nacht inmitten der explodierenden Flakgranaten Lichter auf- und abflogen oder am Himmel stillstanden. Obwohl allein die 37th Coast Artillery Brigade 1430 schwere Flakgranaten verschoß, wurde kein einziges der unidentifizierbaren Lichtobjekte getroffen. Später wurde behauptet, es wären keine Flugzeuge am Himmel gewesen, sondern den Kommandeuren der Artillerie wären wegen der spannungsgeladenen Kriegslage die Nerven durchgegangen und sie hätten ein Sperrfeuer befohlen. 1974 wurde allerdings ein amtliches Dokument freigegeben, in dem der Stabschef General George Marshall an Präsident Roosevelt schrieb, daß 15 unbekannte Flugzeuge unterwegs waren und keine Bomben geworfen wurden. Trotz intensivem Flakfeuer sei keines der Flugzeuge abgeschossen worden, eigene Flugzeuge hätten nicht eingegriffen.

Große Aufmerksamkeit genossen die merkwürdigen »Foo-Jäger«, die gegen Ende des Zweiten Weltkrieges den alliierten Bomberverbänden folgten, ohne in die Kampfhandlungen einzugreifen. Die 8th US-Army ordnete eine Untersuchung des Phänomens an und kam zu keinem zufriedenstellenden Ergebnis; Elmsfeuer oder Kugelblitze konnten die Lichter nicht erschöpfend erklären. Schließlich wurde vermutet, die Deutschen würden eine neue Geheimwaffe testen und um ferngesteuerte Kleinflugzeuge ein starkes Kraftfeld legen, das zum Aussetzen der Zündungen in den Bombermotoren führen sollte. Durch Spionage wurde allerdings bekannt, daß auch die Deutschen das Phänomen untersuchten, denn ihren Nachtjägern waren die merkwürdigen »Foo-Jäger« ebenfalls aufgefallen. Bis heute wurde das Rätsel um die »Foo-Jäger« nicht geklärt. Möglicherweise verursachen eng fliegende Flugzeugverbände mit ihren

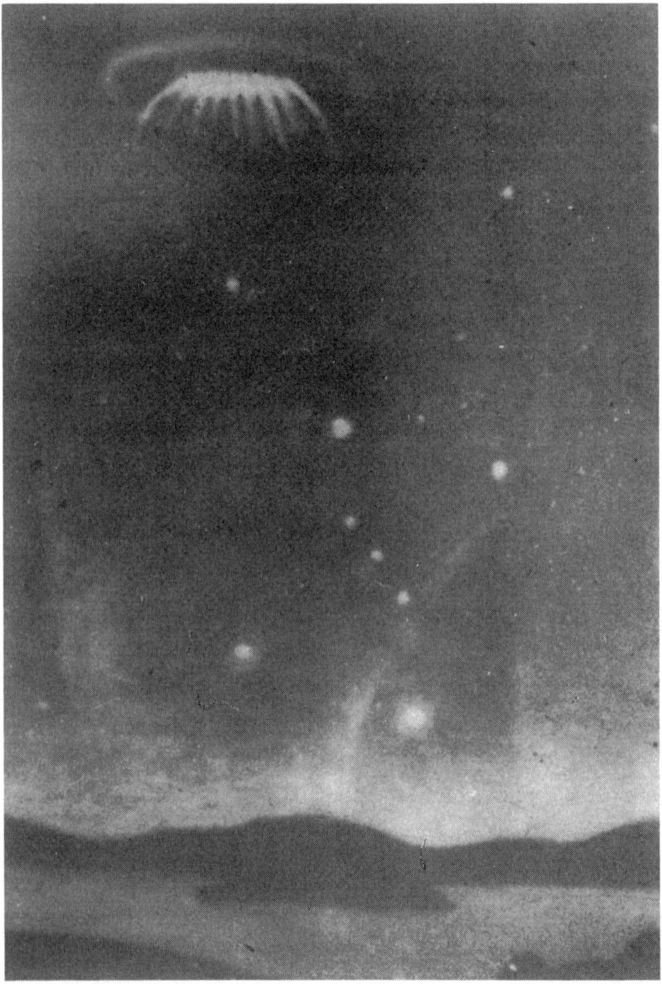

Abb. 36, Abb. 37 UFO-Beobachtungen in der ehemaligen Sowjetunion;
Abb. 36 Foto eines UFOs bei Petrosavodsk von 1977 (Veröffentlichung der Prawda),

Abb. 37 Foto eines UFOs bei Dalnegorsk von 1989.

sehr starken Motoren physikalische Phänomene, die zu Leuchterscheinungen führen.

Unidentifizierbare Lichtobjekte, die den Eindruck erwecken, als würden sie durch intelligentes Verhalten gesteuert werden, werden als UFOs der Klasse B bezeichnet. Sie besitzen keine nachweisbaren Strukturen, sondern bestehen nur aus leuchtenden Zonen. Es gibt keine Hinweise, daß sie sich vom Boden erheben; sie werden immer nur in der Luft beobachtet. Es ist deshalb schwierig, sie als »Irrlichter« aus brennenden Sumpfgasen zu interpretieren. Rätselhafte Lichtobjekte sind als »Spuklichter« in der phantastischen Literatur schon lange bekannt und sehr beliebt, weil sie den Helden Angst machen. In manchen Weltgegenden wie etwa Hessdalen, Norwegen, oder Marfa, Texas (USA), traten in der Vergangenheit zeitlich oft gehäuft unerklärliche Lichtphänomene auf, die vereinzelt sogar fotographiert werden konnten. Wissenschaftlich konnten sie bisher noch nicht zufriedenstellend erklärt werden. Elektrostatische Gebilde können auch Schiffe umkreisen und sogar vom Radar erfaßt werden, am Tage sollen sie unsichtbar sein und nachts leuchten. Dem japanischen Physiker Ohtsuki gelang es 1991, mit einer sehr energiereichen stehenden Mikrowelle ein leuchtendes und kugelblitzähnliches Plasma im Labor zu erzeugen.

Feuerwächter in großen Waldgebieten des US-Staates Washington haben mit dem Beginn der siebziger Jahre über rätselhafte Lichtobjekte Buch geführt und konnten zeigen, daß sie in bestimmten Jahren sehr oft und dann wieder sehr selten vorkommen. Die Lichtobjekte können nach den Beobachtungen schweben, abstoppen, vorwärts und rückwärts fliegen oder auch beschleunigen. Wahrscheinlich haben diese Lichtobjekte einen natürlichen Ursprung. Paranormale Lichterscheinungen wurden auch an stark religiös geprägten Orten wiederholt beobachtet; etwa 1917 am Wallfahrtsort Fatima oder in Medjugorje (ehemaliges Jugoslawien) in den achtziger Jahren. Viele Berichte stammen allerdings aus zweiter Hand, und es gibt so gut wie keine Hinweise auf Wetterverhältnisse vor Ort.

Am Abend des 24. August 1990 erhielt die Polizei in Greifswald innerhalb von kurzer Zeit mehr als 50 Anrufe über punktförmige Leuchterscheinungen am Himmel. Das russische Ehepaar Ludmilla und Nikolaj Iwanowna sowie der Russe Valeri Winogradow konnten die Lichter sogar aus unterschiedlichen Winkeln filmen, so daß Spiegeleffekte von der Erde ausgeschlossen werden können. Die Lichtobjekte führten zahlreiche synchrone Bewegungen aus. Für eine Lasershow mit Lichtspiegelungen gab es keine Anhaltspunkte. Alle Anzeichen zur Deutung der Lichter sprechen für Naturerscheinungen, die noch nicht sicher erklärt werden können.

Erklärungsversuche

An den Unidentifizierbaren Fliegenden Objekten scheiden sich die Geister, und es werden Dimensionen eines Glaubenskrieges erreicht. Für viele Menschen sind sie ein Produkt der menschlichen Einbildungskraft, für andere wieder unerforschte Naturphänomene und für eine nicht geringe Zahl von Zeitgenossen schließlich Boten einer außerirdischen Zivilisation, die ein neues Zeitalter der Menschheitsgeschichte einleiten. Für Freunde der Außerirdischen gilt es jedoch zu bedenken: UFOs sind für interstellare Raumschiffe viel zu klein, und sie werden viel zu häufig beobachtet; wären sie Forschungssonden der Außerirdischen, müßten in der Nachbarschaft der Erde Mutterschiffe stationiert sein. Für alle diese Deutungen gibt es weder direkte Beweise noch indirekte Hinweise.

1. UFOs sind Sinnestäuschungen:
Sicherlich gehen eine große Zahl von UFO-Beobachtungen auf Sinnestäuschungen der Beobachter zurück. Aber es gibt auch objektive Beobachtungen von UFOs wie Radaraufzeichnungen oder Fotos, die nicht als Fälschungen entlarvt werden können. Die tatsächlich beobachteten UFOs müssen aber nicht zwangsläufig einen außerirdischen Ursprung haben; es gibt viele andere mögliche Erklärungen zu ihrer Existenz. UFO-Beobachtungen nehmen seit den vierziger Jahren stark zu. Sollte die Mehrheit der UFO-Beobachtungen auf Sinnestäuschungen beruhen, dann ist es von medizinischer Bedeutung, warum die Zahl der Sinnestäuschungen in unserer Zeit ansteigt.

2. UFOs sind Halluzinationen:
Zahlreiche Menschen neigen zu Halluzinationen, und es wurden auch bereits Fälle von Gruppenhalluzinationen beschrieben. Der feste Glauben an bestimmte Dinge oder Ereignisse kann Halluzinationen provozieren. Für stark religiös motivierte Menschen ist die Vision mit der Sicht von Gott oder eines Heiligen sogar eine Bestätigung des Glaubens. Die Überzeugung, daß UFOs existieren, kann sicherlich bei zahlreichen Menschen Halluzinationen auslösen; UFOs erscheinen dann vor einem inneren Auge. In diesen Fällen wären UFOs ein psychologisches und kein reales Problem. UFOs können vielleicht auch kurzfristige Bewußtseinseinschränkungen anzeigen. Menschen, die klinisch tot waren und die wiederbelebt wurden, berichten fast übereinstimmend von Leuchterscheinungen und Lichtbällen vor einem inneren Auge.
3. UFOs sind unerforschte Naturphänomene:
Die Naturwissenschaften haben zwar große Fortschritte gemacht, aber sie können noch lange nicht behaupten, die Natur erschöpfend zu verstehen. Mit Sicherheit gibt es unerforschte Naturerscheinungen, die für eine systematische Forschungsarbeit zu selten eintreten und dennoch existieren. Zahlreiche rätselhafte Lichtobjekte lassen sich vermutlich als unerforschte Naturerscheinungen interpretieren, und einige UFO-Beobachtungen könnten unter diese Kategorie fallen.
4. UFOs sind irdische Geheimprojekte:
UFOs wurden wiederholt in der Nachbarschaft von militärischen Sperrgebieten gesichtet, und es ist deshalb nicht von der Hand zu weisen, daß Prototypen von neuartigen Flugzeugen getestet wurden. Die Neugier der Öffentlichkeit könnte dann leicht mit dem Hinweis auf UFOs abgewürgt werden. Für die Medien bringen UFOs eine große Öffentlichkeitswirkung, und es werden keine weiteren Fragen mehr gestellt. Von UFOs wurden allerdings Flugeigenschaften beschrieben, die über die Belastbarkeit des menschlichen Organismus hinausgehen. Die spekulativen Flugzeugprototypen müßten deshalb unbemannt sein.
5. UFO-Dokumentationen sind Fälschungen:
Zahlreiche Dokumente über UFOs sind sicherlich gefälscht. Phantasievolle UFO-Dokumentationen garantieren stets eine

Abb. 38 Ferngesteuerter und unbemannter Flugkörper in Form einer »Fliegenden Untertasse«; der Cypher UAV der amerikanischen Firma Sikorsky dient zur Beobachtung von militärischen Aufmarschgebieten.

große Aufmerksamkeit, und als Buchveröffentlichung oder Film sichern sie meist einen erheblichen finanziellen Gewinn. UFO-Freunde, die sich mit religiöser Inbrunst den Objekten ihrer Begierde nähern, sind bestimmt sehr fälschungsanfällig. Ein Fälschungsverdacht ist bei den meisten UFO-Dokumentationen latent vorhanden. Dennoch gibt es einige gute Hinweise auf UFOs, für die sich kein Fälschungsverdacht aufrechterhalten läßt.

6. UFOs sind Flugobjekte einer außerirdischen Zivilisation: Einige wenige UFO-Beobachtungen und Dokumentationen sind sozusagen »heiß«, was allerdings nur zu bedeuten hat, daß sie trotz aller Mühe nicht erklärt werden können. Vor Gericht dürfte kein UFO-Beweis Bestand haben, wenn sich unterschiedliche Gutachter über ihn hermachen würden. Die Informationen, die der Öffentlichkeit über UFOs zugänglich sind, erlauben nur, von unidentifizierbaren fliegenden Objekten zu sprechen und nicht von Raumschiffen oder Forschungssonden einer außer-

Abb. 39 Gefälschte UFO-Dokumentation; es wurde durch eine Fensterscheibe fotographiert, in der sich die Lampen aus dem Inneren des Zimmers spiegelten.

irdischen Zivilisation; andere Behauptungen müssen als Spekulationen gewertet werden. Der sicherste Nachweis von Außerirdischen wäre natürlich, wenn sich Mitglieder einer außerirdischen Zivilisation entschließen könnten, die Erde zu besuchen, um mit Repräsentanten der Menschheit Kontakt aufzunehmen. In der historisch faßbaren Zeit sind allerdings derartige Besucher mit größter Wahrscheinlichkeit nicht aufgetaucht, denn alle denkbaren Spuren können unterschiedlich gedeutet werden. Ob die Saurier oder die ersten Meeresalgen Besuch von Außerirdischen hatten, wird sich erst recht nicht nachweisen lassen.

Die Häufigkeit der UFO-Beobachtungen ist ein wichtiges Argument gegen eine Wechselbeziehung zwischen UFOs und Außerirdischen. Zu viele Menschen machen UFO-Beobachtungen; auch Außerirdische werden ökonomisch handeln und keine Antriebsenergie für Spazierflüge über der Erde vergeuden. Falls es überhaupt außerirdische Zivilisationen geben sollte, dann existieren sie Lichtjahre von der Erde entfernt, und sie müssen riesige Energien aufbringen, um zu uns zu gelangen. Raum-

Abb. 40 Gefälschte UFO-Dokumentation; es wurde eine Radkappe hochgeworfen und dann so geschickt fotographiert, daß der Eindruck eines Flugobjektes entsteht.

schiffe, die zwischen Sternen mit Planetensystemen verkehren, müssen wegen der gewaltigen Entfernung ungewöhnlich groß sein, denn sie benötigen viel Raum für Energievorräte und für die geschlossenen biologischen Kreisläufe zum Lebenserhalt der Besatzung. Für denkbare außerirdische Astronauten wäre es am sinnvollsten, ihre riesigen interstellaren Raumschiffe im Asteroidengürtel zwischen den Planeten Mars und Jupiter zu stationieren und nur hin und wieder Forschungssonden zur Erde zu schicken. Der Asteroidengürtel ist allerdings inzwischen recht gut untersucht, und es gibt keine Hinweise auf künstliche Objekte. Forschungssonden könnten bereits bei einem einzigen Flug riesige Datenmengen sammeln und müßten nicht ständig unterwegs sein, um von einer so großen Zahl von Menschen, die eine UFO-Beobachtung melden, gesehen zu werden. Eine Invasion von UFOs, über die manchmal berichtet wird, dürfte aus Gründen der Energie- und Materialersparnis eher unwahrscheinlich sein. Auch ist ein UFO noch nie verunglückt; sollten die Außerirdischen so vollkommen und damit unmenschlich sein, daß sie nie Bedienungsfehler machen? (Über einen angeblichen UFO-Absturz wird an späterer Stelle noch berichtet.)

Bei der Beobachtung von rätselhaften Flugobjekten ist es sinnvoll, zunächst nicht an UFOs zu denken, denn jede andere Erklärung ist vorerst viel wahrscheinlicher. Es gibt eine Fülle von natürlichen Erklärungsmöglichkeiten für angebliche UFOs. Bei Dunkelheit können die Planeten Venus, Mars oder Jupiter in Abhängigkeit zur Stellung von Erde und Sonne unterschiedlich hell leuchten und für Verwirrung sorgen. Bei einem Blick durch ein Fernglas lassen Linsenfehler Sterne verwackeln, und es bilden sich an den Seiten rote und grüne Zonen. Bei Flugzeugen sind nicht immer Motorengeräusche zu hören, so daß Positionslampen manchmal als ein UFO mißverstanden werden. Fliegt ein Flugzeug direkt auf den Betrachter zu, dann können die Scheinwerfer den Eindruck erwecken, als würde das Objekt schweben. Große Satelliten können mit bloßem Auge am nächtlichen Himmel beobachtet werden und fallen durch eine gleichmäßige Flugbahn auf. In den Bergen können aus großer Entfernung Autoscheinwerfer in erhöhter Position gegen Dunst- und Nebelfronten leuchten und dabei ein rätselhaftes Lichtphänomen vortäuschen. Leuchtmunition ist noch aus einer Entfernung von bis zu 40 Kilometer zu beobachten und zeigt kurze Lichteffekte. Fällt Leuchtmunition an einem Fallschirm zur Erde, dann scheint ein Leuchtobjekt zu landen, um mit dem nächsten Abschuß wieder aufzusteigen. Sehr rasche Bewegungen machen Meteorite, die die Erdatmosphäre streifen und dabei hell aufleuchten. Unregelmäßige und rasche Lichtbewegungen können von einer Lasershow stammen, wenn der Himmel bewölkt ist und das Licht reflektiert wird.

Bei Tageslicht können Wetter- oder auch große Forschungsballons hoch am Himmel stehen und ein unidentifizierbares Flugobjekt vortäuschen. Partyballons können recht bunt erscheinen und bei großem Wind heftige Bewegungen durchführen. Ballons fliegen immer mit dem Wind, und ein unbekanntes Objekt wird erst interessant, wenn es gegen den Wind fliegt. Leichtflugzeuge besitzen meist eine Dreieck- oder Bumerangform, fallen allerdings durch Motorengeräusche auf. Drachenflieger gleiten meist lautlos, sind oft bunt, in ihrer Bewegung aber vom Wind abhängig. Ferngesteuerte und unbemannte Kleinflugzeuge können beachtliche Geschwindigkeiten erreichen, sind jedoch fast nur in der Nachbarschaft von Truppenübungsplätzen zu beobachten. In der Dämmerung können auch hoch am wolkenlosen Himmel Fetzen von Kondensstreifen der Flugzeuge kurz aufleuchten und mit Flugobjekten verwechselt werden.

Unidentifizierbare fliegende Objekte werden in der Regel erst in der Nähe interessant, wenn Verwechslungen immer stärker ausgeschlossen werden können. Ist ein Objekt in der Nacht größer als der Mond, müßten eigentlich Strukturen beobachtet werden können. Weit mehr als 90 Prozent aller UFO-Beobachtungen finden eine natürliche Erklärung.

UFOs und UFO-Berichte

Nahbegegnungen mit UFOs

Nahbegegnungen mit UFOs werden als direkte oder unheimliche Begegnungen der ersten Art bezeichnet. Nach den Definitionskriterien der UFO-Forscher handelt es sich dabei um UFOs der Klasse A, bei denen eine reale physikalische Existenz nachgewiesen werden muß. Nur etwa 20 Prozent aller UFO-Meldungen, die nicht natürlich erklärt werden können, lassen sich den Objekten der Klasse A zuordnen. Im Gegensatz zu rätselhaften Lichtobjekten wurden Objekte der Klasse A in den vergangenen Jahrhunderten selten beschrieben. Ihre Häufigkeit nimmt erst in unserem Jahrhundert zu. UFOs der Klasse A erhielten von dem Piloten Kenneth Arnold den Namen »Fliegende Untertassen«, als er am 24. Juni 1947 bei der Suche nach einem vermißten Flugzeug in der Nähe des Mount Rainier im US-Staat Washington neun diskusförmigen fliegenden Objekten begegnete. Ihm fiel auf, daß bei den Objekten sowohl die Flugzeugflügel als auch der Flugzeugschwanz fehlten. Er konnte die Objekte 3 Minuten lang beobachten, und sie näherten sich ihm bis auf 40 Kilometer. Mit Hilfe seiner Uhr berechnete er ihre Geschwindigkeit und kam auf etwa 3300 Stundenkilometer. Ein Goldsucher, der zur gleichen Zeit am Mount Rainier unterwegs war, berichtete später, er hätte ebenfalls die Scheiben gesehen und seine Kompaßnadel hätte bei dieser Begegnung wild ausgeschlagen. Mit der Beobachtung von Arnold beschäftigten sich sogar das FBI und die Luftwaffe, aber eine Erklärung wurde nie gefunden.

Ab 1947 setzte eine regelrechte Welle von UFO-Beobachtungen ein. Im Januar 1948 wurde sogar behauptet, der amerikanische Luftwaffenpilot Thomas Mantell wäre von einem UFO bei einem Abfangmanöver abgeschossen worden. Mantell hatte nach späteren Rekonstruktionen vermutlich einen militärischen Forschungsballon für ein UFO gehalten und war ohne eine Sauerstoffmaske in eine zu große Höhe aufgestiegen; seine letzte Funkmeldung war: »... das Ding ist metallisch und von ungeheurer Größe ...« Es ist interessant, daß 1948 ein amerikani-

Abb. 41 UFO-Beobachtung aus dem Koreakrieg; das Foto stammt von einem Piloten der amerikanischen Marine, das Flugobjekt war nur kurz zu beobachten und war mehr als 1600 Stundenkilometer schnell.

scher General forderte, auf größeren Luftwaffenstützpunkten Abfangjäger für »Fliegende Untertassen« zu stationieren.

Seit den Erstbeobachtungen von 1947 wurden eine Fülle von Nahbegegnungen mit UFOs gemeldet und auch dokumentiert. UFO-Beobachtungen wurden weltweit gemacht, und zahlreiche prominente Zeitgenossen, zu denen auch die amerikanischen Präsidenten Ford, Carter und Reagan gehören, sind überzeugt, ein UFO gesehen zu haben; sogar einige Astronomen und Astronauten haben über UFO-Sichtungen berichtet. Einen hohen Stellenwert genießen UFO-Berichte von Piloten, die aufgrund ihrer beruflichen Erfahrungen unidentifizierbare fliegende Objekte oft besser beurteilen können als überraschte Laien.

Aus einer großen Zahl von Berichten und Dokumentationen sollen nun einige Einzelbeispiele ausgewählt werden; es handelt sich dabei um Berichte, die von verschiedenen Behörden näher untersucht worden sind. Sie sind kein absoluter Beweis für die

Abb. 42 Die beiden Fotos einer UFO-Beobachtung stammen von dem Farmer Paul Trent aus dem US-Staat Oregon, beide Fotos wurden kurz hintereinander aufgenommen, eine Fälschung kann nicht nachgewiesen werden. Genaue Bildanalysen ergaben, daß sich das Flugobjekt sehr weit vom Aufnahmepunkt entfernt befand und einen Durchmesser von schätzungsweise 14 Meter hatte.

Abb. 43 UFO-Beobachtung der brasilianischen Marine; das Foto nahm der Marinefotograph Almiro Barauna in Gegenwart von zahlreichen Zeugen am 16. 1. 1958 vor der Insel Trindade im Südatlantik auf.

Existenz von Flugobjekten einer denkbaren außerirdischen Zivilisation, aber sie bestätigen das Shakespeare-Wort, daß es zwischen Himmel und Erde mehr Dinge gibt, als der menschliche Verstand zu erfassen vermag.

In der Nacht vom 13. zum 14. August 1956 erschien in der Umgebung von Lakenheath-Bentwaters (England) ein UFO auf einem Radarschirm und erweckte den Eindruck, als würde es am Himmel stillstehen. Das Objekt flog später weiter und stand dann wieder still. Es wurden deshalb zwei Abfangjäger der englischen Luftwaffe zu dem Objekt geschickt, und es kam zu einem Sichtkontakt. Plötzlich setzte sich jedoch das Objekt hinter einen der Abfangjäger und verfolgte ihn. Über einen Zeitraum von 10 Minuten gelang es dem Piloten nicht, das Objekt abzuschütteln, und er flog deshalb zum Flugplatz zurück. Der Pilot des zweiten Abfangjägers verlor bei den Manövern den Sichtkontakt. Danach beschleunigte das Objekt seine Geschwindigkeit und verschwand vom Radarschirm. Im Verlauf der Nacht wurde noch mindestens dreimal ein unidentifizierbares Objekt auf dem Radarschirm geortet.

Am 19. September 1976 beobachteten einige Hundert Augenzeugen ein UFO über Teheran im Iran. Ein Kampfflugzeug der iranischen Luftwaffe wurde zu dem Objekt geschickt, und der Pilot erhielt den Auftrag, es notfalls abzuschießen. Als sich der Pilot dem Objekt bis auf 40 Kilometer genähert hatte, fielen plötzlich der Funkverkehr und alle Bordelektronik aus. Der Pilot kehrte deshalb zum Flugplatz zurück. Nach Radarmessungen hatte das Objekt die Größe eines Jumbo Jets. Bei der Rückkehr zum Flugplatz funktionierten sowohl der Funkverkehr als auch die Bordelektronik wieder. Die iranischen Behörden fertigten von dem Vorfall einen vertraulichen Bericht an und verschickten ihn unter anderem auch an die amerikanische Luftwaffe und das CIA.

Am 21. Oktober 1978 verschwand auf dem Weg vom australischen Festland nach der Insel Tasmanien eine Chessna mitsamt dem Piloten spurlos nach einem UFO-Kontakt. Der Pilot Frederick Valentich war in Melbourne gestartet und stand mit der Flugsicherung in Sprechverbindung, als er einen Kontakt zu einem großen Flugobjekt meldete. Die Flugsicherung teilte ihm danach mit, daß in seiner Flughöhe kein Flugzeug gemeldet sei. Valentich beschrieb, daß das Objekt von einer länglichen Form sei und vier helle Lichter besitzen würde; es würde direkt über ihm fliegen. Nach einem weiteren Wortwechsel hörten die Männer der Flugsicherung plötzlich ein metallisches Geräusch, und der Funkkontakt brach ab. Eine spätere Suchaktion blieb erfolglos, und Pilot und Flugzeug sind seitdem verschwunden. Alle Gespräche waren von der Flugsicherung auf Tonband aufgezeichnet worden und wurden vom australischen Luftfahrtministerium untersucht. Im Mai 1982 wurde in einem offiziellen Abschlußbericht mitgeteilt, daß das Verschwinden nicht erklärt werden könne. Im November 1982 erhielt ein Interessent Einsicht in die UFO-Akten des australischen Luftfahrtministeriums; die Valentich-Akte blieb allerdings gesperrt. Die chinesische

Abb. 44 UFO-Beobachtung eines Flugkapitäns der Fluggesellschaft VARIG; das Foto wurde Ende der siebziger Jahre über dem Amazonasgebiet durch ein Cockpitfenster gemacht.

Zeitschrift »Journal für UFO-Forschung« berichtete später, daß chinesische Luftwaffenpiloten am 23. Oktober 1978 in der Provinz Gansu ein UFO sahen, das der Beschreibung von Valentich entsprach.

1979 näherte sich ein unidentifizierbares Flugobjekt so dicht an eine spanische Super Caravelle an, daß der Pilot in Panik geriet und in Valencia eine Notlandung machte. Das UFO war auch vom Personal des Flughafens beobachtet worden und wurde vom Radar der spanischen Luftüberwachung registriert. Nach einem Alarm hoben vom Militärflughafen Los Llanos zwei Abfangjäger ab und stellten zum UFO einen Sichtkontakt her. Das UFO beschleunigte seine Geschwindigkeit jedoch so stark, daß die Abfangjäger nicht mehr folgen konnten.

Zu einem Abschlußbericht von einigen Hundert Seiten führte die UFO-Begegnung einer japanischen Boeing 747 hoch über Alaska am 17. November 1987. Das Flugzeug wurde zunächst von zwei ungewöhnlichen Lichtern begleitet, bis plötzlich ein unidentifizierbares Flugobjekt von der doppelten Größe eines

Flugzeugträgers auftauchte. Das Objekt hatte die Form einer Walnuß und wurde von der gesamten Besatzung beobachtet; eine Dokumentation der Begegnung erfolgte auch über das Bordradar sowie das Bodenradar der Flugüberwachung. Die Flugsicherung wies Flugkapitän Jenju Terauchi an, die Flughöhe auf 1200 Meter zu senken und Schleifen zu fliegen. Das Flugobjekt folgte der Boeing 747 noch 32 Minuten lang und verschwand dann mit hoher Geschwindigkeit.

Gegen Abend des 28. Dezember 1988 wurde von mindestens 60 Personen im Südwesten von Puerto Rico ein dramatisches Schauspiel beobachtet. Nach Augenzeugenberichten flog ein dreieckiges Flugobjekt recht niedrig am Himmel und wurde von zwei Abfangjägern verfolgt. Das Flugobjekt soll rötliche Kugeln abgesetzt haben, die eine Annäherung der Abfangjäger verhindert hätten. Doch plötzlich soll das Flugobjekt gestoppt haben, so daß ein Zusammenstoß drohte. Zur Kollision soll es nicht gekommen sein, denn beide Abfangjäger wären nacheinander spurlos verschwunden. Danach soll das Flugobjekt seine Flughöhe reduziert haben und hätte sich dann in einem Lichtblitz in zwei Teile aufgeteilt, die sich einzeln in hoher Geschwindigkeit entfernten. Die Beobachtungen sind mysteriös, denn kein Luftwaffenstützpunkt meldete vermißte Flugzeuge; allerdings lag zu dieser Zeit vor der Küste von Puerto Rico ein Flugzeugträger. Die Augenzeugen beschwören den Wahrheitsgehalt des Vorganges. Flugzeugtrümmer wurden jedoch nicht gefunden. Ein amerikanischer Marineoffizier soll angeblich vertraulich mitgeteilt haben, daß Radaraufzeichnungen des Vorgangs nach Washington geschickt wurden. Insgesamt ist der Vorgang voller Zweifel, obwohl Zeugen vernommen wurden und die Behörden von Puerto Rico reagierten.

Besonders ausführlich wurde die UFO-Welle über Belgien in den Jahren 1989 und 1990 dokumentiert, und es gibt dazu ein Buch von über 700 Seiten. In Zusammenarbeit mit der belgischen Luftwaffe haben Fachleute von verschiedenen Universitäten die UFO-Welle untersucht; es gibt insgesamt etwa 2600 Zeugen aus der Bevölkerung, 20 Zeugen von der Polizei sowie Radaraufzeichnungen und Berichte von Luftwaffenpiloten. Vertreter der belgischen Luftwaffe teilten offiziell mit, daß kein irdisches Flugzeug zu den Flugleistungen der beobachteten Flugobjekte fähig sei. Die besten Aussagen können Beobachtungen aus der Nacht vom 30. zum 31. März 1990 machen. Mehrere Zeugen riefen damals bei der Polizei an und berichteten über rätselhafte Lichtobjekte am Himmel. Radarstationen der NATO in Glons sowie der zivilen Flugüberwachung in Semerzake bei Brüssel meldeten ebenfalls unidentifizierbare Flugobjekte. Zunächst glaubten die Radarspezialisten »Engel« zu sehen; Radarsignale, die kein Objekt anzeigen, sondern durch besondere Wetterverhältnisse ausgelöst werden. Doch bald mußten die Spezialisten erkennen, daß sie keine »Engel«, sondern reale Flugobjekte auf den Bildschirmen hatten. Ein »Engel« ist im Normalfall höchstens 20 bis 30 Minuten stabil und löst sich danach auf, die Flugobjekte dieser Nacht waren jedoch mehr als 3 Stunden auf den Bildschirmen nachweisbar. Bei der belgischen Luftwaffe liefen Alarmmeldungen ein, und es starteten am 31. März 1990 um 0.05 Uhr zwei F-16 Jäger mit der Aufgabe, die Flugobjekte zu identifizieren. Ein Flugobjekt konnte sogar mit der automatischen Zielerfassung eines Jägers geortet werden, und nun geschah etwas Unglaubliches: Vor der automatischen Zielerfassung flog das unidentifizierbare Objekt mit einer Geschwindigkeit von 280 Kilometer pro Stunde und beschleunigte danach auf 1800 Kilometer pro Stunde; es ergab sich der Eindruck, als würde das Objekt über Sensoren für Radarwellen verfügen. Die Beschleunigung entsprach etwa 43 g, was kein Mensch überleben kann; bei etwa 8 g verliert ein Mensch bereits die Besinnung. Die Flugobjekte ließen sich danach auf weniger als 200 Meter Flughöhe absacken und waren für die Radarüberwachung nicht mehr nachweisbar. Polizisten am Boden schätzten danach ihre Geschwindigkeit auf etwa 40 Kilometer pro Stunde. Am 5. Juli 1990 zitierte die Zeitung »Paris-Match« den Stabschef der belgischen Luftwaffe mit den Worten: »Unser Verteidigungssystem ist gegen diese Maschinen machtlos.« Ein Sprecher der NATO erklärte dagegen die Phänomene ironisch und meinte: »Wenn ich aus der Kneipe komme, erlebe ich auch manchmal unerklärliche Phänomene.«

Über die Flugobjekte der belgischen UFO-Welle können auch heute noch keine genauen Aussagen gemacht werden; sie sind

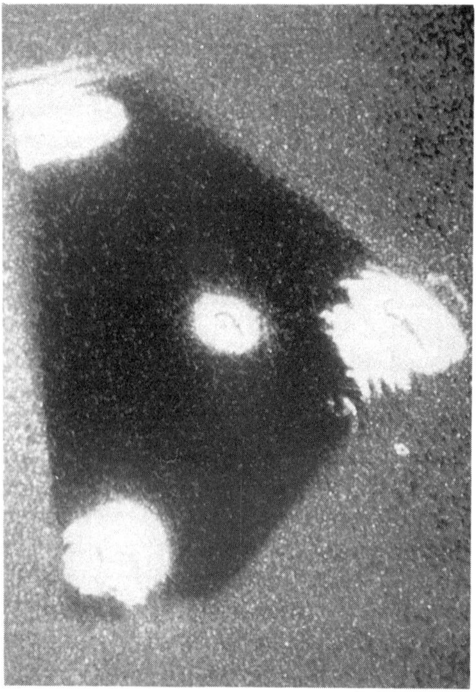

Abb. 45 Flugobjekt aus der UFO-Welle über Belgien; die Kontraste der Abbildung wurden durch eine Computeranalyse verstärkt.

unerklärlich. Lichteffekte einer Lasershow oder beleuchtete Leichtflugzeuge von Amateurpiloten waren es mit großer Wahrscheinlichkeit nicht, denn sonst wäre bei der belgischen Luftverteidigung kein Alarm eingelaufen. Später wurde behauptet, geheime Flugzeugprototypen wären heimlich über dichtbesiedeltem Gebiet getestet worden, doch amtliche Stellen versicherten, daß keine geheimen Flugzeuge in der Luft gewesen wären. Ein solcher geheimer Kandidat wäre möglicherweise das F-117A-Tarnkappen-Flugzeug gewesen, doch eine F-117A kann nicht langsamer als etwa 280 Kilometer pro Stunde fliegen und verursacht Fluglärm. Die unidentifizierbaren Flugobjekte konnten dagegen nach Zeugenaussagen in der Luft stillstehen, und sie flogen lautlos. Russische Piloten führten einmal bei einer Flugschau in Paris vor, daß auch Kampfflugzeuge in der Luft stillstehen können. Das Manöver ist jedoch riskant, und der Pilot muß dabei ebenso überdurchschnittlich gut sein wie die Leistung seines Triebwerks. Denn er setzt das Flugzeug aus dem Flug heraus in einen rechten Winkel zur Erdoberfläche, so daß es auf dem Strahl des Triebwerks reitet und unbeweglich in der Luft steht. Das Manöver ist mit einem Höllenlärm verbunden und erklärt deshalb nicht, wie die unidentifizierbaren Flugobjekte lautlos am Himmel stillstehen konnten. Eine Dreiecksform wie die Flugobjekte hat auch der geheime amerikanische B-2 ATB-Bomber, von dem angeblich nur ein Prototyp existieren soll. Der Prototyp soll sehr leise fliegen und sich auch für den Radarschirm unsichtbar machen können. Die unidentifizierbaren Flugobjekte über Belgien scheinen Flugzeugtypen aus dem Übermorgen gewesen zu sein, denn sie ähnelten einem fliegenden Dreieck. Auch erweckten sie den Eindruck, als könnten sie physikalische Gesetze manipulieren, denn die mysteriösen Flugobjekte konnten ohne einen Knall die Schallmauer durchbrechen, was sicherlich eine gewisse Skepsis bestärken muß. Bemerkenswert ist auch, daß im Land des NATO-Hauptquartiers niemand wagte, auf die Flugobjekte zu schießen, entweder waren es tatsächlich geheime Flugzeugprototypen, oder die Flugobjekte waren so real, daß die NATO fürchtete, bei einem provozierten Luftkampf alt auszusehen. In der jüngsten Vergangenheit wurden UFO-Wellen über Mexiko beobachtet. Am 11. Juli 1991 wollte eine große Schar von Menschen in Mexico City eine Sonnenfinsternis bewundern, als plötzlich ein UFO auftauchte; von diesem Vorfall gibt es insgesamt 17 Videofilme. Bei einer anderen UFO-Sichtung am 1. Januar 1993 brach in einer Hauptdurchgangsstraße der Stadt sogar der Verkehr zusammen. Bei allen diesen Sichtungen muß jedoch stets vermerkt werden, es wurden unidentifizierbare fliegende Objekte beobachtet, weiterführende Aussagen sind nicht möglich.

UFOs und die hohe Politik

Für UFOs interessiert sich die Politik bereits seit dem Ende der vierziger Jahre, als insbesondere in den USA zahlreiche geheimnisvolle Sichtungen gemeldet wurden. Der Kalte Krieg zwischen den USA und der Sowjetunion hatte gerade seinen Anfang genommen, und beide Seiten beobachteten mißtrauisch die Entwicklung von Waffensystemen. Konstruktionspläne für eine »Fliegende Untertasse« gab es gegen Ende des Krieges bei der deutschen Luftwaffe. Die Miethe-Flugscheibe wurde zwar nie gebaut, aber sie ähnelte in ihrem Umriß vollständig den vielzitierten UFOs der angeblichen Außerirdischen. Sie war nach der Planung auf einen Durchmesser von 42 Meter angelegt gewesen und sollte bei einer Flughöhe von 10 Kilometer die sensationelle Geschwindigkeit von 2000 Kilometer pro Stunde erreichen, ihr Aktionsradius hätte bei etwa 20 000 Kilometer gelegen. Wer die Pläne für die Miethe-Flugscheibe am Ende des Krieges erbeutete und die Konstruktionsideen möglicherweise weiterentwickelte, ist nicht bekannt. Sollte die Miethe-Flugscheibe tatsächlich gebaut worden sein, dann hätte sie wegen ihres unkonventionellen Äußeren sicherlich Aufsehen erregt. Das erste Foto eines UFOs wurde am 7. Juli 1947 in Phoenix/Arizona aufgenommen und könnte sogar eine Miethe-Flugscheibe darstellen. Es ist erstaunlich, daß das Negativ dieses Fotos vom FBI beschlagnahmt wurde, nachdem die Lokalzeitung »The Arizona Republic« über die unglaubliche Geschwindigkeit einer Fliegenden Untertasse berichtet hatte.

Am 22. Januar 1948 startete im Auftrag des amerikanischen Verteidigungsministeriums das Projekt »Sign«, es sollte überprüft werden, ob die immer wieder gemeldeten Fliegenden Untertassen eine Bedrohung der Sicherheit der Vereinigten Staaten darstellen könnten. Das Projekt wurde nach einem geheimen Abschlußbericht im Februar 1949 nur vorübergehend abgeschlossen, denn die Untersuchungen begannen einige Tage später unter dem Projektnamen »Grudge« erneut. 1952 schaltete sich der CIA in die UFO-Untersuchungen ein, und alle Projekte, die sich mit UFOs beschäftigten, wurden im sogenannten Blaubuch-Projekt zusammengefaßt. Das Blaubuch-Projekt unterlag von Anfang an einer strengen Geheimhaltung und trug viel zur Mythenbildung über die UFOs bei, weil jeder im Zweifelsfall behaupten konnte, Regierungsstellen würden der Öffentlichkeit wichtige Informationen vorenthalten. Im November 1953 wurde in einem Erlaß sogar verfügt, daß der Öffentlichkeit nur unechte UFO-Berichte und Falschmeldungen mitgeteilt werden durften. Als das Blaubuch-Projekt 1969 eingestellt wurde, hatte es insgesamt 13 134 Berichte über UFO-Beobachtungen gesammelt. Die Bewertung der Beobachtungen blieb jedoch immer umstritten, denn die Meldungen mit dem höchsten Aussagewert blieben nicht im Projekt, sondern wurden mit einem Geheimvermerk an die Luftwaffe weitergeleitet. J. Allen Hynek, der wissenschaftliche Berater des Blaubuch-Projekts, trat sogar zurück und warf dem CIA und dem Militär eine Vertuschung vor, die nach seiner Meinung mit der Watergate-Affäre vergleichbar wäre. Während dieser Zeit geriet die UFO-Forschung in die Hände von Spiritisten und in Mißkredit.

Die Geheimniskrämerei brachte dem Blaubuch-Projekt keine Freunde, und 1966 wurden deshalb Finanzmittel zur Verfügung gestellt, um das UFO-Phänomen von unabhängigen Wissenschaftlern untersuchen zu lassen. Nach längerer Suche erklärte sich die Universität von Colorado bereit, mit der Luftwaffe einen Forschungsvertrag abzuschließen. Zum Leiter des Projektes wurde der Physiker Edward Condon ernannt. Condon beendete nach zahlreichen internen Streitigkeiten seine Untersuchungen im Jahre 1968 und veröffentlichte sie im Frühjahr 1969. Er sprach sich gegen die Existenz von UFOs aus. Allerdings ist der Condon-Bericht sogar unter Fachleuten umstritten. Condon wird Inkompetenz vorgeworfen, und es wird behauptet, die amerikanische Luftwaffe hätte nur die Absicht gehabt, das unbeliebte Blaubuch-Projekt loszuwerden, für das die Piloten jeweils lange Berichte schreiben mußten. Einen Zugang zu dem geheimen CIA-Material fand Condon nie. Der Psychologe David Saunders hatte einst die Arbeitsgruppe von Condon verlassen, weil er der Meinung war, Psychologen würden dort die Arbeit von Physikern erledigen und Physiker die Arbeit von Psychologen. Später gründete er eine eigene Datensammlung über UFOs und vereinigte sich mit dem privaten Zentrum für UFO-Studien, das von J. Allen Hynek, einem ehemaliger Mitarbeiter des Blaubuch-Projekts, aufgebaut worden war. Bis 1980 wurden in diesem Zentrum 62 155 Fälle von UFO-Sichtungen aus allen Teilen der Erde registriert.

Am 18. Dezember 1978 beschäftigte sich sogar die Vollversammlung der Vereinten Nationen mit den UFOs und verwies die Untersuchungen des UFO-Phänomens auf die nationale Ebene der Mitgliedstaaten. Im Oktober 1992 wurde von der UNO schließlich ein Symposium veranstaltet, das sich mit einer denkbaren Kommunikation zwischen der Menschheit und den vermuteten Außerirdischen befaßte. Nach dem Ende des Kalten Krieges wurde bekannt, daß sich die ehemalige Sowjetunion ebenfalls intensiv mit UFO-Sichtungen auseinandergesetzt hatte; in der russischen Sprache wird ein UFO als NLO bezeichnet (Neopasnanije Letajuschtschie Objekti, unidentifizierbares Flugobjekt).

Unter Präsident Carter trat 1977 in den USA das »Freedom of Information Act« in Kraft; ein Gesetz, das erlaubt, daß geheime Informationen, die nicht mehr die nationale Sicherheit der Vereinigten Staaten gefährden, für die Öffentlichkeit freigegeben werden können. Nach Anfragen und Gerichtsentscheidungen gab die CIA anschließend 935 Seiten Aktenmaterial über UFO-Dokumentationen frei. Bei den Anfragen wurde auch bekannt, daß die CIA noch über etwa 20 000 Seiten Aktenmaterial über das UFO-Phänomen verfügt, das für die USA von einem nationalen Interesse ist und deshalb geheim bleiben muß. 1981 untersagte sogar das höchste Gericht der USA die Freigabe von UFO-Dokumentationen, was bemerkenswert ist, denn für lange Zeit stritt die CIA ab, sich mit dem UFO-Phänomen zu beschäftigen. Im Jahre 1983 wurde vor einem Gericht in Washington ein ganz besonderer Prozeß geführt. Larry Bryant hatte das amerikanische Verteidigungsministerium verklagt, es würde Außerirdische in Gefangenschaft halten und sie ihrer Bürgerrechte berauben. Der Prozeß ist vermutlich im Sand verlaufen, denn die Öffentlichkeit erfuhr kein Urteil.

Abb. 46 Konferenz der Vereinten Nationen unter Leitung des Generalsekretärs Kurt Waldheim vom 14. 7. 1978 über die Notwendigkeit von UFO-Studien.

Indirekte Hinweise auf UFOs

Durch Radaraufzeichnungen konnte wiederholt dokumentiert werden, daß manche UFO-Sichtungen reale Objekte anzeigen und nicht ein Produkt der menschlichen Einbildungskraft sind. UFO-Sichtungen durch Einbildung sind zwar nicht von der Hand zu weisen, dennoch gibt es auch echte Objektsichtungen, die sogar noch Begleitbeobachtungen zulassen. Physikalische Messungen bei UFO-Sichtungen zeigten wiederholt, daß die Objekte von einem starken Magnetfeld umgeben sind. Zeugen berichteten, daß Stromkreise in Automobilen durch UFOs gestört werden konnten. In Frankreich flog einmal ein UFO parallel zu einer Hochspannungsleitung, und Zeugen beobachteten, daß sich die einzelnen Leitungen gegenseitig anzuziehen begannen. In der Umgebung von UFOs können Kompaßnadeln regelrecht durchdrehen. Es gibt Gerüchte, daß die amerikanische Luftwaffe über Geräte verfügen würde, um bei fraglichen Radarbeobachtungen von UFOs sofort Störungen im Erdmagnetfeld zu messen. Um ein UFO sollen starke elektrostatische Felder liegen, denn manche Zeugen berichten bei einer Sichtung von einem Knistern und vom Aufstellen ihrer Haare. Fast immer treten bei UFOs durch intensive elektromagnetische Effekte unterschiedliche Leuchterscheinungen auf. Bei Nahbegegnungen wurde auch schon beobachtet, daß sich Filme im Fotoapparat geschwärzt hatten und daß Fluoreszenzschirme noch lange nachleuchteten. Zeugen können manchmal sogar auf ihrer Haut nach einer UFO-Begegnung eine Art Sonnenbrand wahrnehmen. Nach UFO-Landungen wurde auch berichtet, daß Bodenproben unter dem UFO schwach radioaktiv strahlten.

Faszinierend sind schließlich auch Hinweise, daß UFOs angeblich in der Lage wären, das Schwerefeld der Erde aufzuheben. Autos wurden schon nach Zeugenaussagen von UFOs hochgehoben und umgeworfen. Ein Hubschrauberpilot berichtete am 27. November 1978 vor einer Kommission der UNO, wie ein UFO über ihm flog und der Hubschrauber wie mit einem Aufzug hochgehoben wurde. Trotz Windstille können Bäume ihre Kronen heftig bewegen, wenn ein UFO über sie hinwegfliegt. Möglicherweise waren sie dabei kurzfristig in ein fremdes Schwerefeld geraten, und es kam zu einer Bewegung.

UFOs fliegen nach Zeugenaussagen lautlos, erzeugen keinen Überschallknall und scheinen nicht den Gesetzen der Schwerkraft und der Massenträgheit zu unterliegen. Der deutsche Raumfahrtpionier Hermann Oberth machte sich anhand der Zeugenaussagen als einer der ersten Gedanken über die Antriebssysteme der UFOs und folgerte, daß sie vermutlich durch eine Manipulation der Schwerkraft fliegen könnten. Die runde Tellerform soll es nach Meinung von verschiedenen Spezialisten erlauben, um das Flugobjekt ein extrem starkes Kraftfeld zu legen, das die Schwerkraft aufhebt. Das Antriebssystem würde somit auf einem »Anti-Schwerkraft-Motor« beruhen. Hohe Beschleunigungen wären für die Besatzung kein Problem, weil im Flugobjekt selbst die Schwerkraft stets unverändert wäre. Durch die Manipulation der Schwerkraft könnten die Flugobjekte auch die Schwerefelder der Sterne als Antriebssystem mitbenutzen und würden auf diese Weise ihre Energiereserven schonen. UFOs starten nach Zeugenaussagen immer rasend schnell senkrecht nach oben; sie stoßen sich an der Schwerkraft der Erde ab. »Anti-Schwerkraft-Motoren« kann der Mensch nicht bauen, denn der Physik sind die eigentlichen Ursachen der Schwerkraft noch nicht vollständig klar. Es wird behauptet, daß das amerikanische Militär nur deshalb die UFOs mit einem Mantel von Geheimnissen umgibt, um mögliche Hinweise auf den »Anti-Schwerkraft-Motor« exklusiv zu verwerten.

Spuren, die UFOs bei einer Landung hinterlassen haben, werden nach der Klassifikation von Hynek als direkte Begegnung der zweiten Art bezeichnet. Auf dem Landeplatz sind unterhalb eines UFOs die Vegetation und der Boden meist durch hohe Energieeinwirkungen verbrannt. Manchmal ist zusätzlich noch der Gewichtseindruck des Objektes zu beobachten. Hohe Energieeinwirkungen können auch im Boden kurzlebige radioaktive Isotope induzieren, die gemessen werden können. Die berühmten Kornkreise in großen Getreidefeldern konnten bisher nicht überzeugend mit UFOs in Verbindung gebracht werden. Kornkreise füllen häufig das Sommerloch der Medien und sind auch für den Fremdenverkehr sehr förderlich. Spaßvögel scheinen sie magisch anzuziehen, und in England gibt es zwei Rentner, die sportlich überzeugt mitteilen, sie hätten innerhalb von 13 Jahren rund 200 Kornkreise produziert. Denkbare Außerirdische könnten sich für die Menschheit sicherlich leichter verständlich machen als durch Kornkreise, deren Zeichensprache inzwischen eigenständige Interpretationsspezialisten hervorgebracht hat.

Begegnungen der dritten Art

Wo sind die grünen Männchen?

UFOs sind eine Herausforderung an den kritischen Menschenverstand, der sich weigert, ihre Existenz zur Kenntnis zu nehmen. Zwar können weit mehr als 90 Prozent aller UFO-Beobachtungen auf eine natürliche Weise erklärt werden, aber es bleibt ein geringer Rest, bei dem die Wissenschaft passen muß. Sie steht vor einer Rätselwand und fürchtet um den Wert der wissenschaftlichen Erkenntnisfähigkeit. Der kritische Menschenverstand sucht dann nach einem Ausweg und interpretiert Erklärungen herbei; gibt es vielleicht noch unerklärliche natürliche Phänomene oder wurden ganz einfach irdische Geheimprojekte getestet? Allen einleuchtenden Erklärungsversuchen stehen allerdings zuletzt die direkten Begegnungen der dritten Art entgegen; hier verweigert der kritische Verstand seine Zustimmung. Nach der Klassifizierung von Hynek bedeuten Begegnungen der dritten Art, daß Menschen Besatzungen aus UFOs erkennen konnten oder von ihnen erkannt worden sind. Solche Begegnungen fordern die Phantasie des Menschen geradezu heraus und ziehen sicherlich eine übersteigerte Phantasie magisch an. Begegnungen der dritten Art sind immer mit einer Skepsis zu bewerten, zumal es keine überzeugenden Dokumentationen gibt. Bei Begegnungen der dritten Art ist vermutlich stets die Psyche des Beobachters im Spiel. Angebliche Fotos von Außerirdischen können nicht den Verdacht einer Fälschung entkräften, und der UFO-Spiritismus trägt schließlich dazu bei, daß auch interessante Beobachtungen nicht ernsthaft bewertet werden. Wären UFOs irdische Geheimprojekte, dann müßten Zeugen einer Landung eine menschliche Besatzung sehen. Doch diese Vermutung trifft nach allgemeinen Aussagen nicht zu. Zeugen von Begegnungen der dritten Art sehen in den UFO-Besatzungen Wesen, die menschenähnlich sind und sich dennoch von Menschen total unterscheiden. Auf der Erde ist allein der Mensch zu einer technischen Intelligenz fähig, es stellt sich deshalb die Frage: Von wo kommen die angeblichen Wesen, die menschenähnlich sind, ohne Menschen zu sein? Die Menschenähnlichkeit erscheint für Außerirdische sogar unwahrscheinlich, denn Überlegungen aus der Exobiologie und der irdischen Evolution des Lebens lassen die Möglichkeit zu, daß sich intelligente außerirdische Lebensformen in ihrem Erscheinungsbild total von den Menschen unterscheiden könnten. Es widerspricht Wahrscheinlichkeitsregeln, daß bei einer tatsächlichen Lebensevolution auf einem fremden Planeten intelligente Lebensformen entstehen könnten, die wie Menschen aussehen. Bei einer Menschenähnlichkeit müßte die Evolution auf dem denkbaren Planeten vergleichbare Wege wie auf der Erde durchlaufen haben, und an Kreuzungspunkten der Evolution müßten ähnliche Entscheidungen wie auf der Erde gefallen sein. Da die Evolution sehr stark von Zufälligkeiten geleitet wird, sind solche überraschenden Ähnlichkeiten eher unwahrscheinlich als wahrscheinlich.

Trotz aller Auseinandersetzungen und Widersprüchlichkeiten hält Hynek aufgrund seiner Zusammenarbeit mit dem Blaubuch-Projekt einige Hundert Fälle von Begegnungen der dritten Art auf der Erde für möglich. Ob es allerdings tatsächlich einmal Begegnungen von Menschen mit Außerirdischen gegeben hat, läßt sich nicht zwingend beweisen. Hynek selbst bemerkte einmal, daß sich sein Verstand gegen Begegnungen der dritten Art sträubt, daß jedoch der Wissenschaftler keine Daten verwerfen könne, nur weil sie ihm nicht gefallen.

Nach einer statistischen Analyse von 460 Begegnungen der dritten Art waren die UFO-Besatzungen aufgrund der Zeugenaussagen stets von einer menschenähnlichen Gestalt; in 67 Prozent der Fälle waren sie etwa 1,00 bis 1,20 Meter groß und besaßen große kahle Köpfe mit riesigen Augen und einer grauen Hautfarbe, in 19 Prozent der Fälle wurden Wesen mit einer Größe zwischen 1,50 und 1,80 Meter gesehen, die wie normale Mitteleuropäer aussahen und oft blonde Haare hatten, in den restlichen 14 Prozent der Fälle wurden menschenähnliche Wesen mit einer Größe zwischen 2,40 und 3,60 Meter beobachtet, die an Roboter erinnerten. Meist standen die Wesen neben dem Flugobjekt, sammelten Pflanzen und Steine oder gingen auf den Zeugen der Beobachtung zu. Obwohl kleine grüne Männchen als ein Synonym für die Außerirdischen gelten, wurden sie bisher noch nie gesehen.

Manche Begegnungen der dritten Art wurden recht gut beschrieben, so daß der Fall weiter untersucht werden konnte; zwingende Schlußfolgerungen waren allerdings nicht möglich.

Am 24. April 1964 verfolgte der Streifenpolizist Lonnie Zamora in Socorro, New Mexico (USA) auf dem Highway 85 einen Kraftfahrer wegen überhöhter Geschwindigkeit. Während der Fahrt vernahm er am Himmel plötzlich ein lautes Donnern und sah Flammen. Er glaubte an einen Unfall und gab die Verfolgung auf, seine Beobachtung meldete er über Funk weiter. Bald fand er ein Objekt, das er für ein umgestürztes Fahrzeug hielt, daneben sah er zwei Insassen in Overalls. Er eilte zur angenommenen Unfallstelle, um sich näher zu informieren. Doch wieder begann es zu donnern, und aus dem Objekt schossen Flammen. Er fürchtete, das Objekt würde explodieren, und lief zum Streifenwagen zurück, wobei er seine Brille verlor. Er sah nur noch, wie das Objekt in die Luft aufstieg. Es schwebte für einige Sekunden, so daß Markierungssymbole an seiner Oberfläche zu erkennen waren. Danach verschwand es in einer Flughöhe von etwa 6 Meter und benötigte für eine Strecke von 10 Kilometer nur geschätzte drei Minuten. Ein Kollege, der mit einem anderen Streifenwagen nach dem Funkkontakt gekommen war, eilte herbei, und beide fanden die frischen Eindrücke der Landefüße sowie Brandspuren. Ein Farmer, der in der Nähe wohnte, hatte allerdings von dem Vorfall nichts bemerkt, so daß es keine weiteren Zeugen gab. Die mysteriöse Landung wurde noch in der gleichen Nacht von der Luftwaffe und dem FBI untersucht. Die Aussagen von Zamora wurden als glaubwürdig eingestuft. Ein Stein mit angeblichen Metallspuren des gelandeten Objektes gelangte später zur NASA und ist seitdem verschwunden.

Der Landwirt Maurice Masse arbeitete am 1. Juli 1965 auf seinem Lavendelfeld in der Nähe von Valensole, Basses Alpes, Frankreich. Er war hinter einem Steinhaufen beschäftigt, als er ein pfeifendes Geräusch hörte und auf einmal ein Objekt von der Größe eines Automobils auf seinem Acker stand. Das Objekt stand auf sechs Beinen, und er hielt es für einen Versuchshub-

Abb. 47 Foto der US-Luftwaffe von Socorro im US-Staat New Mexico; es wurde der Abdruck von einem der vier Landefüße des unidentifizierbaren Flugobjektes dokumentiert. Die Steine wurden von einem FBI-Beamten zur besseren Markierung des Abdrucks ausgelegt.

schrauber. Neben dem Objekt tauchten plötzlich zwei »achtjährige Jungen« auf, die seine Lavendelpflanzen stahlen. (Er hielt sie für achtjährige Jungen, weil sie kleiner als 1,30 Meter waren.) Schimpfend rannte er zu den »Jungen« und sah, wie sie mit einem röhrenförmigen Gerät auf ihn zielten. Er konnte sich auf einmal nicht mehr bewegen, bemerkte jedoch, daß die beiden Gestalten keine Menschen waren, sie waren nur menschenähnlich. Sie besaßen riesige Glatzköpfe mit großen Schlitzaugen, hatten ein spitzes Kinn und einen kleinen Mund ohne Lippen; bekleidet waren sie mit einem dunkel-grau-grünen Overall. Sie kümmerten sich nicht weiter um ihn, gingen zum Flugobjekt und starteten. Masse konnte sich erst nach mehr als einer Viertelstunde wieder bewegen. Die Gendamerie fand später noch die frischen Eindrücke der Landefüße. Obwohl es nicht geregnet hatte, war unterhalb des Flugobjektes der Boden feucht, und genau an dieser Stelle wuchs für etwa 10 Jahre kein Lavendel mehr. Masse fühlte sich sehr müde und schlief für eine lange Zeit, in den nächsten Monaten benötigte er die doppelte Schlafdauer, um wieder ausgeruht zu erscheinen. Die Gendamerie hielt sein Erlebnis für echt und nicht für erfunden.

Aus der Fülle von Begegnungen der dritten Art sollen auch zwei Ereignisse aus Deutschland angeführt werden. Sie wurden von MUFON-CES dokumentiert, einer deutschsprachigen privaten Gruppe von hauptberuflichen Wissenschaftlern und Ingenieuren, die sich nebenberuflich mit dem UFO-Phänomen beschäftigen.

In der Nacht vom 10. auf den 11. April 1974 befand sich ein Auto mit zwei Ehepaaren auf dem Weg nach Hochheim bei Frankfurt, als in der Nähe von Wicker unmittelbar vor Hochheim ein leuchtender Teller über der Straße schwebte. Das Objekt war in mehrere Segmente unterteilt, und von jedem Segment gingen bewegliche farbige Lichter aus. Der Fahrer hielt rasch an, und die Insassen bewunderten das überraschende Farbenspiel. An der Unterseite des Flugobjekts fuhr auf einmal wie ein Fahrstuhl ein sehr heller Lichtkegel aus und tastete die Umgebung ab. Der Lichtkegel wurde danach plötzlich enger und strahlte gleißend hell durch die Frontscheibe in das Wageninnere. Den Insassen fiel das Atmen schwer, und sie begannen zu schwitzen. Vor Aufregung herrschte eine völlige Ruhe. Nach einiger Zeit zog sich der Lichtstrahl wieder zurück. Danach begannen die Lichter des Flugobjektes immer schneller zu rotieren, so daß sie zuletzt zu einem weißen Band verschmelzen konnten; anschließend schoß das Flugobjekt senkrecht nach oben und verschwand. Die Insassen des Autos wurden danach ungewöhnlich müde. Sie glaubten, der Vorgang hätte 15 bis 20 Minuten gedauert, zu Hause stellten sie jedoch fest, daß 3 Stunden vergangen waren.

Zwischen dem 23. und 24. Februar 1977 wurde etwa um Mitternacht ein Jagdflugzeug der italienischen Luftwaffe über

Norditalien von einem rätselhaften Lichtobjekt über eine Strecke von fast 400 Kilometer verfolgt. Erst als das Jagdflugzeug eine steile Flugkurve drehte, verschwand das Lichtobjekt. Später wurde in der Schweiz gegen zwei Uhr früh ein Lichtobjekt gesehen, das über den Bodensee in Richtung Deutschland flog. Etwa um 2.30 Uhr fuhren zwei Männer bei Langenargen an der deutschen Bodenseeseite mit dem Auto nach Hause. Herr S. hatte gerade seinen Kollegen Herrn G. vor seinem Haus abgesetzt, als beide über dem Bodensee zwei helle Lichtobjekte fliegen sahen. Herr S. stieg nun ebenfalls aus dem Auto aus, und er konnte zusammen mit seinem Kollegen bemerken, daß die Lichter von zwei zigarrenförmigen Flugobjekten ausgingen. Die Lichter leuchteten lautlos die Gegend ab, und es wurde dabei so hell, daß sich Herr G. die Hand vor die Augen halten mußte. Plötzlich waren die Lichter verschwunden; Herr S. und Herr G. diskutierten noch eine Zeitlang, und danach ging Herr G. in sein Haus, während Herr S. wieder ins Auto einsteigen wollte. In diesem Moment waren die Lichter wieder da und schwebten nur etwa 20 Meter über dem Haus. Herr S. verließ das Auto und rannte zum Haus von Herrn G., fand jedoch die Haustür bereits verschlossen und eilte deshalb zur Tür an der Rückseite des Hauses. Auf einmal stand er in einem Lichtkegel, wegen der Helligkeit versteckte er sich dann an einem Gartenzaun. Herr G. konnte den Lichtkegel ebenfalls beobachten und trat an das Fenster. Als ihn die Helligkeit durch das Fenster erfaßte, war er plötzlich wie gelähmt und konnte nur noch erkennen, wie zahlreiche Lichter zu einem gleißend hellen Strahl verschmolzen. Herr S. versuchte nun das Nachbarhaus der Familie B. zu erreichen, aber er kam nicht weit. Später berichtete er, daß er zunächst einen kurzen Pfiff von einer hohen zu einer niedrigen Frequenz hörte und einen schwachen Luftzug verspürte. Danach hätten plötzlich zwei menschenähnliche Gestalten mit einer Größe von etwa 1,30 Meter und etwa 1,10 Meter neben ihm gestanden; sie hätten ihn nur beobachtet, und ihre Köpfe wären groß und kahl und ihre Augen riesig gewesen. Herr S. geriet vollends in Panik und schlug das Fenster zur Haustür von Familie B. ein. Familie B. hatte von den Lichtern nichts bemerkt und rief die Polizei an, weil sie wegen der eingeschlagenen

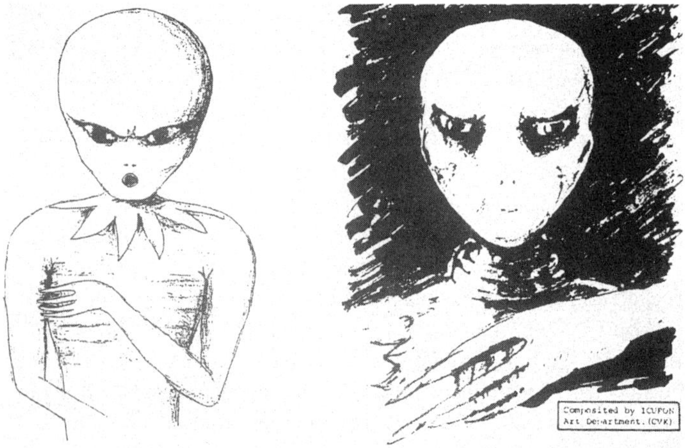

Abb. 48 Beschreibung eines angeblichen Außerirdischen durch den Zeugen S. beim Zwischenfall von Langenargen (Bodensee) vom 24. 2. 1977 (links); Zeichnung eines angeblichen Außerirdischen, die ein UFO-Forscher von einem Informanten des US-Geheimdienstes bekommen haben will (rechts).

Scheibe an Einbrecher glaubte. Herr S. hatte sich an der Hand verletzt und stürzte blutend in den Hausflur. Kurze Zeit später traf die Polizei ein und brachte Herrn S. ins Krankenhaus nach Friedrichshafen. Er hatte einen Blut-Alkohol-Gehalt von nur 0,3 Promille gehabt, so daß eine alkoholabhängige Halluzination ausgeschlossen werden konnte. Eine psychologische Untersuchung zeigte eine Angstpsychose durch ein traumatisches Ereignis; später mußte er sich noch in eine psychotherapeutische Behandlung begeben. Eine Hypnose deckte auf, daß er während des Vorfalls den Eindruck gehabt hatte, einmal weg vom Boden und dann wieder auf dem Boden gewesen zu sein. Mehrere unabhängige Zeugen bestätigten, in dieser Nacht rätselhafte Lichtobjekte über dem Bodensee gesehen zu haben.

Bei der großen Mehrzahl der dokumentierten Begegnungen der dritten Art trifft nur ein einzelner Mensch die Wesen mit der menschenähnlichen Gestalt, und er gerät dabei praktisch immer in Panik. Es ist deshalb schwierig zu rekonstruieren, was überhaupt gesehen worden ist und ob nicht unterschwellige Ängste plötzlich zutage traten. Es ist allerdings bemerkenswert, daß die menschenähnlichen Wesen von den verschiedenen Zeugen in einer nahezu identischen Gestalt und mit einem nahezu identischen Aussehen beschrieben werden. Meist ähneln sie einem Menschen im Embryonalzustand: Wie der ungeborene Mensch besitzen sie riesige Köpfe, große Augen und im Verhältnis zum Körper sehr lange Arme. Auch wenn man UFOs und Außerirdische für totalen Unsinn hält, ergibt sich doch ein wichtiges Problem, das zur Lösung ansteht. Warum wird von vielen Menschen in einer Paniksituation der Kontakt zu Wesen beschrieben, die wie ein Mensch im Embryonalzustand aussehen?

Das Rätsel der Begegnungen der dritten Art ist noch völlig ungelöst, und es gibt keine Hinweise auf Lösungswege. Nicht wenige Fachleute halten diese Begegnungen schlicht für Unsinn oder für Wahnvorstellungen. Die angeblichen Außerirdischen könnten aber auch Bioroboter von tatsächlichen Außerirdischen sein, die die Erde nicht betreten können, weil unsere Umwelt für sie giftig ist; sie schicken deshalb Bioroboter. Sie verfügen über genügend Informationen zur Gestalt und den Konstruktionsprinzipien des Menschen, und ihre biologischen Kenntnisse erlauben es ihnen, Bioroboter mit einer menschenähnlichen Gestalt zu konstruieren, die in der irdischen Umwelt wie Menschen agieren können. Die seltsamen menschenähnlichen Wesen könnten aber auch körperlose Hologramme sein, die von einem unidentifizierbaren Flugobjekt auf die Erde projiziert werden. Vielleicht werden aber auch Techniken einer neuartigen psychologischen Kriegführung erprobt, den Gegner durch optisch projizierte Gegner zu erschrecken. Auf der Fifth Avenue in New York projizierte einmal ein Juwelier mit einer Laseranlage das Hologramm einer menschlichen Hand mitsamt einem Ring in das Schaufenster. Die Hand mit dem Ring war dreidimensional und dennoch körperlos; sie existierte allein für das Auge. Eine ältere Dame sah die Hand für echt an und hielt sie für ein Werk des Teufels. Sofort ging sie mit dem Regenschirm auf das Schaufenster los, und der Juwelier hatte Mühe, die Hand als eine Illusion zu erklären.

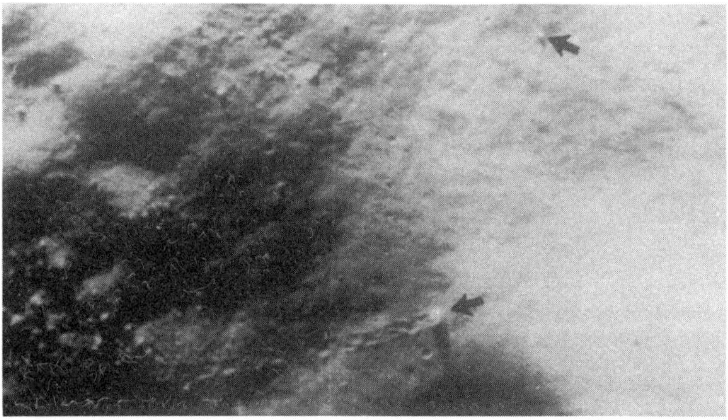

Abb. 49 Offizielles NASA-Foto von der Mondoberfläche; die Abbildung vermittelt den Eindruck, als wären Steine am dargestellten Kraterrand heraufgerollt worden (kleine Pfeile). Das Foto wurde im August 1967 von der Forschungssonde Lunar Orbiter V aufgenommen und von der NASA als »Rolling Stones« dokumentiert. Die vermuteten Rollspuren sind 400 bzw. 300 Meter lang.

In Science-fiction-Geschichten werden die menschenähnlichen Wesen der UFOs auch als Zeitreisende beschrieben. Es handelt sich um keine Wesen von fremden Planeten, sondern um Menschen aus der Zukunft, die sich in der Dimension der Zeit verfangen haben. Menschen der zukünftigen Jahrtausende werden in ihre phantastischen Flugapparate steigen und dann irgendwelche Fehler machen. Der Fehler wird sie dann nicht zu ihrem Ziel tragen, sondern in die Vergangenheit, zurück in das ausgehende 20. Jahrhundert.

Von UFOs entführt?

In den fünfziger und sechziger Jahren haben Zeugen von UFO-Begegnungen der dritten Art immer wieder die Friedfertigkeit der menschenähnlichen Gestalten unterstrichen. Manche UFO-Spiritisten behaupteten bereits damals, sie hätten mit Außerirdischen Freundschaft geschlossen und könnten jederzeit mit ihnen in Kontakt treten. Seit der Mitte der siebziger Jahre scheint sich diese behauptete Friedfertigkeit zu ändern. Es häufen sich Meldungen über angebliche Entführungen von Menschen durch Besatzungen von UFOs. Ziel der Entführungen wären dann medizinische Untersuchungen an Menschen. Manche Entführungsopfer sind sogar überzeugt, daß Narben an ihrem Körper von den Untersuchungsprozeduren der Außerirdischen stammen würden. Oft wird berichtet, daß lange Nadeln in den Körper gestochen wurden. Auf der Ebene der Medizintechnik wären somit die Außerirdischen nicht so fortschrittlich wie bei ihren Flugobjekten; sie müßten ihre Untersuchungspersonen noch durch allerlei Maßnahmen traktieren.

Die Meldungen sind mit einer großen Skepsis zu bewerten. Dennoch sind sie interessant, denn sie erinnern an Fälle von einer angeblichen Besessenheit durch einen bösen Geist, der seine Opfer mit Wonne quält. Menschen können bei einer Besessenheit in Wahnvorstellungen geraten und Verletzungen oder Narben am Körper auf Aktivitäten eines bösen Geistes zurückführen oder sich manchmal auch selbst verstümmeln. Zahlreiche Religionen haben Rituale entwickelt, um bei einem besessenen Menschen den Teufel oder andere böse Geister auszutreiben. Eine Art Besessenheit durch die Entführung von Außerirdischen wäre allerdings als Krankheitsbild relativ neuartig und stellt sicherlich für die Medizin eine Herausforderung dar. Die angeblichen Entführungen zeigen aber auch, wie stark das UFO-Phänomen von religiösen Komponenten besetzt ist, denn es treten Situationen wie bei den übersteigerten religiösen Aktivitäten in den vergangenen Jahrhunderten auf. Damals wurde der Mensch von Teufeln überfallen und gequält, heute sind es dagegen die Außerirdischen. Für eine Entführung durch Außerirdische gibt es sogar einen Fachbegriff: Es handelt sich um eine Abduktion. Für den Arzt, Psychiater und Psychologen sind Abduktionsopfer zunächst kranke Menschen und erst in zweiter Linie Kontaktpersonen zur Erforschung des UFO-Phänomens. Abduktionsberichte werden von der Fachwelt als Krankheitsbild ernst genommen, und schon 1978 gab es bei einer Jahrestagung der amerikanischen psychologischen Gesellschaft sechs Vorträge zu diesem Thema. Für den Psychiater John Mack von der renomierten Harvard-Universität sind Untersuchungen von Abduktionsopfern sogar ein Spezialgebiet; wegen des Forschungsthemas wurde zunächst seine Seriösität angezweifelt, nachdem eine Harvard-Kommission jedoch seine Arbeiten überprüft hatte, durfte er weiterforschen.

Typische Abduktionsopfer sind das amerikanische Ehepaar Barney und Betty Hill gewesen. Das Ehepaar fuhr im September 1961 nachts mit dem Auto über eine einsame Straße, als plötzlich am Himmel ein scheibenförmiges Objekt auftauchte. Danach fielen beide nach eigenen Angaben in eine tiefe Bewußtlosigkeit und erwachten später im Auto sitzend an einem völlig anderen Ort. Es waren in der Zwischenzeit zwei Stunden vergangen, an die sie sich nicht mehr erinnern konnten. In den folgenden Monaten litten beide an unterschwelligen Ängsten und großer Nervosität, die ihre Arbeitsfähigkeit beeinträchtigte. Sie entschlossen sich, zu einem Psychiater zu gehen, der ihre Angstzustände durch Hypnose näher untersuchen wollte. In Hypnose berichteten beide unabhängig voneinander über kleine Männchen mit großen kahlen Köpfen und riesigen Augen, die sie mit einem Flugapparat entführt hätten, um sie dann schmerzhaft medizinisch zu untersuchen. In der Bauchdecke von Betty Hill war zwar eine Injektionsnarbe nachweisbar, jedoch konnte das Alter der Narbe nicht geklärt werden. Die Behandlung des Ehepaars hatte Erfolg, und ihre Ängste verschwanden.

In den USA mußten bisher einige Hundert Menschen wegen einer Abduktion behandelt werden, und auch aus anderen Ländern sind in der Fachliteratur Behandlungsverläufe beschrieben worden. Die Patienten stammten aus allen gesellschaftlichen Schichten und besaßen oft erstaunlich ähnlich aussehende Narben. Einige Patienten gaben an, sogar mehrmals entführt worden zu sein. Meist können sich die Patienten an ihre Abduktion nicht mehr erinnern und erzählen erst unter der Hypnose zur Angstbehandlung von den seltsamen menschenähnlichen Gestalten. Den Ärzten fiel auf, daß die Patienten eine tiefe Scham und soziale Entfremdung verspürten, weil ihre Mitmenschen die Erlebnisse nicht verstehen könnten. Nach den ersten Erfahrungen ist die Mehrheit der Abduktionsopfer emotional und psychisch stabil, daneben fällt auch auf, daß sie meist überdurchschnittlich intelligent, aber auch überdurchschnittlich erregbar sind. Ihr Selbstwertgefühl kann dagegen schwach ausgeprägt sein, und in zwischenmenschlichen Beziehungen werden Verletzungen oft übertrieben wahrgenommen. Möglicherweise kann ein Abduktionsphänomen jeden Menschen betreffen, und es wäre für die Forschung eine große Aufgabe zu prüfen, warum die Vorstellungen über Außerirdische so tief in das menschliche Bewußtsein eindringen können, daß sie Menschen sogar krank machen können. Stören Außerirdische vielleicht die narzistische Eitelkeit des Menschen, weil er nicht mehr behaupten kann, das Zentrum des Universums zu sein?

Außerirdische in der Geschichte

Die Welt des Erich von Däniken

Trotz aller Nahbeobachtungen von UFOs und der geheimnisvollen Abduktionsberichte sind Hinweise auf Außerirdische auf der Erde nicht zwingend belegbar. UFOs sind nach der Definition unidentifizierbare fliegende Objekte. Und hinter diesen Objekten müssen nicht zwangsläufig die Außerirdischen stehen. Angefangen von nicht erforschten Naturerscheinungen bis hin zu irdischen Geheimprojekten gibt es eine Fülle von weiteren Erklärungsmöglichkeiten, die zumindest gleichberechtigt neben die Theorie von den Außerirdischen zu setzen sind. Daneben sind Abduktionsberichte für eine Verallgemeinerung zuwenig erforscht, und es müßte geklärt werden, ob vielleicht pathopsychologische Vorgänge bei den Entführungsmeldungen durch Außerirdische eine Rolle spielen. Für medizinische Untersuchungen müßte eine hochentwickelte außerirdische Zivilisation nicht so viele Menschen entführen, wie Abduktionsberichte vorliegen. Umfassende medizinische Erkenntnisse könnten auch bei der Untersuchung einer kleineren Zahl von Menschen gewonnen werden.

Wenn schon in der Gegenwart keine außerirdischen Besucher mit letzter Sicherheit nachgewiesen werden können, so ist es für manche UFO-Freunde doch eine Tatsache, daß wenigstens in der fernen Vergangenheit die Erde regelmäßig von außerirdischen Intelligenzen besucht worden ist. Über die Gäste der frühen Kopffüßler oder der Saurier werden wohl nie Aussagen gemacht werden können. Erste Hinweise glauben UFO-Freunde jedoch bereits bei den alten Ägyptern zu finden. Aus der Zeit von Pharao Tutmosis III. (1504–1450 v. Chr.) ist ein Papyrus überliefert, in dem über Feuerringe am Himmel berichtet wird. Der Pharao soll, um die Götter zu besänftigen, nach ihrem Erscheinen Weihrauch geopfert haben. Erich von Däniken ist sich über die außerirdischen Besucher aus der Frühzeit der menschlichen Kulturentwicklung ganz sicher und veröffentlichte über seine Vermutungen sehr erfolgreiche Bücher. Allerdings mußte er, um seine Thesen zu belegen, weite Gebiete der Archäologie uminterpretieren. Archäologen bringt Däniken zur Verzweiflung, denn er nimmt historische Objekte und Dokumente aus ihrem ursprünglichen Zusammenhang und deutet sie so lange neu, bis sie als ein Beleg für außerirdische Besucher gewertet werden können.

Zur Absicherung seiner Thesen bedient sich Däniken fast regelmäßig sogenannter Scheinkorrelationen, die immer auftreten, wenn ein Ergebnis bereits bekannt ist und die Statistik oder andere Hinweise so lange gedreht werden, bis das Ergebnis auch unter völlig falschen Voraussetzungen stimmt. In unserer Zeit ist zum Beispiel durch den Pillenknick eine deutliche Abnahme der Geburtenrate zu beobachten, gleichzeitig nimmt nun aber wegen der Umweltbelastungen auch die Zahl der Störche ab. Es kann jetzt wissenschaftlich einwandfrei mit statistischen Analysen bestätigt werden, daß der Rückgang der Geburtenrate von der abnehmenden Zahl der Störche abhängt, und schon liegt eine Scheinkorrelation vor. Eine zweite berühmte Scheinkorrelation beschäftigt sich mit der volkswirtschaftlichen Gesamtlage und der Rocklänge in der Damenmode. Immer wenn die allgemeine Mode kurze Röcke vorschreibt, ist zu erwarten, daß die Aktien gut stehen, während sie bei langen Röcken beginnen, in den Keller zu fallen. Diese Scheinkorrelation funktionierte an der New Yorker Börse über viele Jahre und war ein heißer Tip für Spekulanten.

Däniken ist überzeugt, daß die alten Ägypter die Entfernung von der Erde zur Sonne bereits kannten, denn die Höhe der Cheopspyramide ergibt nach einer Multiplikation mit einer Milliarde in etwa die Entfernung von der Erde zur Sonne; nach der Meinung von Däniken konnten die alten Ägypter diesen Meßwert nur von den Außerirdischen erfahren haben. Der Vergleich ist allerdings eine reine Scheinkorrelation, denn da Däniken die Entfernung von der Erde zur Sonne kennt, ist es nur eine Frage der Suchaktivitäten, bis ein Objekt gefunden ist, auf das das Rechenbeispiel paßt. Jeder Sternenfreund könnte beispielsweise in seinem Reihenhaus durch eine geschickte Multiplikation astronomische Grunddaten festlegen. Gerade Multiplikationen mit sehr großen Zahlen zeigen schnell verblüffende Ergebnisse.

Abb. 50 Grabplatte von Palenque in Mexiko; in der Abbildung muß nicht zwingend ein Außerirdischer in einem Raumschiff gesehen werden, logischer erscheint die Darstellung eines Maya-Fürsten in Dekorationselementen der Maya-Kultur.

Den wohl bekanntesten Trugschluß von Däniken stellt die Grabplatte von Palenque in Mexiko dar. Auf der Grabplatte ist ein Maya-Fürst zusammen mit typischen Dekorationselementen der Maya-Kultur abgebildet. Die Dekorationselemente erfüllen im Kulturverständnis der Maya bestimmte Funktionen, die nun Däniken völlig uminterpretiert: Er sieht in dem Maya-Fürsten einen Astronauten und in den Dekorationselementen ein Raumschiff; folglich haben Außerirdische die Maya früher einmal besucht, und die Grabplatte stellt eigentlich keinen Maya-Fürsten, sondern einen Außerirdischen dar. Der Maya-Fürst wird auf der Grabplatte in der sportlichen Haltung eines Motorradfahrers gezeigt; bei einer geschickten Interpretation dieser sportlichen Haltung könnte auch gefolgert werden, daß die Maya das Motorrad erfunden haben.

In den Büchern von Däniken gibt es lange Listen solcher fragwürdiger Vergleiche, die vieles und letztlich doch überhaupt nichts beweisen können. Ihnen allen ist eine grobe Mißachtung des Leistungsvermögens der frühen Kulturvölker gemeinsam.

Der frühe Mensch lief nach Däniken geistig beschränkt auf der Erde herum, bis die Außerirdischen kamen und ihn auf Vordermann brachten, damit er sich eine Kultur schaffen konnte. Demnach wären die alten Ägypter am Beginn ihrer Geschichte zu dumm gewesen, um die Pyramiden zu bauen; sie hatten jedoch das Glück, daß die Außerirdischen kamen und ihnen zeigten, wie solche gewaltigen Bauwerke errichtet werden. Die Fähigkeit einer Kultur, sich aus einfachsten Anfängen zu entwikkeln und selbständig ihr Leistungsvermögen zu verbessern, läßt Däniken nicht gelten. Im vorderen Orient tauchten in der frühen Antike einige Hochkulturen tatsächlich wie aus dem Nichts auf, aber die fehlende Vorgeschichte der Kulturentwicklung besagt nicht, daß die Hochkultur plötzlich entstand, sondern nur, daß die Wissenschaft nicht weiß, wie sich die Kulturentwicklung abspielte. Auch mußten die Außerirdischen früher zu den verschiedensten Zeiten zur Stelle gewesen sein, um einer Kulturentwicklung den letzten Anstoß zu geben, denn die Hochkulturen im Orient und in Mittelamerika entwickelten sich zu unterschiedlichen Zeitpunkten, und stets sprangen die Außerirdischen hilfreich und zum rechten Zeitpunkt ein. Bei einer solchen Aufmerksamkeit ist es verwunderlich, daß die Außerirdischen in unserer Zeit keinen Kontakt zur Menschheit suchen und ihr kein Wissen beibringen wollen.

Außerirdische sollen sich in vergangenen Zeiten auch mit Menschen gepaart haben, um vermutlich Supermenschen zu zeugen; die obskuren Berichte des Antonio Villas Boas zu seinem sexuellen Kontakt mit einer außerirdischen Blondine wären somit früher kein Einzelfall gewesen. Biologisch ist eine solche erfolgreiche Paarung unvorstellbar, aber nach der Meinung von Vertretern einer prähistorischen Astronautik konnten die Außerirdischen mit ihrem Wissen sicherlich die gesamte Biologie auf den Kopf stellen. Zu den Definitionskriterien einer Art gehört, daß nur Mitglieder einer Art untereinander in der Lage sind, voll funktionsfähige Nachkommen zu zeugen. Zwischen Vertretern von verschiedenen Arten ist keine erfolgreiche Paarung mit fruchtbaren Nachkommen möglich. Wenn biologische Gesetze auf der Erde schon so enge Grenzen ziehen, dann sind die Grenzen zwischen Lebewesen von verschiedenen Planeten sicherlich unüberwindbar hoch. Die angenommenen Außerirdischen aus der Vorgeschichte werden mit einer zu großen biologischen Ähnlichkeit zum Menschen beschrieben, als daß sie tatsächlich Außerirdische sein könnten.

Nicht nur in der Gegenwart, sondern auch in der historisch faßbaren Vergangenheit gibt es keine absolut gesicherten Hinweise auf den Besuch von Außerirdischen auf der Erde, auch wenn Hinweise aus uralten Aufzeichnungen und Mythen häufig in dieser Richtung mißverstanden werden. In den Beschreibungen des Propheten Ezechiel im Alten Testament muß nicht zwangsläufig ein UFO gesehen werden, wie es manche gerne deuten möchten. Ezechiel beschrieb ein magisches Gerät, das großen Lärm verursachen konnte, und fuhr fort: »... der Geist hob mich empor ... die Hand Jehovas war stark auf mir ...« Aus dem Text kann nicht zwingend abgeleitet werden, daß Ezechiel mit einem Fluggerät flog und daß die »Hand Jehovas« nicht die Beschleunigung ausdrückte, die ihn in den Sitz preßte. Auch die heiligen Texte der Hindu Mahabharata und Ramajana beschreiben zwar fliegende Maschinen und schreckliche Waffen, doch auch hier können keine Außerirdischen abgeleitet werden. Als Gott im Alten Testament Sodom und Gomorrha vernichtete, befahl er Lot und seiner Familie, sich nicht umzudrehen, die Frau von Lot mißachtete den Befehl und kam um. Allein aus dieser Beschreibung wurde abgeleitet, daß Sodom und Gomorrha durch eine Atombombenexplosion vernichtet wurden und die Frau von Lot in den Atomblitz sah. Gezündet wurde die Atombombe natürlich von den Außerirdischen. Auf der Ebene von Nazca in Peru sehen UFO-Freunde in zahlreichen langen Linien Landebahnen für außerirdische Raumfahrzeuge, doch auf der gesamten Erde hat noch nie ein Archäologe Reste eines solchen Raumfahrzeuges gefunden.

Das Rätsel der Dogon

Die Dogon sind ein Nomadenvolk auf dem Gebiet des Staates Mali in Afrika und besitzen ganz erstaunliche astronomische Kenntnisse, die sie völlig von ihrem restlichen wissenschaftlichen Niveau abheben. Für die Dogon ist das Universum unendlich und trotzdem meßbar und wird von spiralförmigen Welten erfüllt. Obwohl die Dogon keine entwickelte astronomische Beobachtungstradition besitzen, nimmt unter all den Sternen und Sternhaufen der Stern Sirius in ihrem Weltbild eine zentrale Stelle ein. Die Dogon wissen aufgrund von uralten Überlieferungen und nicht aus eigenen Beobachtungen, daß der Stern Sirius einen kleinen Begleitstern besitzt, der von der Astronomie erst 1862 entdeckt worden ist. Außerdem ist ihnen bekannt, daß der kleine Begleitstern der schwerste der Siriussterne ist. Auch diese Behauptung ist weitgehend korrekt, denn der Begleitstern von Sirius ist ein Weißer Zwerg, was jedoch erst 1915 bewiesen werden konnte. Der Begleitstern soll den Sirius nach dem Dogonwissen alle 50 Jahre umkreisen; nach dem Wissen der modernen Astronomie umkreist er ihn alle 49,9 Jahre. Für die Dogon ist dieser kleine Begleitstern, den die Wissenschaft Sirius B nennt, der wichtigste Stern am Himmel. Sie können diesen kleinen Sirius B mit ihren eigenen technischen Möglichkeiten überhaupt nicht beobachten, und erst der modernen Astronomie ist mit ihren beachtlichen technischen Möglichkeiten der Sirius B zugänglich, dennoch ist Sirius B für die Dogon das Zentrum der Welt, und sie nennen ihn Po Tolo. Nach dem Wissen der Dogon soll der Sirius außer dem Begleitstern Sirius B noch einen weiteren Begleitstern besitzen, den sie als Emme Tolo bezeichnen und der den Astronomen unbekannt ist. Emme Tolo soll viermal leichter und nur ein wenig größer sein als Po Tolo.

Zur Kunst der Dogon gehören Sandzeichnungen, die einen hohen symbolischen Wert haben und die gleichzeitig wie moderne astronomische Abbildungen aussehen. Emme Tolo wird in solchen Sandzeichnungen von einem Planeten umkreist. Die Mythologie der Dogon kennt Planeten, obwohl die moderne Wissenschaft außerhalb des Sonnensystems erst in unserer Zeit zwei Planeten nachweisen konnte. In anderen Sandzeichnungen wird die Umlaufbahn von Sirius B um Sirius als eine Ellipse dargestellt, wobei Sirius nicht im Zentrum der Ellipse steht, sondern etwas an den Rand verlagert ist; eine Erkenntnis, die ebenfalls mit modernen wissenschaftlichen Beobachtungen übereinstimmt.

Es ist absolut rätselhaft, wie ein sonst einfaches Nomadenvolk wie die Dogon zu einem solchen speziellen astronomischen Wissen kommt, denn ihre Erkenntnisse können nur mit Hilfe modernster astronomischer Geräte erworben werden. Das Wissen der Dogon stammt nicht von modernen Astronomen, die in unserer Zeit etwa ihr Siedlungsgebiet bereisten, sondern ist uraltes mythologisches Wissensgut. Vermutlich ist das astronomische Wissen der Dogon nur ein Wissensrest, dessen Ursprung in der Antike liegt. Die alten Ägypter richteten ihren Kalender nach dem Sirius aus, denn zum Beginn der Nilschwemme wird Sirius auf ägyptischem Gebiet knapp über dem Horizont sichtbar. Es gab im ägyptischen Reich Tempel, die so exakt gebaut waren, daß das Licht des Sirius nach seinem ersten Auftauchen über dem Horizont genau in den heiligen Altarraum schien. Sonne und Mond bieten sich zur Entwicklung eines Kalenders geradezu an, da sie den Himmel beherrschen und ihre Kreisbewegungen gut gedeutet werden können, doch für die alten Ägypter war diese Dominanz sekundär; ihre Norm zur Kalenderentwicklung war der Sirius. Möglicherweise besitzen die Dogon letzte Reste des altägyptischen Wissens über den Sirius. Es ist eine Tragik, daß die Bibliothek von Alexandria mit ihren etwa 500 000 Schriftrollen bei einer der größten Kulturkatastrophen der Menschheit im Jahre 48 vor Christus abgebrannt ist. Möglicherweise hätte die Bibliothek von Alexandria, die das Wissen der Antike enthielt, bei der Lösung des Sirius-Rätsels weiterhelfen können. So bleibt das Sirius-Rätsel ein wichtiger Impuls bei der Erforschung von denkbaren außerirdischen Intelligenzen. Sirius B, den die Dogon Po Tolo nennen, ist ein Weißer Zwerg, ein Stern, der früher einmal mit der irdischen Sonne eine große Ähnlichkeit hatte und der sich jetzt in der Endphase seiner Entwicklung befindet. Vielleicht ist die Spekulation erlaubt, daß einst eine Superzivilisation ihr Sonnensystem verlassen mußte, weil das zentrale Muttergestirn am Ende seiner Entwicklung angekommen war. Dieser Vorgang könnte sich allerdings bereits vor Jahrmilliarden abgespielt haben, auf jeden Fall lange bevor sich auf der Erde der Mensch entwickelt hatte.

Außer dem Sirius-Rätsel der Dogon gibt es keinerlei Hinweise, daß jemals eine außerirdische Zivilisation auf der Erde zu

Besuch war und identifizierbare Spuren hinterlassen hat. Aber auch das Sirius-Rätsel muß mit der notwendigen Skepsis bewertet werden, denn niemand kennt den tatsächlichen astronomischen Entwicklungsstand der antiken Hochkulturen; er war auf jeden Fall weit höher als im Mittelalter, und es ging sehr viel Wissen verloren. Wissenschaftliche Arbeit beschränkte sich in der Antike auf einen äußerst kleinen Personenkreis und war oft von Geheimnissen umgeben. Neben dem Wissen könnten im Laufe der Jahrtausende auch technische Geräte verlorengegangen sein, so daß heute denkbare technische Entdeckungen der Antike als unmöglich angesehen werden. Es ist beispielsweise gesichert, daß der elektrische Strom in der Antike ein Begriff war, denn es wurden Batterien gefunden, und Glasobjekte, die lange Zeit als antiker Schmuck angesehen wurden, erwiesen sich später als geschliffene Linsen. Eine zufällige Übereinstimmung von modernen astronomischen Erkenntnissen mit dem Sirius-Rätsel ist allerdings schwierig zu bewerten, denn bei der Fülle von Übereinstimmungen müßte der Zufall arg strapaziert werden. Die Dogon berichten auch von einem Schöpfergott Nommo, der einst vor uralten Zeiten mit einer Nommo-Arche im Dogongebiet landete; die Sumerer, eines der ältesten Kulturvölker der Erde, kannten Oannes, ein Mischwesen aus Fisch und Amphibium, das dem Meer entstieg, um der Menschheit Wissen zu überbringen.

Eine triviale Erklärung des Sirius-Rätsels bietet der Astrophysiker Lauterborn. Er vermutet, daß es während der Zeit der altägyptischen Hochkultur zwischen Sirius A und Sirius B eine Gasbrücke gab, die rot leuchtete. Als hervorragende Astronomen müßte den alten Ägyptern die Gasbrücke bekannt gewesen sein, und sie hätten durch exakte Beobachtungen ermitteln können, daß sich die Gasbrücke wie ein Rad innerhalb von 50 Jahren einmal drehte. Die vermutete Gasbrücke erklärt allerdings nur einen Teil des Sirius-Rätsels.

Phantastische Berichte aus der Vergangenheit finden auch in der Gegenwart ihre Entsprechung. Anhänger von außerirdischen Besuchern auf der Erde glauben Beweise vorlegen zu können, daß in geheimen amerikanischen Labors Leichen von Außerirdischen aufbewahrt werden und daß amerikanische Testpiloten bereits versuchen würden, UFOs zu fliegen. Schließlich sollen entscheidende Hinweise zur Konstruktion des geheimnisvollen Tarnkappen-Flugzeugs F-117A von der UFO-Technologie entnommen worden sein. Weil Präsident Eisenhower im Februar 1954 für einige Zeit ohne eine Begleitung von Leibwächtern aus der Öffentlichkeit verschwunden war, machte ein seltsames Gerücht die Runde: Der Präsident wäre nicht erkrankt gewesen, sondern hätte sich auf einer Luftwaffenbasis in Kalifornien mit Außerirdischen getroffen. Ende 1982 veröffentlichte ein Mitglied des britischen Oberhauses diese Mitteilung eines pensionierten Piloten, der damals den Präsidenten begleitet haben soll. Zur allgemeinen Überraschung hätten die Außerirdischen Englisch gesprochen.

Phantastisches und Mysteriöses

Der Roswell-Zwischenfall

Der Roswell-Zwischenfall ist wohl die phantastischste UFO-Begegnung, die bisher der Öffentlichkeit bekannt geworden ist. Sicherlich mischen sich in ihr Realität, Wunschvorstellungen und Fälschungen. Am Abend des 2. Juli 1947 wurde über dem Städtchen Roswell, New Mexico (USA), ein unidentifizierbares Flugobjekt gesehen, das in nordwestlicher Richtung flog und zu den UFO-Sichtungswellen der späten vierziger Jahre paßte. Die Gegend war allerdings militärisch höchst brisant, denn dort war damals das einzige Atombombengeschwader der Vereinigten Staaten stationiert; und der Kalte Krieg war bereits angelaufen. Am nächsten Tag entdeckte der Farmverwalter William Brazel etwa 120 Kilometer von Roswell entfernt seltsame Metallfolien, die er wegen eines Wochenendes allerdings erst am 6. Juli dem Sheriff von Roswell zeigte. Dieser benachrichtigte das Kommando des 509. Bombengeschwaders, das sofort die gesamte Gegend absperren ließ. Der Presseoffizier des Geschwaders teilte später in einer offiziellen Presseerklärung mit, die Trümmer einer abgestürzten »Fliegenden Untertasse« wären am 8. Juli 1947 bei Roswell geborgen worden. Am nächsten Tag berichteten zahlreiche Zeitungen im gesamten Land über das sensationelle Ereignis. Noch am gleichen Tag wurde jedoch dementiert, und das Luftwaffenhauptquartier teilte mit, ein Wetterballon wäre abgestürzt. Viele Augenzeugen glaubten allerdings nicht die Version vom Wetterballon, denn die Metallfolien waren eigenartig leicht und gleichzeitig so hart und fest, daß sie sich noch nicht einmal mit einem Vorschlaghammer einbeulen ließen. Einer Nachrichtenagentur in Albuquerque wurde in Verbindung mit dem Ereignis der Fernschreiber mit dem Hinweis auf die nationale Sicherheit unterbrochen. Anschließend wurde um den Roswell-Zwischenfall eine Mauer des Schweigens und der Geheimhaltung gezogen, und niemand, der nicht zum Militärpersonal gehörte, wurde an den Ballonrest herangelassen. Später bat ein General in einem Schreiben das FBI um Mitarbeit bei dem Zwischenfall. Das Schreiben liegt als Dokument vor, und Edgar Hoover, der damalige Chef des FBI, machte persönlich eine Randnotiz, auf der steht: »Ich bin auch dafür, aber ehe wir dem zustimmen, müssen wir auf vollem Zugang zu den geborgenen Diskusscheiben bestehen. Zum Beispiel in dem obigen Fall hat die Armee es sich angeeignet und wollte uns nicht einmal eine kurze Untersuchung gestatten.«

Trotz aller Geheimhaltung drangen immer wieder Gerüchte über den Roswell-Zwischenfall in die Öffentlichkeit. 1981 berichtete der Sohn des Geheimdienst-Offiziers Jesse Marcel, der damals an der Bergung beteiligt war, sein Vater habe ihm als 12jährigem das Objekt gezeigt, und es sei eine »Fliegende Untertasse« gewesen. Am 11. Dezember 1984 erhielt der Filmproduzent Faime Shandera anonyme Post mit dem Poststempel von Albuquerque. Der Brief enthielt einen Film mit abfotographierten Geheimdokumenten der höchsten Geheimhaltungsstufe (eyes only/nur zur Durchsicht, keine Kopie erlaubt). Es waren die sogenannten MJ-12 Papiere; Präsident Truman teilte nach diesen Dokumenten 1952 dem neugewählten Präsidenten Eisenhower mit, daß in Roswell Trümmer einer »Fliegenden Untertasse« und Leichen von Außerirdischen geborgen worden sind; Namen von Mitgliedern der »Operation Majestic 12« (MJ-12) wurden ebenfalls genannt. Inzwischen scheint allerdings geklärt zu sein, daß die Unterschrift von Präsident Truman auf den Dokumenten gefälscht ist. Die Enkelin des Sheriffs, der von Brazel auf die Trümmer aufmerksam gemacht wurde, teilte inzwischen mit, daß ihre Großmutter vor ihrem Tod folgende Geschichte erzählt habe: George (der Sheriff) wäre noch vor dem Militär zur Absturzstelle gefahren und er habe vier kleine, menschenähnliche Leichen mit großen Köpfen gesehen. Der Geheimdienst habe später bei härtesten Strafen verboten, über den Vorfall überhaupt zu sprechen.

Bis heute wurden keinerlei Informationen über den Roswell-Zwischenfall von staatlicher Seite veröffentlicht. Ein Forschungsinstitut über UFOs konnte allerdings etwa 300 Personen befragen, die direkt oder indirekt an den Ereignissen bei Roswell beteiligt waren. Einige Zeugen haben behauptet, daß vier Leichen von Außerirdischen geborgen worden wären. Bei der Sek-

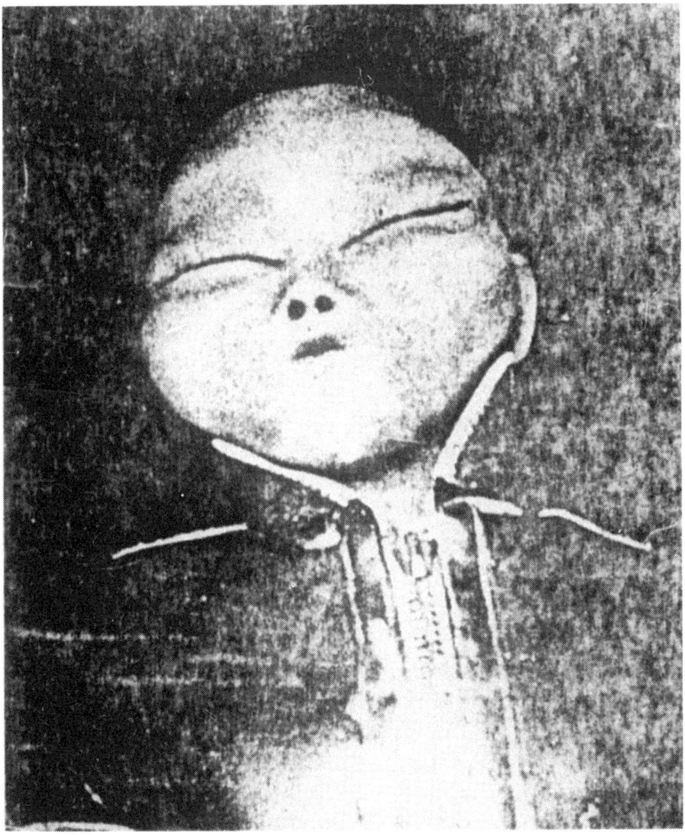

Abb. 51 Foto eines angeblichen toten Außerirdischen vom Roswell-Zwischenfall; das Foto wurde im Juni 1990 von der Russin Marina Popowitsch der Öffentlichkeit vorgestellt.

tion wären die menschenähnlichen Wesen als »EBE« (Extraterrestische Biologische Entitäten) registriert worden. Da offizielle Stellungnahmen zu den Ereignissen fehlen, sind natürlich alle diese Gerüchte schwer zu überprüfen. Im Juni 1990 legte Marina Popowitsch, ein Mitglied der Akademie der Wissenschaften in Moskau und ehemalige Testpilotin, das Foto eines toten Außerirdischen vom Roswell-Zwischenfall vor. Das Foto ist jedoch von sehr schlechter Qualität, und der angebliche Außerirdische gleicht mehr einer Puppe als einem ehemals lebendigen Wesen; er steckt in einer Art Overall mit einem sehr irdischen Reißverschluß. Im Oktober 1993 beantragte der republikanische Abgeordnete Steven Schiff aus New Mexico beim amerikanischen Kongreß eine Untersuchung zum Roswell-Zwischenfall von 1947. Weitere Höhepunkte in der Aufklärung oder der Desinformation gab es 1995. Angeblich soll von der Sektion eines der Außerirdischen ein Film hergestellt worden sein, von dem eine Kopie die Mauer der Geheimhaltung überwinden konnte. Ausschnitte aus dem Film wurden am 26. Juni 1995 von dem deutschen Fernsehsender RTL gesendet; die Bilder waren allerdings wenig überzeugend, es hätte auch an einer Puppe herumgeschnitten werden können.

In Verbindung mit dem Roswell-Zwischenfall tauchte auch ein Foto mit einem lebenden Außerirdischen in Begleitung von zwei amerikanischen Soldaten auf. Das Foto war eine unscharfe Fotokopie und stellte die Kopie von der Kopie von der Kopie dar, so daß die abgebildeten Personen und Gegenstände sehr unklar zu erkennen waren. Die Kopie sollte angeblich 1950 von einer unbekannten Person dem FBI in New Orleans übergeben worden sein. Die Spur des Fotos führte später nach Wiesbaden in Deutschland, wo Recherchen eine überraschende Lösung ergaben. Ein Redakteur einer Wiesbadener Zeitung hatte für einen Aprilscherz seinen kleinen Sohn in eine Art Taucheranzug verpackt und zwei uniformierte amerikanische Soldaten gebeten, so zu tun, als würden sie den Jungen abführen. Losgelöst von seiner Funktion als Aprilscherz ging das Foto um die Welt und wurde zu einem festen Bestandteil von diversen Veröffentlichungen über UFOs.

Auf den englischen UFO-Forscher Anthony Dodd gehen Gerüchte um den angeblichen Kalahari-Zwischenfall vom 7. Mai 1989 zurück. Das Gerücht soll sich auf Geheimdienstinformationen berufen und fordert die Skepsis geradezu heraus. Angeblich meldete an diesem Tag eine südafrikanische Fregatte einen Radarkontakt mit einem unidentifizierbaren Flugobjekt, das sich der Landesgrenze mit großer Geschwindigkeit näherte.

Zwei Abfangjäger sollen versucht haben, das Flugobjekt zu stellen, aber es wäre für sie zu schnell gewesen. Schließlich wäre das Flugobjekt über der Kalahari-Wüste erneut gesichtet worden, und der Schwadronführer der Abfangjäger hätte die Anweisung erhalten, mit einer noch experimentellen Laserkanone auf das Flugobjekt zu schießen. Der Schuß wäre tatsächlich gelungen. (In anderen Fällen konnten angebliche UFOs die Bordelektronik der Abfangjäger stören.) Das unidentifizierbare Flugobjekt wäre danach ins Schlingern gekommen und über der Wüste in der Nähe der Grenze zu Botswana abgestürzt. Aus Südafrika und den USA wären anschließend Spezialeinheiten eingeflogen worden. Die Männer hätten das Flugobjekt als scheibenförmig mit einem Durchmesser von etwa 20 Meter und einer Höhe von etwa 9,5 Meter beschrieben, Landevorrichtungen wären ausgefahren gewesen. Während der Bergung wurde dann jedoch die Geschichte vollends abenteuerlich. Nach der Gerüchteküche hätte sich unter einem Knall am Flugobjekt plötzlich eine Luke geöffnet und zwei Außerirdische wären herausgekommen. Sie wären etwa 1,30 Meter groß und sehr dünn gewesen, als Kleidung hätten sie einen engen grauen Overall getragen. Ihr Kopf wäre im Verhältnis zum kleinen Körper recht groß gewesen, und ihr Gesicht hätte sich durch breite Wangenknochen und riesige Augen ohne Pupille ausgezeichnet. Die Nase wäre recht klein gewesen und wäre nur durch die Nasenlöcher aufgefallen, am winzigen Mund hätten die Lippen gefehlt. Insgesamt hätten die beiden Außerirdischen als humanoid, als menschenähnlich beschrieben werden müssen. Die Südafrikaner wären verwundert gewesen, daß die amerikanische Spezialeinheit wußte, wie das Flugobjekt auseinanderzunehmen sei. Die Spur des Flugobjektes und der beiden Außerirdischen soll sich inzwischen verloren haben; zuerst wären sie zum Wright-Patterson-Luftwaffenzentrum in Dayton, Ohio (USA), gebracht worden; – soweit die Gerüchteküche.

UFO-Stationen in Nevada

Am 14. Oktober 1988 übertrug das amerikanische Fernsehen landesweit eine zweistündige Sendung mit dem Thema: UFO Cover up: live. (Es ging um Vertuschungen bei den Untersuchungen zum UFO-Phänomen.) In der Reportage kamen Zeugen von UFO-Sichtungen, Piloten und auch hohe Militärs zu Wort; aus Moskau berichtete ein Korrespondent über die UFO-Forschung in der Sowjetunion und befragte Mitglieder der russischen Akademie der Wissenschaften. Großes Aufsehen erregten die Aussagen von Betty Cash und von Vickie Landrum, die sogar ein Gericht beschäftigt hatten. Beide Frauen waren zusammen mit dem Enkelsohn von Vickie Landrum in der Nacht zum 29. Dezember 1980 in der Nähe von Houston, Texas, auf einer schmalen Landstraße unterwegs, als ihnen ein Lichtobjekt begegnete, das mehr torkelte als schwebte. Aus dem Lichtobjekt wären sogar Flammen herausgeschossen. Die Zeuginnen und das Kind stiegen aus dem Auto aus, um das Lichtobjekt zu beobachten, dabei verspürten sie auf einmal eine große Hitze. Ihnen fiel auf, daß dem Lichtobjekt in sicherer Entfernung einige Hubschrauber folgten. Am nächsten Tag fühlten sie sich alle unwohl, und Betty Cash mußte sogar ins Krankenhaus. Sie erkrankte später an Krebs, der vermutlich durch energiereiche Strahlungen induziert worden war. Vicki Landrum und ihr Enkel hatten Entzündungen und Verbrennungen erlitten. Beide Frauen verklagten daraufhin den amerikanischen Staat auf 20 Millionen Dollar Schadensersatz, weil sie überzeugt waren, ein amerikanisches Flugobjekt in Begleitung von Hubschraubern hätte sie krank gemacht. Der Prozeß zog sich bis 1986 hin. Die Klage wurde schließlich abgewiesen, weil Heer, Luftwaffe, Marine und die NASA versichert hatten, derartige Flugobjekte nicht zu besitzen. Die Beweise der Klägerinnen nahm das Gericht dann nicht mehr an.

Nach den beiden Frauen kam der Schattenriß eines unbekannten Mannes mit verzerrter Stimme auf Sendung. Der Mann berichtete, ausgewählte Testpiloten der Luftwaffe würden versuchen, ein UFO der Außerirdischen zu fliegen. Sie wären an dem Flugobjekt zwar geschult, würden es jedoch nicht vollständig beherrschen und würden bei Probeflügen von Hubschraubern begleitet werden. An diesem Abend wäre das UFO bei einem Testflug vorübergehend außer Kontrolle geraten.

In einer Sendung von KLAS-TV in Las Vegas berichtete am 6. November 1989 der Physiker Robert Lazar über seine ehemalige berufliche Tätigkeit im geheimen militärischen Sperrgebiet um den Lake Groom in Nevada, USA. Er behauptete, die amerikanische Luftwaffe würde einige »Fliegende Untertassen« besitzen, die auf der Nellis Airforce Base im Sperrgebiet von Lake Groom stationiert wären; für das Sperrgebiet gibt es auch die Bezeichnung »Area 51«, »Schwarze Welt« oder »Dreamland«. Wissenschaftler würden dort versuchen, die Antriebsmechanismen der UFOs zu studieren, könnten sie aber nicht vollständig verstehen. Bekannt wäre nur, daß sie über eine Manipulation der Schwerkraft fliegen würden. Wenn eine »Fliegende Untertasse« starten würde, würde die Unterseite glühen, und es würde zischen, wie wenn Starkstrom über eine Kugel zischen würde. Aus diesem Grund wären die Objekte auch scheibenförmig und würden keine Ecken und Kanten besitzen. Die Antriebsenergie würde von einem »Antimaterie-Reaktor« stammen. Zur Energiegewinnung würde das chemische Element 115 mit Protonen beschossen werden, so daß der beschossene Teil des Elementes zerfallen würde, dabei würden Materie und Antimaterie frei werden, die sofort weiterreagieren und große Energiemengen freisetzen würden. Über »Wellenleiter« würde die Energie in Schwerkraftwellen umgewandelt werden, so daß ein starkes eigenes Schwerkraftfeld aufgebaut werden könne. Mit dem eigenen Schwerkraftfeld könnte dann jede fremde Schwerkraft, wie etwa die der Erde, manipuliert werden. Mit diesem Antriebssystem könnten die »Fliegenden Untertassen« enorme Geschwindigkeiten erreichen; sie könnten abrupt stoppen und auch abrupt Richtungsänderungen durchführen, auf die Besatzung würden dabei keine Beschleunigungseffekte einwirken.

Die Behauptungen von Lazar sind so phantastisch, daß sie näher erläutert werden müssen: Die Schwerkraft wird von der Physik noch nicht vollständig verstanden, so daß keine gesicherten Aussagen über Schwerkraftwellen möglich sind, sie werden jedoch vermutet. Der Mensch selbst ist nicht in der Lage, die

Schwerkraft zu manipulieren. Jeder Gegenstand mit einer geringen Schwerkraft wird immer von einem Gegenstand mit einer großen Schwerkraft angezogen. Der Apfel fällt immer vom Baum zur Erde und niemals von der Erde zum Baum. Das chemische Element 115 gibt es auf der Erde nicht, und der Mensch ist auch nicht in der Lage, es herzustellen. Die chemischen Elemente sind nur bis zur Ordnungszahl 92 auf der Erde nachweisbar, Elemente mit einer höheren Ordnungszahl zerfallen mit der Zeit in die stabilen Elemente. Allerdings glauben Fachleute, daß die hypothetischen Elemente mit der Ordnungszahl 112 bis 116 wieder stabil sein könnten und nicht zerfallen würden; nur, kein Atomphysiker kann sie herstellen. Insgesamt sind die Behauptungen von Lazar unglaubhaft, denn sie können mit dem heutigen Stand der Wissenschaft nicht erklärt werden.

Lazar gab auch an, seit seinem Weggang von der Area 51 mit dem Tod bedroht zu werden, und nur eine Flucht in die Öffentlichkeit könne ihn retten. Bei Recherchen zu seiner Person wurde klar, daß er eine Unperson ist; Universitäten, an denen er studierte, kennen ihn nicht, und sogar das Krankenhaus, wo er geboren wurde, besitzt keine Unterlagen über ihn. Journalisten fanden jedoch in einem alten Telefonbuch der Nationalen Los Alamos Laboratorien, daß er dort einmal angestellt war. Über dem riesigen Gelände von Area 51 im fast menschenleeren Staat Nevada sehen Anwohner manchmal merkwürdige Flugobjekte, die möglicherweise Prototypen von kommenden Flugzeuggenerationen darstellen. »Fliegende Untertassen« wären dann eine geschickte Tarnung, um von einer zu großen Neugier abzulenken. Lazar könnte sogar die Aufgabe haben, Desinformation zu betreiben, um die Neugier der Leute zu den mysteriösen UFOs zu führen. Manchmal werden auch überzogene Desinformationsaktionen gestartet. Robert Oechsler, der sich als NASA-Spezialist ausgibt, versicherte einmal mit tiefer Überzeugung, an einer Bar in einem geheimen Stützpunkt in Texas mit einem Außerirdischen Streit bekommen zu haben; neugierig wie die Medien nun einmal sind, wurde die Mitteilung sogar veröffentlicht.

Es scheint, daß das UFO-Phänomen erst durch das Verhalten des Militärs richtig phantastisch und mysteriös wird, was nicht nur für die USA, sondern auch für viele andere Staaten zutrifft.

Nachweislich gibt es zahlreiche streng geheime Akten und Dokumentationen sowie Strategien der Desinformation. Es bleibt deshalb die Frage, warum wird um das UFO-Phänomen ein Mantel der Geheimhaltung gelegt, wenn gleichzeitig behauptet wird, jedes UFO-Phänomen wäre natürlich zu erklären?

Teil IV: Abschließende Wertungen

Warum nicht?

UFOs und die Exobiologie sind nicht zwei Seiten einer Münze, sondern zwei völlig verschiedene Paar Schuhe. Da allerdings die Besatzungen der angeblichen UFOs als Außerirdische angesehen werden, ergibt sich natürlich eine Nahtstelle zur Exobiologie. Zur besseren Wertung sollten UFOs jedoch streng nach dem Sinn des Wortes als unidentifizierbare fliegende Objekte angesehen werden, die einerseits ein Phänomen und andererseits aber auch einen wirklichen Gegenstand repräsentieren können. Es gibt bisher weltweit um die 100 000 UFO-Berichte, und diese große Zahl spricht gegen die Außerirdischen, denn sie müßten bei einer solchen Häufigkeit praktisch direkte Nachbarn der Menschheit sein. Solche nahen Nachbarn müßte eigentlich die Wissenschaft mit ihren heutigen Möglichkeiten erkennen, und der Mythos des Geheimnisvollen wäre gelöst. UFO-Freunde kennen dieses Dilemma und spekulieren deshalb jenseits eines wissenschaftlichen Beweises weiter: UFOs könnten vielleicht aus einer zukünftigen oder einer parallelen Welt kommen. Bei einer zukünftigen Welt wären UFOs die Flugobjekte der Menschen der Zukunft, die die Dimension der Zeit beherrschen und auch entsprechend manipulieren könnten. Die Sehnsucht nach der guten alten Zeit würde die Menschen der Zukunft in das 20. Jahrhundert verschlagen. Bewohner einer parallelen Welt würden dagegen zeitgleich mit der Menschheit leben und wären nur in den Dimensionen versetzt. Sie befänden sich wie bei einer Zwiebel in einer Art Schale, die sich jeweils streng zur Nachbarschale abgrenzt und eine eigene Innenwelt aufbaut. Manchmal würde es den parallelen Menschen gelingen, die Grenzen ihrer Schale zu durchbrechen, und sie würden dann in anderen Dimensionen auftauchen, bei den Bewohnern der Erde. Manche UFO-Forscher werfen die UFO-Besatzungen in einen Topf mit Naturgeistern wie Feen oder Engel sowie mit Spukgestalten, doch damit führt der Weg vollends in die Welt der Phantasie und entfernt sich weit von der

Welt der Wissenschaft. Die UFOlogie ist in ihren Denkvorstellungen sehr gespalten; manche Vertreter versuchen, sich mit wissenschaftlichen Mitteln ihren Problemen zu nähern, andere dagegen erschöpfen sich in Phantasievorstellungen.

Die Exobiologie wird inzwischen als ein Teilgebiet der Biologie angesehen, das mit der Astrophysik und der Astrochemie Verbindungen knüpfen konnte und sogar eine Liaison zur Kosmologie fand. Als Wissenschaft ist die Exobiologie recht kurios, denn sie konnte das Ziel ihrer Forschungsarbeiten bisher noch nicht nachweisen und kann deshalb immer nur behaupten, es könnte außerirdisches Leben geben.

Leben außerhalb der Erde ist aus statistischen Gründen prinzipiell möglich, wenn entsprechende chemische Elemente zum Aufbau der Lebensmoleküle vorhanden sind und eine gleichbleibende Energieversorgung über sehr lange Zeiträume garantiert werden kann. Diese Voraussetzungen und Garantien sind nur auf Planeten möglich, die sich in einer Ökosphäre um ihre zentrale Sonne bewegen und auf diese Weise nicht zuviel aber auch nicht zuwenig Energie erhalten; entscheidend ist die gleichbleibende Energieversorgung über viele Milliarden Jahre. Simulationsexperimente im Labor zeigen, daß unter bestimmten Umweltvoraussetzungen die Bausteine der Lebensmoleküle spontan entstehen können. Physikalische und chemische Gesetzmäßigkeiten, die im gesamten Universum gelten, führen unter bestimmten Voraussetzungen zur Bildung von Lebensmolekülen. Schwierigkeiten bereitet allerdings den Wissenschaften, den Weg von den Bausteinen der Lebensmoleküle zu den Lebensmolekülen selbst zu verstehen, etwa die abiotische Synthese der Nucleinsäure. Die Entstehung und Entwicklung des Lebens auf der Erde ist ein wichtiges Argument, daß Leben auf Planeten entstehen könnte, die der Erde sehr ähnlich sind. Naturgesetze, die auf der Erde die Entwicklung von Leben auslösten, könnten auf erdähnlichen Planeten vergleichbare Entwicklungen induzieren, wobei zu bedenken ist, daß die Entwicklungsergebnisse völlig unterschiedlich sein könnten. Leben durchläuft nach seiner Entstehung eine Evolution, deren Ziel nicht vorhergesehen werden kann. Lebensentwicklungen auf einem erdähnlichen Planeten könnten völlig andere Lebensformen als auf der Erde hervorbringen. Leben im Universum könnte sogar wesentlich älter sein als das irdische Leben. Der Urknall fand nach Schätzungen vor etwa 15–20 Milliarden Jahren statt. Damals bestand das Universum zunächst nur aus Wasserstoff, und die übrigen chemischen Elemente mußten sich erst durch Kernverschmelzungen bilden. Sicherlich vergingen dabei einige Milliarden Jahre, dennoch werden vor mehr als 10 Milliarden Jahren alle chemischen Elemente zur Entwicklung von Leben zur Verfügung gestanden haben. Irgendwo im Universum könnte es Leben geben, das bereits über 10 Milliarden Jahre alt ist. Im Vergleich zur Milchstraße ist unser Sonnensystem sogar relativ jung. Verteilt man den Lebenslauf des Universums auf ein Jahr, dann fand der Urknall genau am 1. Januar statt, die Bildung der Milchstraße war im Mai abgeschlossen und die Bildung unseres Sonnensystems erst im September. (Nach dieser Zeitrechnung entwickelte sich der Mensch am 31. Dezember gegen 22.30 Uhr; die Gegenwart wäre 0.00 Uhr Neujahr.)

Sollte die Entwicklung von Intelligenz ein mögliches Evolutionsziel darstellen, dann ergeben sich faszinierende Gedankenspiele: Wege zur Intelligenz könnten so verschieden sein wie die Wege der Evolution, entscheidend wäre allein das Evolutionsziel Intelligenz. Auf der Erde hat allein die Art Homo sapiens (Mensch) eine höhere Intelligenz erreicht. Auf einem anderen Planeten dagegen könnte eine anatomisch und biochemisch-funktionell völlig unterschiedliche Art nach einem völlig unterschiedlichen Entwicklungsweg eine höhere Intelligenz gewinnen. Intelligente Lebensformen auf fernen Planeten müssen deshalb in ihrem Aussehen nicht zwangsläufig menschenähnlich sein, sondern könnten sich auch total von einem Menschen unterscheiden. Für eine technisch-wissenschaftliche Intelligenz müßten allerdings anatomische Voraussetzungen zutreffen, die den Gebrauch von Werkzeugen erlauben. Aufgrund dieser Überlegungen ist es eher unwahrscheinlich als wahrscheinlich, daß Außerirdische wie Menschen aussehen. Unsere Phantasie ist so stark von der irdischen Umwelt und ihren Entwicklungen und Erfahrungen geprägt, daß wir uns nur unzureichend vorstellen können, welche Wege eine Lebensevolution erschließen kann. Die große Menschenähnlichkeit der angeblichen Besatzungen von UFOs spricht mehr gegen als für die Behauptung, daß Außerirdische diese Flugobjekte steuern würden. Es sei denn, eine tatsächliche außerirdische Intelligenz weiß, wie der Mensch aussieht, und läßt von menschenähnlichen Biorobotern die Erde erkunden.

Die Green-Bank-Gleichung

Im November 1961 trafen sich in Green Bank, West Virginia (USA), dem Ort, von dem aus Drake kurz vorher sein Ozma-Projekt gestartet hatte, insgesamt 11 Wissenschaftler, um die Wahrscheinlichkeit von außerirdischem Leben auf einer breiten Ebene zu diskutieren. Die Öffentlichkeit wurde ausgeschlossen, weil damals Mißverständnisse oder hämische Stellungnahmen befürchtet wurden. Erst im Februar des folgenden Jahres berichtete die New York Times in einem größeren Artikel über die Konferenz und nannte sie Green-Bank-Konferenz.

Teilnehmer der Konferenz waren der bereits mehrfach erwähnte Frank Drake sowie Philip Morrison und Giuseppe Cocconi, die in der Zeitschrift »Nature« einen vielbeachteten Artikel über interstellare Kommunikation veröffentlicht hatten; außerdem Su-Shu Huang von der NASA, der sich mathematisch-statistisch mit der Frage nach außerirdischem Leben befaßte, und John Lilly, der als Verhaltensforscher an Kommunikationsmöglichkeiten zwischen Menschen und Tieren arbeitete. Weitere Konferenzteilnehmer waren noch Carl Sagan, der sowohl als Astronom als auch als Biologe Ansehen genoß; Otto Struve, Leiter des National Radio Astronomy Observatory der USA; Melvin Calvin, ein bedeutender Chemiker, der am Ende der Tagung erfuhr, daß er den Nobelpreis erhalten hatte; Bernard Oliver, ein Spezialist für Laserforschung; John Pearman, Sekretär des amerikanischen Komitees für Raumforschung, und Dana Atchley aus dem Direktionsvorstand einer Spezialfirma für Meßgeräte, die sich bereits am Ozma-Projekt beteiligt hatte.

Am Ende der Konferenz wurde die Wahrscheinlichkeit von Leben auf fernen Planeten im Weltraum bejaht, und die Exobiologie hatte sich weiter etabliert. Gleichzeitig wurde sie jedoch auch als eine recht seltsame Wissenschaft verstanden, die immer nur mit Wahrscheinlichkeiten, Vergleichen und Rückschlüssen arbeiten muß. Das wichtigste Resultat der Green-Bank-Konferenz war die Green-Bank-Gleichung:

$$N = R_{+} \times f_p \times n_e \times f_l \times f_i \times f_c \times L$$

N = Anzahl der intelligenten Zivilisationen in einer Galaxis
R_{+} = mittlere Sternentstehungsrate in einer Galaxis
f_p = Anteil der Sterne mit Planeten
n_e = Anzahl der Planeten um diese Sterne
f_l = Anteil der potentiell bewohnbaren Planeten
f_i = Anteil der bewohnbaren Planeten mit Leben
f_c = Anteil der Planeten mit intelligenten Zivilisationen
L = Lebensdauer einer Zivilisation

Die Green-Bank-Gleichung erscheint recht kompliziert und soll deshalb näher erläutert werden. Sie ist allein ein Produkt aus verschiedenen Wahrscheinlichkeiten, und das Ergebnis der Gleichung kann, muß aber nicht zutreffen.

Die mittlere Sternentstehungsrate in einer Galaxis schwankt nach den Überlegungen zwischen 10 und 20, wenn die Anzahl der Sterne innerhalb der Galaxis mit 200 Milliarden angenommen und durch das Alter des Universums (10 bis 20 Milliarden Jahre) dividiert wird. Bei der Green-Bank-Konferenz wurde R_{+} gleich 1 gesetzt.

Den Anteil der Sterne mit Planeten zu definieren, fiel den Konferenzteilnehmern besonders schwer; es wurde ein Schätzwert zwischen 0,4 und 0,5 angenommen. Möglicherweise muß dieser Wert auch weit nach unten korrigiert werden. Berücksichtigt man zum Beispiel nur Sterne vom G-Typ, zu dem die Sonne gehört, dann muß ein Wert von 0,14 festgelegt werden.

Die Anzahl der Planeten um einen Stern ist natürlich ebenso schwierig zu ermitteln wie der allgemeine Anteil von Sternen mit Planeten. Das irdische Sonnensystem kennt neun Planeten, und da die Sonne keine Ausnahme unter den Sternen ihres Typs darstellt, wurde ein allgemeiner Wert zwischen 1 und 5 angenommen.

Der Anteil der potentiell bewohnbaren Planeten wurde als ein sehr grober Schätzwert mit höchstens 1 angegeben. Leben kann sich nur entwickeln, wenn der Planet in einer günstigen Temperaturzone seines Sonnensystems liegt. Im System unserer Sonne erfüllt nur die Zone zwischen Venus und Mars die Voraussetzungen zur Lebensentwicklung, und genau in dieser Zone liegt die Erde.

Der Anteil der bewohnbaren Planeten mit Leben wurde ebenfalls als ein sehr grober Schätzwert mit höchstens 1 definiert. Im System der Sonne trägt nur die Erde als einer unter neun Planeten Leben.

Der Anteil der Planeten mit intelligenten Zivilisationen muß deutlich unter dem Schätzwert des Anteils der bewohnbaren Planeten mit Leben liegen, denn die Entwicklung von Leben muß nicht zwangsläufig zu intelligenten Lebensformen führen. Außerdem ist zur interstellaren Kommunikation eine technisch-wissenschaftliche Intelligenz notwendig, die nicht immer das Ziel einer Intelligenzentwicklung sein muß. Delphine sind zum Beispiel sehr intelligente Tiere; sie werden jedoch nie eine technisch-wissenschaftliche Intelligenz entwickeln können, weil ihnen schlicht die Hände fehlen und Flossen zum Werkzeuggebrauch nicht geeignet sind.

Die Lebensdauer einer Zivilisation läßt sich ebenfalls nicht klar bestimmen und beschränkt sich auf Schätzwerte. Kriege und Umweltkatastrophen oder auch andere Krisen können einer Zivilisation rasch den Garaus machen. Eine langlebige Zivilisation müßte deshalb nicht nur intelligent, sondern auch weise sein. Von der Green-Bank-Konferenz wurde die Lebensdauer einer Zivilisation auf Zeiträume zwischen 1000 und mehr als einer Million Jahre festgelegt. Nur eine weise Zivilisation könnte demnach einen besonders hohen Entwicklungsstand erreichen.

Setzt man nun pessimistische und optimistische Werte in die Green-Bank-Gleichung ein, dann ergeben sich Hinweise, daß allein in der Galaxis Milchstraße zwischen einigen Dutzend und vielen Millionen intelligente Zivilisationen mit der Fähigkeit zur interstellaren Kommunikation vorkommen könnten; eine davon ist die Menschheit auf dem Planeten Erde im System des Sternes Sonne in einem Seitenarm der Galaxis Milchstraße.

Da statistische Überlegungen für die Existenz von außerirdischen intelligenten Zivilisationen sprechen, ergibt sich die bereits mehrfach angesprochene Frage, wie wohl die Menschheit mit diesen Zivilisationen Kontakt aufnehmen könnte. Im 19. Jahrhundert war die Lage dazu noch vergleichsweise einfach. Damals hielten viele Menschen den Mars für bewohnt, und es wurden Überlegungen angestellt, in der Wüste Sahara kilometerlange geometrische Gräben auszuheben, mit Erdöl zu füllen und anzuzünden; die Feuerzeichen sollten dann den Marsbewohnern zeigen, daß die Erde von intelligenten Lebensformen besiedelt ist. Andere Planungen beschäftigten sich mit riesigen Schneisen in den sibirischen Wäldern, die geometrische Symbole abbilden sollten. Heute ist weitgehend gesichert, daß es in unserem Sonnensystem nur auf der Erde Leben gibt. Eine denkbare Kommunikation mit außerirdischen Zivilisationen wird somit unendlich schwieriger. Der Weltraum dürfte nur sehr dünn mit Leben besiedelt sein, und zwischen jeder Lebenszone wird es gewaltige Gebiete ohne Leben geben. Mögliche Kommunikationspartner sind, wenn überhaupt, Lichtjahre von der Menschheit entfernt anzutreffen, so daß sich eine denkbare Kommunikation auf Radiosignale beschränken dürfte. Gegenseitige Besuche wären wegen der gigantischen Entfernungen nur schwer vorstellbar, denn jede intelligente Zivilisation des Weltraums ist wie die Menschheit sowohl im Raum als auch in der Zeit gefangen.

Nach der Relativitätstheorie von Einstein stellt die Lichtgeschwindigkeit die obere Grenze aller vorstellbaren Geschwindigkeiten dar, und kein Teilchen und keine Information kann sich schneller bewegen. Licht legt pro Sekunde eine Strecke von rund 300 000 Kilometer zurück, und ein Lichtjahr beschreibt somit die Strecke, die das Licht innerhalb eines Jahres zurücklegt. Für die menschliche Vorstellungskraft ist diese Strecke nicht nachvollziehbar, denn sie entspricht 10 000 000 000 000 Kilometer. Pioneer 10 war die schnellste Raumsonde, die jemals von der Menschheit in den Weltraum geschickt wurde, und schaffte gerade eine Endgeschwindigkeit von 10 Kilometer pro Sekunde; für ein Lichtjahr benötigt somit Pioneer 10 etwa 30 000 Jahre. Dank ihrer überragenden Technologie und vorzüglicher Antriebssysteme könnten hochentwickelte Außerirdische vielleicht eine Geschwindigkeit von 3000 bis 30 000 Kilometer pro Sekunde erreichen, dabei wären sie für ein Lichtjahr immerhin noch 10 bis 100 Jahre unterwegs. Trotz dieser hohen Geschwindigkeiten wäre die Nachbargalaxis der Milchstraße praktisch unerreichbar; sie liegt mehr als 2 Millionen Lichtjahre von der Erde entfernt, und bei einer Geschwindigkeit von einem Zehntel der Lichtgeschwindigkeit wäre das Raumschiff mehr als 20 Millionen Jahre unterwegs. Doch auch in der Milchstraße könnte es für die Raumfahrer viel zu tun geben. Die Vorstellungen über die Ausmaße der Milchstraße werden klarer, wenn man die Größenverhältnisse schrumpfen läßt: Angenommen, die Sonne und andere Sterne hätten die Größe eines Apfels, dann würde die Milchstraße aus einem Haufen von etwa 200 Milliarden Äpfel bestehen. Doch die Struktur des Haufens wäre nicht direkt zu erkennen, denn der mittlere Abstand zwischen zwei Äpfeln würde etwa 1600 Kilometer betragen. Die Erde könnte bei diesen Größenverhältnissen kaum wahrgenommen werden. Sie würde ein Sandkorn in einer Entfernung von etwa 9 Meter von dem Apfel Sonne darstellen.

Einen Hauch von Optimismus ergibt sich aus theoretischen Überlegungen. Im subatomaren Bereich scheint die Relativitätstheorie nicht zu gelten, denn in der Quantenphysik wird auch das Unmögliche möglich. Als ein Beispiel sollen die Photonen, die sogenannten Lichtteilchen, gelten. Sie kommen in der Natur unvorstellbar häufig vor; allein eine durchschnittliche Glühbirne gibt in einer milliardstel Sekunde mehr als 100 Milliarden Photonen ab. Die Quantenphysik kennt nun den sogenannten Tunneleffekt, der die Relativitätstheorie sprengt. Von einem Hindernis werden zum Beispiel im Experiment fast alle Lichtteilchen reflektiert, doch ein winziger Teil kann dennoch hindurchdringen; sie werden getunnelt. Im Tunnel können die Lichtteilchen aus energetischen Gründen nicht bleiben und gehen deshalb durch ihn hindurch; Messungen zeigen, daß ihre durchschnittliche Tunnelgeschwindigkeit etwa dem 1,7fachen der Lichtgeschwindigkeit entspricht. Der Kölner Physiker Günter Nimtz konnte mit Hilfe des Tunneleffektes sogar Informationen schneller als das Licht übertragen. Es war die 40. Symphonie von Mozart, die bei 4,7facher Lichtgeschwindigkeit getunnelt wurde. Die Meinung der Fachwelt zum überlichtschnellen Mozart ist geteilt, denn er würde an einem Fundament der Physik rütteln.

Erfahrungen aus der Quantenphysik gelten allerdings nicht mehr in der Welt der Atome und Moleküle, hier stimmt die Relativitätstheorie wieder. Würde der Tunneleffekt auch auf höherer Ebene zutreffen, könnte ein Autofahrer mit Vollgas gegen eine Mauer fahren, und nichts würde passieren. Das Auto würde durch die Mauer hindurchgehen, die Mauer würde unbeschädigt stehen bleiben und am Auto wäre keine einzige Schramme zu beobachten. Der Fahrer würde die Situation nicht wahrnehmen, denn im Tunnel gilt anscheinend kein Zeitbegriff.

Schließlich soll auch noch eine extrem theoretische Überlegung angeführt werden. Der Mensch begreift und beschreibt die Welt in vier Dimensionen; in der Länge, der Breite, der Höhe und in der Zeit. Es ist nun nicht bewiesen, daß die Welt tatsächlich nur aus vier Dimensionen besteht. Die Kalzuka-Klein-Theorie beschreibt die Welt in fünf Dimensionen, was für die Physik beachtliche Konsequenzen haben würde. Auf die Theorie soll hier nicht näher eingegangen werden, weil sie den Rahmen des Buches sprengen würde. Die Kalzuka-Klein-Theorie hat eine streng wissenschaftliche Grundlage, andere Theorien, die die Welt in sechs Dimensionen verstehen, sind dagegen nicht so klar durchdacht. Sollte eine Superzivilisation irgendwo im Weltraum die Welt in weit mehr als vier Dimensionen verstehen und auch beherrschen, dann könnte sie natürlich die Dimension der Zeit manipulieren, und die Lichtgeschwindigkeit wäre keine Schranke mehr. Ein zweidimensionales Wesen lebt zum Beispiel allein in der Länge und der Breite; macht man auf einem Blatt Papier am linken Rand den Punkt A und am rechten Rand den Punkt B, dann muß das zweidimensionale Wesen wohl oder übel über das gesamte Blatt kriechen, um von A nach B zu kommen. Wesen in höheren Dimensionen haben es leichter. Wird das Blatt gefaltet, so daß A und B übereinanderliegen, dann ist es nur ein Sprung, um von A nach B zu kommen. Manche Science-fiction-Autoren spekulieren von »Wurmlöchern« im Universum, in denen für ein Raumschiff die Dimension der Zeit aufgehoben ist, so daß Entfernungen keine Rolle mehr spielen. Über eine Sicht der Welt in mehr als vier Dimensionen sind sich jedoch noch nicht einmal die theoretischen Physiker einig, so daß die praktische Durchsetzung der physikalischen Konsequenzen eine reine Wunschvorstellung ist.

Zur abschließenden Beurteilung der zahlreichen Vorstellungen und Theorien über das Universum und die Dimensionen des Universums ist ein nachdenkliches Gespräch hilfreich, das der Kalif Harun al Raschid (766–809 n. Chr.) mit einem Gelehrten geführt haben soll:

Kalif: Ich hörte, die Erde sei nicht flach, und das kann ich einfach nicht glauben.

Gelehrter: Oh Herrscher der Gläubigen, wenige Menschen wissen es, aber die Erde ist in der Tat nicht flach. Die Erde ist die Rückseite einer riesigen Schildkröte mit schläfrigen Augen.

Kalif: Aber wo ist diese Schildkröte? Steht sie oder schwimmt sie?

Gelehrter: Herrscher aller Gläubigen, das ist ein großes Geheimnis. Aber die Schildkröte schwimmt in einem unendlich großen Meer.

Kalif: Und wo befindet sich dieses Meer?

Gelehrter: Die Antwort auf diese Frage kenne nur ich als einziger auf der ganzen Welt, und ich habe sie selbst herausgefunden. Dieses Meer liegt auf einer großen Kugel, die ein weißer Elefant mit goldenen Stoßzähnen auf dem Rücken trägt. Aber, oh weiser Herrscher aller Gläubigen, worauf dieser weiße Elefant steht – die Antwort darauf kennt keiner auf der Welt.

Literatur

Um den Rahmen des vorliegenden Buches nicht zu sprengen, werden im Literaturverzeichnis nur Buchveröffentlichungen angeführt. Mit der Entstehung des Lebens auf der Erde und auch mit Fragen zur Exobiologie beschäftigen sich daneben noch eine große Fülle von Beiträgen in Fachzeitschriften; einige Fachzeitschriften haben sich sogar auf diese Forschungsgebiete spezialisiert, z. B.: »Origins of Life«, »Journal of Molecular Evolution«, etc. »Icarus«, etc. (Exobiologie)

1. T. Allen, Wesen, die noch niemand sah, Bergisch Gladbach 1966 (Gustav Lübbe)
2. I. Asimov, Extraterrestrial Civilizations, New York 1979 (Fawcett)
3. H. Baltscheffsky, H. Jörnvall, R. Rigler (Hrsg.), Molecular Evolution of Life, Cambridge 1986 (Cambridge Univ. Press)
4. J. Billingham (Hrsg.), Life in the Universe, Cambridge, MA 1981 (MIT Press)
5. R. Breuer, Contact with the Stars, San Francisco 1982 (Freeman)
6. R. Brinkmann, W. Zeil, Abriß der Geologie, Stuttgart 1984 (Enke)
7. W. Broecker, How to build a Habitable Planet?, Lamont-Doherty 1990 (Geological Observatory Press)
8. G. Bylinsky, Evolution im Weltall, Frankfurt 1985 (Ullstein)
9. M. Calvin, Chemical Evolution, Molecular Evolution towards the Origin of Living Systems on the Earth and Elsewhere, Oxford 1969 (Oxford Univ. Press)
10. M. Carr (Hrsg.), The Geology of the Terrestrial Planets, Washington 1984 (NASA-SP-469)
11. J. Cornell, Die ersten Astronomen, Basel 1983 (Birkhäuser)
12. F. Crick, Life Itself, New York 1981 (Simon & Schuster)
13. M. J. Crow, The Extraterrestrial Life Debate 1750–1900, Cambridge 1986 (Cambridge Univ. Press)
14. J. Darnell, H. Lodish, D. Baltimore, Molekulare Zellbiologie, Berlin 1994 (Walter de Gruyter)
15. P. Davies, Am Ende ein neuer Anfang, Frankfurt 1984 (Ullstein)
16. E. Davoust, Signale ohne Antwort?, Basel 1993 (Birkhäuser)
17. R. Dawkins, Das egoistische Gen, Berlin 1988 (Springer)
18. R. Dawkins, Der blinde Uhrmacher, München 1990 (dtv)
19. W. Day, Genesis on Planet Earth, New Haven 1984 (Yale Univ. Press)
20. S. J. Dick, The Origin of the Extraterrestrial Life Debate from Democritus to Kant, Cambridge 1982 (Cambridge Univ. Press)

21. L. S. Dillon, The Genetic Mechanism and the Origin of Life, New York 1978 (Plenum Press)
22. K. Dose, S. W. Fox, G. A. Deborian, T. E. Pavlovskaya (Hrsg.), The Origin of Life and Evolutionary Biochemistry, New York 1974 (Plenum Press)
23. K. Dose, H. Rauchfuß, Chemische Evolution und der Ursprung lebender Systeme, Stuttgart 1975 (Wissenschaftliche Verlagsgesellschaft)
24. G. A. Dover, R. B. Flavell, Genome Evolution, New York 1983 (Academic Press)
25. C. de Duve, Ursprung des Lebens, Heidelberg 1994 (Spektrum Akad. Verlag)
26. F. Dyson, Disturbing the Universe, New York 1979 (Harper & Row)
27. F. Dyson, Origins of Life, Cambridge 1985 (Cambridge Univ. Press)
28. M. Eigen, P. Schuster, The Hypercycle, Berlin 1979 (Springer)
29. M. Eigen, Stufen zum Leben, München 1987 (Piper)
30. W. Engelhardt, Planeten, Monde und Kometen, Darmstadt 1990 (Wissenschaftliche Buchgesellschaft)
31. J. Eugster, Die Forschung nach außerirdischem Leben, Zürich 1969 (Orell Fuessli)
32. G. Feinberg, R. Shapiro, Life beyound Earth, New York 1980 (William Morrow)
33. J. Ferris, Galaxien, Basel 1981 (Birkhäuser)
34. H. Follmann, Chemie und Biochemie der Evolution, Heidelberg 1981 (Quelle & Meyer)
35. S. W. Fox, K. Dose, Molecular Evolution and the Origin of Life, New York 1977 (Marcel Dekker)
36. H. Fritzsch, Vom Urknall zum Zerfall, München 1983 (Piper)
37. W. Fuchs, Leben unter fremden Sonnen, München 1976 (Droemer Knaur)
38. D. H. Futuyma, Evolutionsbiologie, Basel 1990 (Birkhäuser)
39. D. Goldsmith, T. Owen, The Search for Life in the Universe, Menlo Park 1980 (Benjamin & Cummings)
40. T. Good, Jenseits von Top Secret, Frankfurt 1993 (Zweitausendeins)
41. J. L. Gould, C. E. Gould, Life at the Edge, San Francisco 1989 (Freeman)
42. S. J. Gould, Wonderful Life – the Burgess Shale and the Nature of History, London 1990 (Hutchinson Radius)
43. J. Gribbin, M. Rees, Ein Universum nach Maß, Basel 1991 (Birkhäuser)
44. K. Hausmann, B. P. Kremer (Hrsg.), Extremophile – Mikroorganismen in ausgefallenen Lebensräumen, Weinheim 1993 (Verlag Chemie)
45. O. Heckmann, Sterne – Kosmos – Weltmodelle, München 1977 (Piper)

46. J. Heidmann, Bioastronomie, Berlin 1994 (Springer)
47. G. Herberts, Begegnungen mit Außerirdischen, Frankfurt 1977 (Fischer)
48. J. Herrmann, Das falsche Weltbild, München 1973 (dtv)
49. M. Hesemann, Geheimsache UFO, Neuwied 1994 (Silberschnur)
50. H. Holzer, The Ufonauts, New York 1976 (Fawcett)
51. B. Hopkins, Eindringlinge, München 1991 (Droemer Knaur)
52. F. Hoyle, N. C. Wickramasinghe, Lifecloud, New York 1978 (Harper & Row)
53. F. Hoyle, N. C. Wickramasinghe, Diseases from Space, New York 1979 (Harper & Row)
54. F. Hoyle, N. C. Wickramasinghe, Evolution from Space, New York 1981 (Simon & Schuster)
55. F. Jackson, P. Moore, The Life in the Universe, New York 1962 (Norton)
56. D. Jonas, D. Jonas, Die Außerirdischen, Frankfurt 1979 (Fischer)
57. H. F. Judson, Der 8. Tag der Schöpfung, Wien 1980 (Meyster)
58. C. G. Jung, Ein moderner Mythos. Von Dingen, die am Himmel gesehen werden, Zürich 1964 (Rascher)
59. O. Kandler (Hrsg.), Archaebacteria, Stuttgart 1982 (Gustav Fischer)
60. R. W. Kaplan, Der Ursprung des Lebens, Stuttgart 1972 (Thieme)
61. S. Kent, G. Unil, Popular Support for the Search for Extraterrestrial Intelligence (SETI), IAF Congress Paper, IAA-8983
62. D. Kenyon, H. Steinman, Biochemical Predestination, New York 1969 (McGraw-Hill)
63. P. Klas, UFO's explained, New York 1976 (Vintage)
64. B.-O. Küppers, Der Ursprung biologischer Information, München 1986 (Piper)
65. A. L. Lehninger, Prinzipien der Biochemie, Berlin 1987 (Walter de Gruyter)
66. A. L. Lehninger, Biochemie, Weinheim 1989 (Verlag Chemie)
67. B. Lewin, Gene, Weinheim 1991 (Verlag Chemie)
68. J. S. Lewis, R. G. Prian, Planets and their Atmospheres, Origin and Evolution, New York 1984 (Academic Press)
69. S. J. Lippard, J. M. Berg, Bioanorganische Chemie, Heidelberg 1995 (Spektrum Akad. Verlag)
70. I. von Ludwiger, Der Stand der UFO-Forschung, Frankfurt 1992 (Zweitausendeins)
71. C. J. Lumsden, E. O. Wilson, Das Feuer des Prometheus, München 1984 (Piper)
72. E. P. Mallove, M. M. Connors, R. L. Forword, Z. A. Paprotny, Bibliography on the Search for Extraterrestrial Intelligence, Report RP-1021 (NASA) 1978

73. G. Mamikunian, M. H. Briggs, Current Aspects of Exobiology, Oxford 1965 (Pergamon Press)
74. L. Margulis, D. Sagan, Micro-Cosmos, New York 1986 (Summit Books)
75. L. Margulis, J. O. Corliss, M. Melkonian, D. J. Chapman, Handbook of Protoctista, Boston 1990 (Jones & Bartlett)
76. J. Monod, Zufall und Notwendigkeit, München 1971 (Piper)
77. NASA-Report, Life in the Universe, Report CP-2156 (NASA) 1981
78. A. I. Oparin, Die Entstehung des Lebens auf der Erde, Berlin 1957 (VEB Deutscher Verlag der Wissenschaften)
79. A. I. Oparin, Das Leben. Seine Natur, Herkunft und Entwicklung, Stuttgart 1963 (Gustav Fischer)
80. M. Papagiannis (Hrsg.), The Search for Extraterrestrial Life: Recent Developments, Dordrecht-Boston 1985 (Reidel)
81. A. Peacocke, God and the New Biology, New York 1986 (Harper & Row)
82. R. Puccetti, Außerirdische Intelligenz, Düsseldorf 1970 (Econ)
83. H. Rahmann, Die Entstehung des Lebendigen, Stuttgart 1972 (Gustav Fischer)
84. E. Regis (Hrsg.), Extraterrestrials. Science and Alien Intelligence, Cambridge 1985 (Cambridge Univ. Press)
85. B. Rensch, Das universale Weltbild, 2. Aufl., Darmstadt 1991 (Wissenschaftliche Buchgesellschaft)
86. R. T. Rood, J. S. Trefil, Are we alone? New York 1981 (Charles Scribner's Sons)
87. C. Sagan, I. S. Shklovski, Intelligence Life in the Universe, San Francisco 1966 (Holden Day)
88. C. Sagan (Hrsg.), Communication with Extraterrestrial Intelligence, Cambridge, MA 1973 (MIT Press)
89. C. Sagan, The Cosmic Connection, New York 1975 (Dell)
90. C. Sagan, J. Agel, Nachbarn im Kosmos – Leben und Lebensmöglichkeiten im Universum, München 1975 (dtv)
91. C. Sagan, The Dragon of Eden, New York 1977 (Random House)
92. C. Sagan, Unser Kosmos, München 1982 (Droemer Knaur)
93. W. Schopf (Hrsg.), Earth's earliest Biosphere, Princeton 1983 (Princeton Univ. Press)
94. S. G. Schulman, On the Possibility of Exotic Biochemistries, NASA-CR-10495, Washington 1968 (Bellcomm)
95. I. S. Shklovski, C. Sagan, Intelligent Life in the Universe, New York 1967 (Dell)
96. R. Smoluchowski, Das Sonnensystem, Heidelberg 1985 (Spektrum der Wissenschaft)

97. Sociéte Belge d'Étude des Phénomènes Spatiaux, UFO-Welle über Belgien, Frankfurt 1993 (Zweitausendeins)
98. R. Story, The Space-Gods Revealed: A Close Look at the Theories of Erich von Däniken, New York 1976 (Harper & Row)
99. R. Temple, Das Sirius-Rätsel, Frankfurt 1977 (Umschau)
100. E. A. Terzaghi, A. S. Wilkins, D. Penny (Hrsg.), Molecular Evolution: An Annotated Reader, Boston 1984 (Jones & Bartlett)
101. H. Urey, The Planets: Their Origin and Development, New Haven 1952 (Yale Univ. Press)
102. D. Voet, J. G. Voet, Biochemie, Weinheim 1992 (Verlag Chemie)
103. J. D. Watson, M. Gilman, J. Witkowski, M. Zoller, Rekombinierte DNA, Heidelberg 1993 (Spektrum Akad. Verlag)
104. S. Weinberg, The First Three Minutes, New York 1977 (Basic Books)
105. W. Wieser (Hrsg.), Die Evolution der Evolutionstheorie, Heidelberg 1994 (Spektrum Akad. Verlag)
106. J. N. Wilford, Mars – unser geheimnisvoller Nachbar, Basel 1992 (Birkhäuser)
107. F. Wilhelm (Hrsg.), Der Gang der Evolution, München 1987 (C. H. Beck)
108. R. S. Young, Exobiology. Bioastronautics, NASA Document SP-18, Washington 1962
109. R. S. Young, Extraterrestrial Biology, New York 1968 (Rinehard & Winston)

Zwei Zeitschriftenbeiträge wurden im Text besonders erwähnt; sie sollen ebenfalls angeführt werden:

C. de Duve, Did God Make RNA? Nature, 336, 209–210 (1983)
M. Eigen, B. F. Lindemann, M. Tietze, R. Winkler-Oswatitsch, A. Dress, A. van Haeseler, How Old is the Genetic Code? Science, 244, 673–679 (1989)

Personenregister

Anaxagoras 86
Aristoteles 35
Arnold, Kenneth 206
Asimov, Isaak 136, 142
Atchley, Dana 256
Avicenna 36

Barthels, Ernst 12
Boas, Antonio Villas 190, 237
Boschich, Sergej 192
Bracewell, Robert 21
Brazel, William 243
Bryant, Larry 218
Bueren, Gottfried 11
Bussard 180

Cairns-Smith, Graham 43
Calvin, Melvin 256
Cash, Betty 248
Carter, Jimmy 218
Claus, George 77
Cocconi, Giuseppe 17, 256
Condon, Edward 217
Cousteau, Jaques-Yves 159
Crick, Francis 43, 44, 87

Däniken, Erich von 234, 235, 236, 237
Dodd, Anthony 246
Drake, Frank 20, 22, 23, 24, 60, 190, 256
Duve, Christian de 42
Dyson, Freeman 172

Eigen, Manfred 53
Einstein, Albert 19, 63, 259
Eisenhower, Dwight D. 242, 244
Epikuros 35
Eratosthenes 154
Ezechiel 238

Fox, Sidney 39

Gilbert, Walter 41
Giordano, Bruno 32
Goethe, Johann Wolfgang v. 36

Hansen, Peter Andreas 11
Helmholtz, Hermann 87
Helmont van 36
Henderson, Phyllis 184
Hill, Barney 232
Hill, Betty 232
Hoover, Edgar 244
Hoyle, Fred 44, 85, 86, 149, 150
Huang, Su-Shu 256
Hynek, J. Allen 188, 217, 218, 221, 222, 223

Iwanowna, Ludmilla 199
Iwanowna, Nikolaj 199

Jehova 238
Jung, Carl 184

Kardashev, Nikolai 172, 173, 191
Kelvin Lord 87
Kolumbus, Christoph 15
Kopernikus 32

Landrum, Vickie 248
Lauterborn 241
Lazar, Robert 249, 250
Lilly, John 256
Lovelock, James 72

Lowell, Percival 88
Lukretius 32

Mack, John 231
Mantell, Thomas 206
Marcel, Jesse 244
Marconi 21
Margulis, Lynn 72
Marshall, George 195
Masse, Maurice 224, 226
Metrodorus 32
Miller, Stanley 38, 80
Morrison, Philip 17, 256

Nagy, Bartholomew 77
Newman, James 21
Nimtz, Günter 260

O'Neill, Gerard 170
Oberth, Hermann 220
Oechsler, Robert 250
Ohtsuki 198
Oliver, Bernard 256
Orgel, Leslie 43
Oshima, Tairo 177

Pasteur 36
Pearman, John 256
Pflug, Hans Dieter 45
Popowitsch, Marina 245
Raschid, Harun al 262
Roosevelt, Theodor 195
Russell, Dale 164

Sagan, Carl 111, 174, 256
Saunders, David 217
Schiaparelli, Giovanni 88
Schiff, Steven 246
Shakespeare, William 36, 37, 209
Shandera, Faime 244
Shklovskii 182
Stefula, Joseph 193
Struve, Otto 256
Sturrock, Peter 188
Svante, Arrhenius 86

Tartar, Jill 15
Terauchi, Jenju 212
Tirana, Juan de 15
Truman, Harry S. 244
Tutmosis III. 234

Urey 39

Valentich, Frederick 210
Verne, Jules 11

Wächtershäuser, Günter 43
Watson, James 87
Welles, Orson 88
Wells, Herbert George 88
Wickramasinghe, Chandra 85, 86
Winogradow, Valeri 199

Yokoo, Hiromitsu 177

Zamora, Lonnie 224

Sachregister

Abduktion 231, 232, 234
abiotisch 37, 41, 42
Acetylen 110
Alaska 115, 211
Alchimist 36, 37
Algen 51, 117, 118, 133, 148, 167
Algen Karbonat 70
Alkohol 83
Allende-Meteorit 79
Alpha Centauri 59
Alpha Centauri A 59
Alpha Centauri B 60
Aluminium 171
Ameisensäure 83
Aminosäure 39, 52, 78, 80, 82, 83, 111, 128
Ammoniak 38, 69, 71, 82, 108, 145, 146, 152
Amöben 125
Andromeda-Nebel 178
Antares 59
Antarktis 104, 113, 115, 123, 124
Anti-Schwerkraft-Motor 220
Antimaterie 178
Antimaterie-Reaktor 249
Apollo-Asteroide 76
Archaebakterien 119, 120, 121, 126
Area 51 249, 250
Arecibo 23, 24, 28, 31
Arecibo-Botschaft 22, 24, 25, 26, 27, 28, 31
Arizona-Krater 74
Arktis 115
Arsen 141, 145
Asteroide 76, 77, 171, 182
Asteroidengürtel 163, 204
Astrologen 9
Atmosphäre 38, 69, 71, 72, 92, 93, 94, 105, 108, 109
Australien 164
Außerirdische 13, 19, 21, 34, 43, 177, 183, 184, 190, 192, 193, 201, 202, 221, 223, 224, 229, 231, 233, 234, 236, 237, 238, 241, 246, 247, 253, 255, 259
außerirdische Intelligenzen 13, 19, 21, 33, 54, 137, 147, 234
außerirdische Lebensformen 183
außerirdische Zivilisationen 31, 162, 172, 174, 183, 201, 240, 259
außerirdisches Leben 56

B-2 ATB-Bomber 215
Bakterien 36, 46, 67, 86, 114, 123, 125, 128, 133
Bakteriophage Phi X-174 177
Barnard-Stern 65
Bärtierchen 117
Begegnungen der dritten Art 222, 223, 224, 226
Beteigeuze 59
Bibel 183
Bibliothek von Alexandria 240
Bioroboter 229, 256
Birdie 191
Bit 139
Blaubuch-Projekt 216, 217, 223
Blausäure 83
Blauwal 133
Bleikarbonyl 106
Bor 141, 145
Braune Zwerge 66
Brom 141

chemische Evolution 45, 46, 55, 81, 104, 111, 112, 132, 135
Chemosynthese 118, 121, 123, 140, 160
Cheopspyramide 235
Chimären 147
Chiron 182
Chlor 141
CIA 217, 218
Condon-Bericht 217
Cyanobakterien 124
Cyclops-Projekt 22

D-Zucker 133
Delphin 159, 258
Dinosauroide 164
direkte Begegnung der dritten Art 189, 221
direkte Begegnung der ersten Art 189
direkte Begegnung der zweiten Art 189, 221
DNS 27, 42, 50, 51, 125, 126, 133, 136, 138, 177
Dogon 238, 239
Doppelsterne 59, 161
Drachenflieger 205
Dreamland 249
Dromedar 116
Duftstoffe 158, 162
Dyson-Sphären 173, 174

EBE Extraterrestische Biologische Entitäten 245
Ediacara-Fauna 46
Einzeller 125
Eis 81, 115, 167
Eisenkarbonyl 106
Eisenoxid 99
Eiswürmer 115
Eiweiß 140
Elefant 156
elektromagnetische Wellen 162
Elmsfeuer 195
Embryonen 116, 117
Emme Tolo 239
Engel 213
Enigmatica 46
Entelechien 35
Enzyme 85, 119, 128, 138, 142
Eobionten 134, 135
Eobiontenstamm 135
Epsilon Eridani 20, 60
Erde 32, 34, 37, 38, 57, 64, 68, 69, 73, 76, 91, 162, 167, 258, 260
Erdkruste 37, 46, 70
Erdlinge 168, 169
Erdöl 147
Eubakterien 119
Eukaryoten 118, 119
Europa 108
Evolution 32, 33, 34, 48, 59, 118, 131, 132, 133, 134, 151, 155, 157, 165, 223
Exobiologen 144, 190
Exobiologie 10, 13, 14, 34, 50, 55, 56, 76, 77, 132, 223, 253, 254, 256

F-117A 242
F-117A Tarnkappen-Flugzeug 214
Fatima 198
FBI 216, 224, 243, 246
FCKW Fluor-Chlor-Kohlenwasserstoff 167
Fett 140
Fische 115, 157
Flechten 117, 148
Fledermäuse 160
Fliegende Untertasse 88, 216, 243, 244, 249, 250
Fluor 141
Foo-Jäger 195
Formaldehyd 82
Forschungssonde Huygens 111

Forschungssonde Mars 3 98
Forschungssonde Mars 6 98
Frostschutzmittel 115, 126
Fullerene 138
Funktionsmolekül 41

G-Klasse 58, 59
G-Typ 257
Gaia 91, 152
Gaia-Hypothese 72
Galapagos-Inseln 120
Galaxien 12, 17, 151
Galaxis 161, 257
Galaxis Milchstraße 258
Gärung 36, 118
Gasplaneten 63
genetischer Code 50, 51, 52, 53, 54, 87, 133, 134
gezielte Panspermie 87
Glons 213
Gold 171
Gomorrha 238
Gornergrates 83
Grabplatte von Palenque 236
Gravitationswellen 19
Green Bank West Virginia USA 20, 190 256
Green-Bank-Gleichung 257, 258
Green-Bank-Konferenz 257, 258
Greifswald 198
Große Magellansche Wolke 31
Großer Roter Fleck 108
Grudge 216
grüne Männchen 223

Halbinsel Yukatan 75
Halleysche Kometen 82
Halluzinationen 200, 228
Hämoglobin 122
Hansen-Hypothese 11
Hatherton-Gletscher 124
Helium 63, 108, 115, 142
Helium-Brennen 73
Helium-flash 73
Hochheim bei Frankfurt 226
Hochkultur 154, 155
Hohlwelt-Theorie 12
Holobiosis 54
Hologramme 229
Homunculus 36
Hydrogenasen 119
Hyperzyklus 53

Informationsmolekül 41
Infrarotexzeß 67
Infrarotlicht 67
Infrarotstrahlungen 173
inneres Milieu 49
Insekten 33, 49, 114, 115, 129, 130, 136, 161
Insektenstaat 148, 161, 176
intelligente Pflanzen 162
intelligente Zivilisationen 258
Internationale Astronomische Union (IAU) 10
interstellare Molekülwolken 144
interstellare Nebel 60
interstellare Scheibe 63, 67, 81
interstellare Wolke 61, 81, 82, 83, 84, 85, 149, 180
Iowa, USA 75
irdische Geheimprojekte 222
Island 120
Isua-Region 45
Ivuna-Meteoriten 77

Jod 141
Jupiter 61, 63, 65, 66, 69, 76, 77, 108, 144

K-Klasse 59
Käfer 115
Kalahari-Wüste 247
Kalahari-Zwischenfall 246

Kalzuka-Klein-Theorie 261
Kambrium 46
Kanäle 88, 90, 107
Känguruhratte 116
Karbonat 92
Kardashev Typ I 173
Kardashev Typ II 174
Kardashev Typ III 174
Katze 113
Kelly-Hopkinsville-Fall 14
Kernverschmelzung 63, 64, 66, 180
KLAS-TV Las Vegas 249
Klee-TV 190
Kleinflugzeuge 205
Kohlendioxid 43, 57, 69, 70, 71, 81, 82, 92, 94, 102, 103, 104, 110, 121, 143, 169
Kohlendioxidanteil 92
Kohlenhydrate 140
Kohlenmonoxid 82, 84, 103
Kohlensäure 92, 120
Kohlenstoff 27, 49, 76, 84, 102, 107, 112, 132, 137, 140, 141, 142, 144, 145, 152
Kohlenstoffisotopen 81
Kohlige Chondriten 76, 79
Kometen 81, 85, 86, 108, 141, 162, 171
Kompartimente 49
Kopffüßler 234
Kornkreise 221
Krabben 123
Kraken 158
Kriechtiere 114
Kugelblitze 194, 195
Kugelsternhaufen M13 24, 31

L-Aminosäuren 133
Lachse 158
Lake Groom Nevada 249
Lakenheath-Bentwaters, England 209
Langenargen 227
Lasershow 205
Lava 39, 70, 118, 121
Lebensentstehung 33, 34, 35, 36, 69
Lebensentwicklung 36, 41, 43, 45, 56, 57, 64, 66, 77, 82, 87, 91, 94, 110, 111
Lebensevolution 72
Lebenskatastrophe 75
Lichtdruck 44
Lichter von Lubbock 186
Lichtgeschwindigkeit 178
linksdrehende Aminosäuren 80, 81, 133
Lithopanspermie 87
Lithosphäre 37
Lot 238
Lotospflanze 117
Luftwesen 108
Luftzivilisation 95

M-Klasse 59
Magnetfeld 111
magnetische Feldlinien 162
Mahabharata 238
Mammutbäume 133
Mariner 2 96
Mars 57, 68, 69, 77, 88, 91, 92, 96, 105, 107, 126, 130, 167, 258, 259
Mars-Observer 106
Mars-Rover 106
Marsbewohner 88, 89, 106
Marsgesicht 101
Marskanäle 96
Marsregion Chryse 99
Marsregion Cydonia Mensa 100
Marsregion Utopia 99
Materie 178
Maya-Kultur 236
McMurdo-Hochland 124

Medjugorje 198
Meeresschildkröten 117
Merkur 60, 76
Metalle 141
Meteore 85, 163
Meteorite 37, 42, 74, 76, 77, 78, 81, 85, 86, 141, 144, 162, 186, 193, 205
Methan 38, 69, 71, 82, 105, 107, 108, 110, 112, 120, 144, 146
Methylalkohol 146
Miethe-Flugscheibe 216
Mikrococcus radiodurans 130
Mikroorganismen 101, 103, 104, 117, 118, 124, 125, 130, 140
Mikrosphäre 40, 79
Milchstraße 17, 43, 60, 82, 255, 260
Militärflughafen Los Llanos 211
MJ-1 Papiere 244
molekulare Symbiosen 54
Molybdän 142
Mond 58, 59, 69, 131
Moose 117
Mount Ash 124
Mount Rainier, US-Staat Washington 206
MUFON-CES 226
Murchison, Australien 78
Murchison-Meteorit 78, 79, 104
Muscheln 70, 122

Nagetiere 116
NASA 106, 224, 248, 250
Nationale Los Alamos Laboratorien 250
NATO 213
natürliche Phänomene 222
Nemesis 163
Nellis Airforce Base 249
Nemesis-Theorie 163
Neutronenstern 150, 151
NLO 218
Nommo-Arche 241
Nommo 241
Nördlinger Ries 74
Nucleinsäure 41, 42, 50, 51, 53, 54, 87, 130, 138, 139, 142, 254
Nucleotid-Bausteine 27

Oannes 241
OH-Verbindung 17
Ökosophäre 57, 58, 59, 64, 65, 68, 141, 159, 166, 167, 172, 174, 254
Olympus Mons 92
Oortsche Wolke 163
Orgueil-Meteoriten 77
Orion-Nebel 64
Ozma 60
Ozma Projekt 20, 21, 22, 256
Ozon 71, 130
Ozonschirm 70

Panspermie-Theorie 86, 87
Pantoffeltierchen 125
Parapsychologie 185
Parkes 192
Partyballons 205
Pflanzen 46, 49, 117, 123, 136, 155, 160
Phobos 106, 182
Phosphor 27, 108, 141
Photonen 260
Photoreduktion 118
Photosynthese 68, 70, 80, 107, 118, 123, 124, 148, 161, 169
Pilze 46, 125, 128, 148
Pinguine 115
Planet 32, 58, 60, 65, 76, 92, 132, 144, 167
Planet Erde 25, 28, 133, 135, 175
Planet Jupiter 162, 163, 194, 204
Planet Mars 88, 163, 204

Planet Merkur 109
Planet Venus 194, 204
Planeten 19, 20, 30, 32, 34, 42, 51, 57, 58, 61, 63, 65, 66, 67, 69, 82, 118, 120, 137, 141, 155, 157, 158, 223, 230, 237, 239, 254, 255, 257
Planetenbrüder 184
Planungsprojekt Daedalus 180
Planungsprojekt Orion 180
Pluto 68
Po Tolo 239, 240
polarisiertes Licht 162
Pottwal 159
Prädisposition 164
Projekt Sign 216
Prokaryoten 118
Propan 110
Proteine 39, 40, 41, 52, 53, 55, 80, 128, 133, 138, 142
Proteinoide 39
Proteinsynthese 133
Protobionten 134, 135
Protosonne 61, 63
Provinz Gansu 211
Proxima Centauri 60
Puerto Rico 15, 23, 212
Pulsar 191
Puppis 64
Pyrodictum-Arten 120

Quallen 50, 157
Quantenphysik 260, 261

Rad 154
Radar 162
Radiopanspermie 87
Radiowelle 83
Radiowellen 16, 17, 19, 31, 66, 83, 148
Ramajana 238
Raumsonde Giotto 82
rechtsdrehende Aminosäuren 80, 81
rechtsdrehende Zucker 133
Regulus 64
Relativitätstheorie 259, 260, 261
Reptilien 129, 136
Ribose 42
Ribozyme 41
Riesenmeteorit 75, 76, 131, 164
Riesenplanet Jupiter 66
Riesenplaneten 66, 107
Riftia 121, 122
Rigel 64
Rio Cuarto 85
RNS 41, 42, 50
RNS-Welt 41, 53, 55
Roswell-Zwischenfall 243, 244
rote Blutkörperchen 121

Sahara 105, 106, 259
Salzdrüsen 117
Santa Maria 15
Santa Nina 15
Santa Pinta 15
Saturn 61, 63, 76, 182
Sauerstoff 17, 27, 49, 70, 71, 84, 102, 107, 119, 121, 141, 143, 168, 169
Säugetiere 113, 114, 116, 129, 130, 132, 148, 165
saurer Regen 70
Saurier 164, 234
Scheinkorrelationen 235
Schildkröte 156
Schmetterlinge 158
Schwarze Welt 249
Schwefel 108, 141
Schwefelsäure 95, 168
Schwefelverbindungen 120, 121
Schwefelwasserstoff 146
Search for Extra Terrestrial Intelligence (SETI) 16, 17

Seevögel 117
Semerzake 213
Sibirischer Winkelzahnmolch 115
Silan 105, 143
Silazene 143, 144
Silikone 142
Silizium 105, 141, 142, 143, 144, 152
Siliziumdioxid 143
Siliziumhydrid 144
Siloxane 143, 144
Simulationsexperiment 45
Sinnestäuschungen 199
Sirius 64, 239, 240
Sirius B 239, 240
Sirius-Rätsel 240, 241
Socorro New Mexico USA 224
Sodom 238
solar 123
Sonne 11, 30, 31, 43, 57, 58, 59, 60, 61, 63, 66, 68, 72, 73, 92, 94, 123, 130, 141, 154, 159, 166, 167, 172, 254, 257, 258
Sonnensegel 44
Sonnensystem 33, 60, 61, 66, 67, 91, 92, 130, 174, 255, 257
Spinnen 113
Sporen 86, 114, 128
Sputnik I 12, 192
Staat Mali 238
Stenonychosaurier 164
Stern RGO 243 192
Sternbild Herkules 24
Sternbild Orion 64
Sternobjekt CTA 102 191
Stickstoff 27, 49, 84, 93, 110, 112, 141, 144, 145, 168
Strahlungsdruck 86
Strauß 164
Sumerer 241
Supernova 31, 58, 61, 64, 73, 172
Superzivilisation 87, 172, 174, 176, 178, 180, 182, 261
Swartkopie-Hornstein 45
Symbiose 121, 148
Synapsen 140

Tachyonen 20
Tasmanien 210
Tau Ceti 20, 22, 60
technische Intelligenz 137, 164, 222
Teheran 210
telepathische Fähigkeiten 162
Terraforming 167, 168, 169
terrestisch 123
Tholin 111
Tiere 35, 46, 49, 156, 160, 258
Titan 109, 111, 144
Tonkristalle 43
Tortula muralis 117
Totes Meer 117
Treibhaus-Effekt 57, 69, 92, 94, 168, 169
Triton 108, 111
Tunneleffekt 260

Überbevölkerung 166
UFO 14, 74, 184, 185, 186, 188, 190, 192, 193, 194, 199, 200, 202, 204, 205, 206, 209, 210, 211, 212, 213, 215, 216, 217, 218, 219, 220, 222, 229, 230, 234, 238, 243, 246, 248, 249, 250, 253, 256
UFO der Klasse A 206
UFO der Klasse B 198
UFO-Kirchen 184
UFO-Spiritismus 184, 222, 230
UFOlogie 254
ultraviolette Strahlungen 146
Ummo-Affäre 184
Umweltkatastrophen 166

unerforschte Naturerscheinungen 200
Unidentifizierbare Fliegende Objekte s. UFO
Uran 140, 142
Uranus 182
Uratmosphäre 38, 45
Urin 117
Urknall 151, 172, 255
Urlithosphäre 45
Urmoleküle 40
Urozean 39, 42, 45, 70
Ursuppe 42, 54, 94, 131
Urzelle 50, 54
Urzeugung 35, 36
US-Staat Georgia 186
US-Staat Washington 198
US-Staat Wyoming 163
UV-Bestrahlung 161
UV-Strahlen 71

Valensole Basses Alpes 224
Vendium 46
Venus 57, 60, 69, 91, 94, 107, 108, 110, 127, 130, 168, 169, 186, 258
Vereinte Nationen 218
verzögerter Effekt 21
Viking 1 99
Viking 2 99
Viking Mission 96, 98, 106
Viking-Sonden 105
Viren 48, 177, 178
Vögel 114, 129, 136
Voyager-Sonden 108, 112
Vulcano 120
VV-Cephei 59

Wärmestrahlungen 162
Washington 218
Wasser 17, 18, 39, 50, 71, 82, 92, 94, 104, 115, 116, 119, 126, 127, 140, 144, 145, 146, 152, 158, 159
Wasserdampf 70, 94, 95, 106, 108, 126, 159
Wasserloch 17, 20
Wasserstoff 17, 27, 38, 43, 49, 58, 63, 71, 93, 108, 128, 141, 142, 171, 172, 180, 255
Wasserstoff-Brennen 63, 73
Wasserstoffbomben 64, 180
Wasserstoffbrückenbindung 128
Weißer Zwerg 73, 239, 240
Wicker 226
Wiesbaden 246
Wirbeltiere 46
Wright-Patterson-Luftwaffenzentrum Dayton Ohio 247
Wurmlöcher 261
Wüstenhonigsüß 114

Xeromyces bisporus 128

Zellen 46, 48, 113, 131, 133, 139, 145, 127
Zelltypen 77
Zivilisation 153, 154, 156, 162
Zyanverbindungen 53
Zyanwasserstoff 110

Bildnachweise

1. Donald Goldsmith, Tobias Owen, Auf der Suche nach Leben im Weltall, Stuttgart 1985 (S. Hirzel Verlag): Abb. 1, 2, 3, 5, 6, 7, 10, 12, 14, 20
2. Michael Hesemann, Geheimsache UFO, Neuwied 1994 (Verlag »Die Silberschnur«): Abb. 23, 35, 36, 37, 43, 44, 47, 49, 51
3. Roman Smoluchowski, Das Sonnensystem, Heidelberg 1985 (Verlag Spektrum der Wissenschaft): Abb. 11, 13, 17, 18, 19, 24
4. Hinrich Rahmann, Die Entstehung des Lebendigen, Stuttgart 1972 (Gustav Fischer Verlag): Abb. 4, 9, 31
5. Timothy Good, Jenseits von Top Secret, Das geheime UFO-Wissen der Regierungen, 6. Aufl. Frankfurt 1993 (Verlag Zweitausendeins): Abb. 41, 46
6. Illobrand von Ludwiger, Der Stand der UFO-Forschung, 3. Aufl. Frankfurt 1992 (Verlag Zweitausendeins): Abb. 33, 38, 48
7. Société Belge d'Etude des Phenomènes Spatiaux, UFO-Welle über Belgien, Frankfurt 1993 (Verlag Zweitausendeins): Abb. 45
8. Wolfgang Wieser, Die Evolution der Evolutionstheorie, Heidelberg 1994 (Spektrum Akademischer Verlag): Abb. 8
9. H. Masursky, M. E. Strobell, A. L. Dial, Martian Channels and the Search for Extraterrestrial Life, Journal of Molecular Evolution, 14, 39–55 (1979) (Springer Verlag Berlin–Heidelberg etc.): Abb. 15, 16
10. Carl Sagan, Unser Kosmos, München 1982 (Verlag Droemer Knaur): Abb. 29
11. Naturwissenschaften Heft 6/1985, Titelblatt (Springer Verlag Berlin–Heidelberg etc.): Abb. 26
12. Funkkolleg: Der Mensch, Anthropologie heute; Studieneinheit 2, Deutsches Institut für Fernstudien an der Universität Tübingen 1992, Konrad Adenauer-Str. 40, Tübingen: Abb. 27
13. Wolfgang Engelhardt, Planeten, Monde und Kometen, Darmstadt 1990 (Verlag Wissenschaftl. Buchgesellschaft): Abb. 25
14. Reinhard Breuer, Contact with the Stars, San Francisco 1982 (Verlag Freeman): Abb. 28, 32
15. J. Kelly Beatty, Brian O'Leary, Andrew Chaikin, Die Sonne und ihre Planeten, Weinheim 1983 (Physik-Verlag): Abb. 21, 22
16. J. Allen Hynek, UFO-Report, München 1979 (Wilhelm Goldmann Verlag): Abb. 34, 39, 40, 42
17. John A. Ball, Extraterrestrial Intelligence: Where Is Everybody, Ameri-

can Scientist, 68, 656–663 (1980) (Copyright: Sigma Xi, The Scientific Research Society of North America, Inc.): Abb. 30

18. ars mundi, Katalog 1/93, ars mundi Collection, Edition Max Büchner, Bödekerstr. 13, Hannover, Abb. 50

Zu dieser Ausgabe

insel taschenbuch 2186
Manfred Reitz
Leben jenseits der Lichtjahre

Der Text folgt der Ausgabe:
Manfred Reitz, *Leben jenseits der Lichtjahre. Die Wissenschaften auf der Suche nach außerirdischen Intelligenzen*,
Insel Verlag Frankfurt am Main und Leipzig, 1996.
Umschlagabbildung:
Julian Baum / Science Photo Library / Focus

Sachbücher
im insel taschenbuch

James Lovelock
Das Gaia-Prinzip
Die Biographie unseres Planeten
Aus dem Englischen
von Peter Gillhofer und Barbara Müller
insel taschenbuch 1542

Ian Stewart
Spielt Gott Roulette?
Uhrwerk oder Chaos
Aus dem Englischen von Gisela Menzel
insel taschenbuch 1543

Ervin Laszlo
Wissenschaft und Wirklichkeit
Aus dem Englischen von Vladimir Delavre
und Mechthild Kühling
insel taschenbuch 1570

John Gribbin und Martin Rees
Ein Universum nach Maß
Bedingungen unserer Existenz
Aus dem Englischen von Anita Ehlers
insel taschenbuch 1579

Mircea Eliade
Kosmos und Geschichte
Der Mythos der ewigen Wiederkehr
Ins Deutsche übertragen
von Günther Spaltmann
insel taschenbuch 1580

John Gribbin
Unsere Sonne
Ein rätselhafter Stern
Aus dem Englischen von Anita Ehlers
insel taschenbuch 1662

John und Mary Gribbin
Kinder der Eiszeit
Beeinflußt das Klima die Evolution des Menschen?
Aus dem Englischen von Gerald Bosch
insel taschenbuch 1676

Robert Wesson
Chaos, Zufall und Auslese in der Natur
Aus dem Amerikanischen von Peter Gillhofer
insel taschenbuch 1684

Kristen Rohlfs
Einführung in die Astronomie
insel taschenbuch 1701

Robert Shapiro
Der Bauplan des Menschen
Die Genforschung enträtselt den Code des Lebens
Aus dem Amerikanischen von Günther Kirchberger
insel taschenbuch 1709

Daniel J. Kevles und Leroy Hood (Hg.)
Der Supercode
Die genetische Karte des Menschen
insel taschenbuch 1721

Harald Marx
Die Sternbilder des Jahres
Einführung in die Astronomie
Mit zwölf Sternkarten von Ulla Gleim
insel taschenbuch 1735

Carol Zaleski
Nah-Todeserlebnisse und Jenseitsvisionen
Aus dem Amerikanischen von Ilse Davis Schauer
insel taschenbuch 1741

Bernulf Kanitscheider
Auf der Suche nach dem Sinn
Originalausgabe
insel taschenbuch 1748

Gerhard Hütwohl
Wann bin ich eigentlich krank?
Gedanken und Überlegungen zum Kranksein
Originalausgabe
insel taschenbuch 1745

John und Mary Gribbin
Wie wenig uns vom Affen trennt
Aus dem Englischen von Gerald Bosch
insel taschenbuch 1761

Werner Künzel und Peter Bexte
Maschinendenken/Denkmaschinen
An den Schaltstellen zweier Kulturen
insel taschenbuch 1771

Günther Ohloff
Irdische Düfte – himmlische Lust
Eine Kulturgeschichte der Düfte
insel taschenbuch 1777

Michio Kaku und Jennifer Trainer
Jenseits von Einstein
Auf der Suche nach der Theorie des Universums
Aus dem Amerikanischen von Ilse Davis Schauer
insel taschenbuch 1791

Scheibe, Kugel, Schwarzes Loch
Die wissenschaftliche Eroberung des Kosmos
Herausgegeben von Uwe Schultz
insel taschenbuch 1804

Wissenschaftsjahrbuch 96
Natur und Wissenschaft
Geisteswissenschaft
Beiträge aus der Frankfurter Allgemeinen Zeitung
Herausgegeben
von Rainer Flöhl und Henning Ritter
insel taschenbuch 1821

Friedrich Cramer
Der Zeitbaum
Grundlegung einer allgemeinen Zeittheorie
insel taschenbuch 1849

Harald von Sprockhoff
Bewußtsein, Geist und Seele
Die Evolution des menschlichen Geistes
Originalausgabe
insel taschenbuch 1869

Jeremy W. Hayward
Die Erforschung der Innenwelt
Neue Wege zum wissenschaftlichen Verständnis
von Wahrnehmung, Erkennen und Bewußtsein
Aus dem Amerikanischen von Jochen Eggert
insel taschenbuch 1823

Dean Falk
Warum Schimpansen nicht steppen können
Die Entwicklung des menschlichen Gehirns
Aus dem Englischen von Gerald Bosch
insel taschenbuch 1838